石窟庵

석굴암의 비밀

- 다보1층 석탑
- 석가3층 석탑

신라의
신비로운 건축술의 감동과 함께
이제까지 지구상에 지어진 건축물 중에서
가장 과학적이었던
우리 선조들의
건축술을 분석해 본다

석굴암의 비밀을 아시나요

머리글

저번 소책자는 첨성대편을 소개드렸답니다.
이번에는 불국사쪽도 한번 보셔야죠. 불국사쪽에 묘하게도 경주시내쪽에만 있는 신라일반목탑이 있네요. 석굴암이라는 사찰로 종교건축물이랍니다.
일반목탑은 관공서 건물이 기본인데 약간 변형시켜서 종교건축물화 시켰답니다. 재미있는 발상이랍니다. 불국사쪽이라 그냥 가면 섭섭할지도 몰라서 다보1층석탑과 석가3층석탑도 보여드릴겁니다. 일종의 덤이라 생각하시면 된답니다.

제목이 조금 웃기죠. 그냥 "석굴암"이라고 하면 너무 딱딱한 느낌이 드실겁니다. 사실 저희들은 석굴암이라는 말을 하도 많이 들어서 아주 친숙하게 느껴지실 겁니다. 저도 당연하겠죠. 그런데 듣긴 들었는데, 어떤 왕때 어떤 누가 지었으며 사찰이라는 정도 이외에는 아는것이 별로 없답니다. 물론 더 많이 알고 계시는 분도 계실겁니다. 저는 가끔 이런 생각을 해 본답니다. 어떤 왕때 어떤 누가 지었다는 걸 왜 그리 강조하는지 이해가 잘 가지 않더랍니다~
내세울게 그것 뿐인가?~ 그럼, 현대건축물은 어느 대통령때 어떤 누가(or 건설회사 사장?) 지었다라고 열심히 외워야겠네요~ㅋㅋ~ 그냥, 우연히 그 시대(어떤 왕때)에 어떤 친구(직위가 높은?)가 관여한 것 이외에는 그 건물과는 어떤 관련도 없답니다. 실제로는, 어떤 왕과 어떤 친구는 웃기게 얘기하면 그 건축물에 손까락하나 까딱하지 않았을지도 모른답니다. 진짜 열심히 일한 친구나 기술자들은 흔적도 없이 퇴출되겠죠? 참 웃기는 기록의 효과겠죠!

저도 석굴암에 손을 대기 전까지는 일반적으로 알고 있는 것 이외에는 아는 것이 별로 없었답니다. 다행인지 일반목탑을 먼저 풀고 석굴암을 풀다 보니 희한하게도 일반목탑이더랍니다. 살다보니(?) 이런 행운도 다 있더랍니다.

그러다 보니, 이제까지 저희들이 석굴암에 대해 조금 알고 있든 많이 알고 있든, 어쩌면 저희들이 알고 있던것들이 사실과 다를 수도 있다는 생각을 하기 시작했겠죠. 저희들이 일반적으로 알고 있다는 것들은 대부분 어떤 친구가 남긴 기록에 의존하고 있을 겁니다.

문제의 핵심은 그 기록을 한 친구가 예를 들면, 석굴암 자체를 잘 이해하고 쓴건지, 본인도 대충 들었거나(전해오는 얘기 등) 그때까지 남아 있던 어떤 기록들을 단순히 옮겨 쓴건지 저희들로서는 알 수 있는 방법이 없답니다. 그래서, 저는 종교나 역사(?)관점이 아닌 건축관점으로 석굴암에 접근할 겁니다. 이 석굴암이 비록 변형은 되어 있을지는 모르나 어찌 되었건 실물로 살아남아 있답니다. 그럼, 이 석굴암 건물자체를 해독해야겠죠.
아마 기록된 것들과는 보는 관점이 다를 겁니다. 아니! 제가 쓸 것들은 아예 기록 자체가 없을겁니다. 아마 학자라는 친구는 건물자체를 이해하지 못하니 주위만 빙빙 돌았나 보네요. 아는 것이라고는 기록된 왕 이름이나 어떤 친구 이름밖에 ~ㅋㅋ~ 근디, 건축을 아는 학자가 옛날에는 그리도 없었나?
~ 현재에도 아마 없을껄 ~ㅋㅋ~

그래서, 여러 생각 끝에 제목을 "석굴암의 비밀" 이라고 해 봤답니다. 이 이바구는 석굴암을 조금 더 많이 아시라는 얘기겠죠? 요즘 제가 이렇게 조금 짓궂어졌답니다! 어! 다보탑과 석가탑은 아무것도 아이네? 책 제목에 낑기지도 못하네 ~ㅋㅋ~ 그래도 아주 훌륭한 석탑이랍니다.

이 일반목탑의 막내인 석굴암이 재미있는 것이 기존의 일반목탑(1~9층탑, 첨성대 포함)이 지어진지 100여년이 지났는데도 지어졌다는 거랍니다. 무슨 말인고 하니 일반목탑의 원리나 기술력 등이 100여 년 동안 계속 이어져왔다는 말이겠죠. 도면이 되었든 기술력이 되었든 100여 년은 계속 (중간에 어디서 어떤 건물을 더 지었는지는 모르겠으나) 지속 되었다는 말이겠죠. 이 기술력이 100여 년간 더 지속되었다는 것은 정말 대단한 일이랍니다. 일반적으로 건물을 짓고 나면 금방 잊혀져 버리거나 대가 끊어질 수도 있는데 정말 대단한 선조들이랍니다. 이 석굴암 후에 일반목탑 형식의 어떤 건물이 더 지어졌는지는 알 수 없으나, 현재는 다 잊혀지고 희미한 흔적만이 남아 있답니다.
이 희미한 흔적을 갖고 현재의 저희들은 또다시 일반목탑의 기본원리들을 인지하기 시작했답니다. 이제 이 원리들은 자자손손 이어질 겁니다.
~끈질긴 일반목탑이랍니다~ㅎㅎ~

이 책자는 제가 펴낸 "탑의 신비를 찾아서"에 거의 다 있는 내용들이랍니다. 다시 소책자를 내다보니 원책에 오류가 있을시는 고쳤습니다. 근디, 제법 있네요~ 부끄부끄~
그리고 내용순서중 탑의 원리와 용어 등을 제일 앞쪽에 넣는 것이 맞을 것 같으나 이걸 읽다보면 지겨워져서(?) 본내용을 보기도 전에 KO될까봐(?) 뒷쪽에 넣어 놓았으니, 궁금하시면 중간중간 뒷쪽(part 4)도 곁들여서 보세요. 가끔 도면을 돌려서 보셔야 할 때도 있을 겁니다. 도면의 수직치수(높이)보다 수평치수(폭)가 더 커서 그러니 양해바랍니다.

이 소책자를 불국사쪽을 여행하실 때에 살짝살짝 보시면 참고가 될 것이며 여행맛이 더 나실 겁니다.

2025년 8월
정상현 씀

石窟庵

석굴암의 비밀

Contents

PART 1 _ 석굴암

Contents

PART 2 _ 다보1층 석탑 (다보탑, 불국사1층석탑)

PART 3 _ 석가3층석탑 (석가탑, 불국사3층석탑)

Contents

PART 4 _ 신라탑의 개념과 원리 및 용어와 약자

원본 도면

Part 1. 석굴암

I. 석굴암의 개념

1. 석굴암은 어디에서 왔을까요?

이 석굴암이 일반목탑중에서 가장 난해한 건축물이랍니다. 아무리 난해해도 풀어야만 하겠죠. 저희들이 누굽니까? 바로 '반드시 풀고야 말리라'의 대가들이잖아요. 석굴암풀기가 난해한 것이 아니라 현재의 석굴암 형태가 무척 난해하다는 말이랍니다. 이 석굴암이 일반목탑중 시기적으로는 제일 막내일지는 몰라도 그리 만만한 놈이 아닐겁니다. 그래도 같이 풀어 봐야겠죠! 현 상태의 석굴암을 보시고는 아마 감조차 잡기 힘들 정도로 헷갈리시겠지만 모든 것을 순서대로 풀면 술술 잘 풀릴 겁니다. 술 생각~ㅎㅎ~

석굴암을 이해 하실려면 뭐부터 먼저 봐야할까요? 아무 것도 안 보이신다구요!
~ 정답이네요~ 보이시는 분이 사실은 더 심각한 문제아겠죠 ~ㅋㅋ~
이 땐 눈을 똑바로 뜨셔야죠? 석굴암이 뭘로 되어있죠? "돌삐요" ~ 정답이네요~ㅎㅎ~
그렇다면, 돌삐가 어디에 많이 있을까요? "경주 남산"요~ 틀렸네요~ㅋㅋ~

경주남산석이 조각용으로는 아주 유명하지만 정답은 아니랍니다. 더 유명한 것은 경주남산옥돌이겠죠~ 바로 정답은 '일반목탑의 석축'이랍니다. 일반목탑의 석축을 보신 적이 없으시다구요? 이 일을 우야노! 사실 저도 본적이 없답니다. 오직 마음의 눈(?)으로만 볼 수가 있답니다~ 사실은, 경주 남산에 있는 옥룡암 바위에 이 석축이 새겨져 있답니다~ 이 일반목탑은 목탑본체를 보호(?)하기 위해 외부를 석축이 감싸고 있는 묘한 구조물이랍니다. 그래서 제가 이 석축을 성(城, castle)이라고 부르고 있답니다. 우리 모두 본적은 없지만 이 돌삐투성이인 석축부터 구경하러 가야겠지요. 순서가 대충 맞는 것 같나요? 그렇다면, 저는 일반목탑의 완성형인 9층일반목탑의 지하층 외벽인 석축을 보러 갈겁니다. 같이 가볼까요. 바로 불국사쪽에 있는 구조물들은 희한하게도 9층일반목탑(관공서)과 무지 관련이 많거든요.

이 석굴암의 지하층은 9층탑(일반목탑을 그냥 탑이라고 부르겠습니다) 석축의 축소판 이거들랑요. 감이 잡히시나요 아님, 헷갈리시나요!

그럼 이제부터 차분히 하나하나 풀어봅시다. 9층탑 석축을 먼저 보는 것이 맞겠죠.

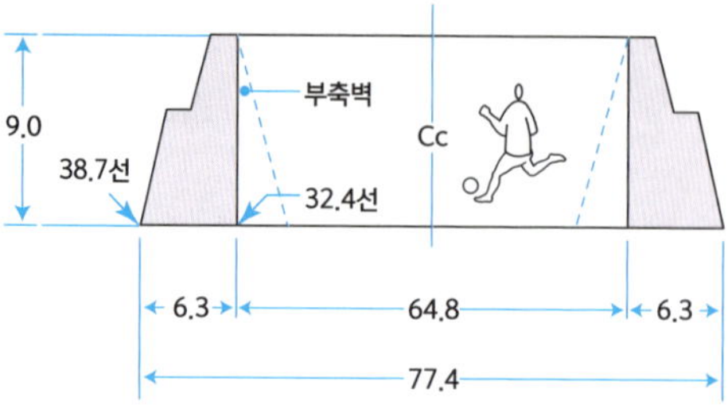

[그림 1] 9층탑 석축 단면도

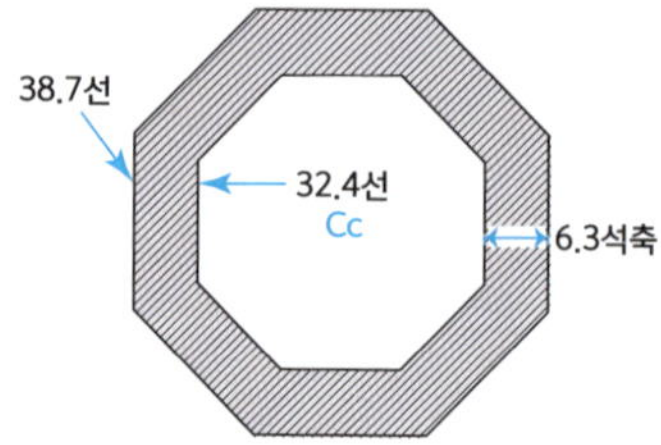

[그림 2] 9층탑 석축 평면도

축소

축소

9층탑의 석축만 놓고 보시면 원형경기장 만하답니다. 어! 관중석이 반대로 되어 있네요. 축구도 할 수 있겠죠. 격투장은 아닌 것 같네요.
이 원형경기장을 축소시켜 볼까요. 그래야 토함산 꼭대기에 앉힐 수가 있을 겁니다.

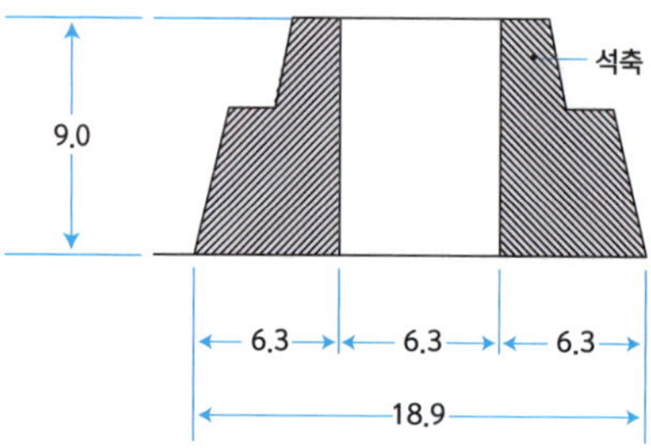

[그림 3] 9층탑석축의 지하층 내부공간을 최소로 축소시켰을 때의 단면도

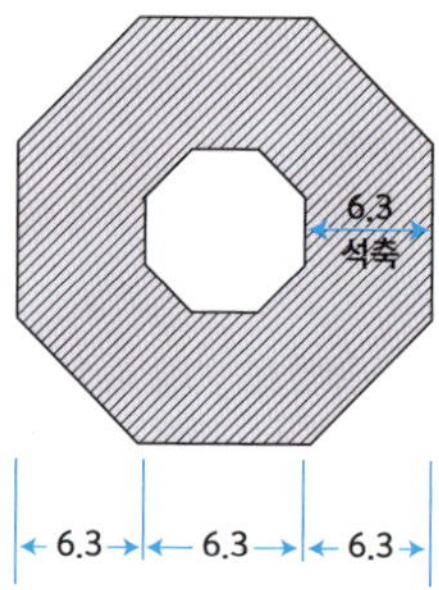

[그림 4] 9층탑 축소 평면도

석축을 축소를 시키기는 시켰는데, 상부가 뭔지는 모르겠지만 뻥뚫려 쪼께 허전한 느낌이 드네요. 상부를 덮어 씌우면 될겁니다. 덮어 씌워 봅시다. 덮어씌우니 안온한 느낌이 드실겁니다. 편안하게 불공을 드릴 수도 있을겁니다. 그런데 덮어 씌워도 비가 오면 상부에서 빗물이 스며들 수도 있겠죠? 그러면 부처님이 좋아할까요, 싫어할까요! ~ 저도 잘 모르겠네요 ~ 그래서 그 위에 빗물 방지용(?) 건물(1층)을 지을겁니다.

그리고 8각형인 내부 벽면을 원형화 시키겠습니다.

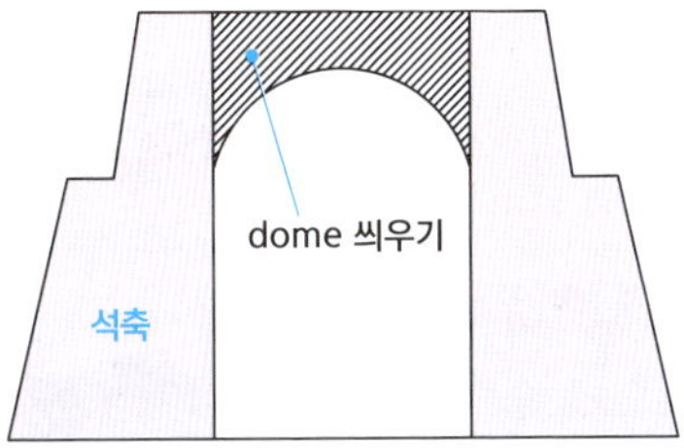

[그림 5] 석축사이 상부를 Dome으로 씌우기

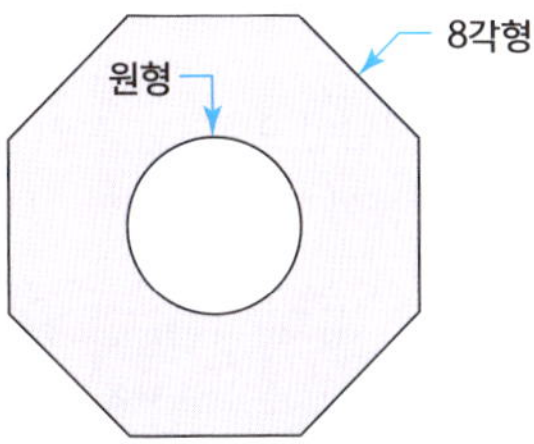

[그림 6] 내부를 원형으로 만들기

왜 내부 벽면을 8각형으로 그냥 놔둬도 되는데 원형화시켰을까요? 신라인들이 보통내기들이 아니라 보통 영리한 자들이 아입니데이. 혹시 이유를 아시는 분 계시나요? 이유를 아시는 분이 계시다면 그 분은 아마 신라인을 능가하는 귀신에 가까우신 분일겁니다~ 무서버!~ 이유는 무지 간단하겠죠. 8각형으로 하면 석축내부에 부축벽을 설치해야만 석축이 안전하답니다. 부축벽을 세우면 내부공간이 줄어들겁니다. 그래서 신라인들은 내부를 원형으로 만들었답니다. 영리한 신라인들이 창조해 낸 것이랍니다. 바로 8각형과 원형사이의 공간을 부축벽화시킨 것이랍니다. 참 기발한 발상이랍니다. 볼까요.

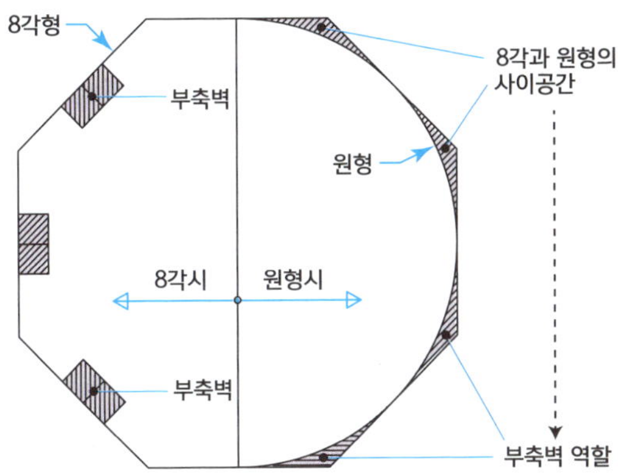

[그림 7] 8각형과 원형일시의 부축벽 개념

그림에서 보시듯 내부를 원형화시키니, 부축벽을 별도로 설치하지 않아도 되니 내부공간을 고스란히 이용할 수가 있답니다. 제가 이걸 보는 순간 두 손을 번쩍 들었답니다~ 항복~ 읽어보시니 석굴암이 어떻게 진화(?)되었는지 알듯 말듯 하실겁니다. 하늘에서 떨어진 것도 땅에서 솟구친 것도 아닌 9층탑 석축의 진화구조물이랍니다~ㅎㅎ~

2. 9층 일반목탑에서 직접 파생된 건축물군

이 일반목탑의 완성형인 9층일반목탑(관공서. 정부종합청사격)은 모든 탑류의 모범생이었나 봅니다. 많은 탑들이 따르네요. 얼마나 잘 생겼는지 한번 볼까요.

★ 2관측소 : 제일 상부쪽 ★ 석축 : 제일 하부쪽

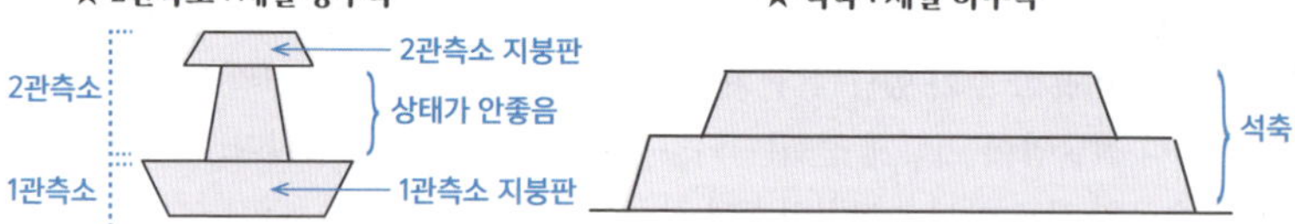

- 첨성대 : 2관측소 자체
- 다보탑 1층위 : 2관측소

- 석축의 폭이 줄어든 게 석굴암 지하층임 (높이 9m는 그대로)

[사진 1] 9층 조각탑(옥룡암 바위)

멋지죠. 이 9층 조각탑은 경주 남산 옥룡암(현재는 불무사)의 큰 바위에 7층 조각탑과 함께 조각되어 있답니다. 이 상징적인 9층탑을 불국사쪽 건축물에 제법 많이 적용했답니다. 물론 9층탑과는 가까운 첨성대도 따랐답니다. 어떤 건축물들인지 한번 볼까요.

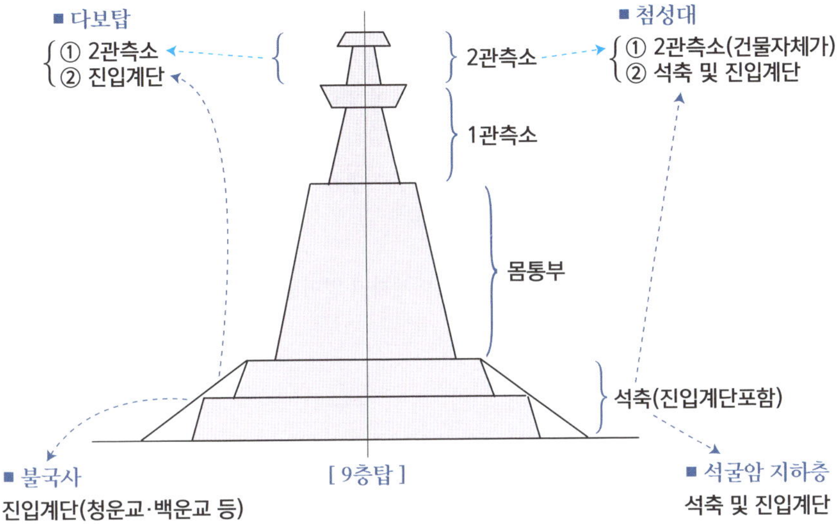

[그림 8] 9층탑에서 파생된 건축물들

보시듯
1. 석굴암 지하층: 석축 및 진입계단
2. 다보탑: 2관측소와 진입계단
3. 불국사 진입계단: 진입계단
4. 첨성대: 2관측소와 석축 및 진입계단

등이 9층탑을 따르네요.
(진입계단: 일반목탑에 다 있음)

일반목탑의 완성형인 9층탑이 꼬맹이 네 놈을 거느리고 있네요.
대장기질이 있는건가! ~ㅎㅎ~ 저희들이 모를 수도 있겠지만 더 있을 수도 있답니다.

이 9층탑이 얼마나 중요한 건축물인지를 이해하셨으리라 믿습니다.

3. 석굴암 이해하기

(1) 지하출입구가 동쪽이네요

석굴암을 보시면 동쪽에 지하층 개구부가 있답니다(현 상태는 정동은 아님). 이유가 뭘까요? 첨성대도 마찬가지랍니다. 남쪽에 1층으로 올라가는 계단이 있기 때문에 지하층 출입개구부를 동쪽으로 낸거랍니다. 1층 올라가는 계단이 없다면 당연히 지하출입구 개구부는 남쪽으로 낼겁니다. 상식이겠죠! 어떤 분은 이렇게 말하곤 한답니다. 부처님이 동해를 바라보고 싶어서 동쪽으로 출입구를 내었다고요~ㅋㅋ~ 부처님은 눈감고도 다 볼 수 있는디!
생각은 자유니까 그렇게 생각을 하셔도 된답니다.

남쪽에 외부계단이 있고 1층도 있으므로 이제까지 알아낸 것을 종합해 보면 석굴암은 대충 이렇게 생겼을 것 같답니다.

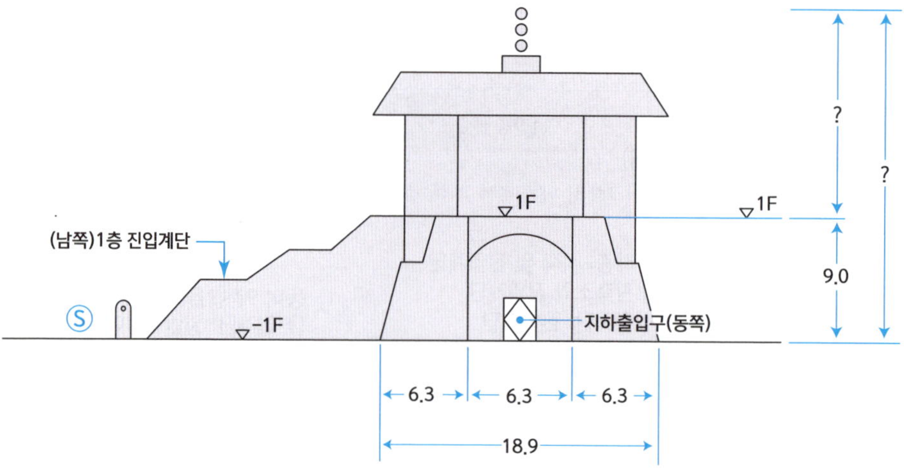

[그림 9] 석굴암 대충 형태도

석굴암이 석축으로만 된 지하층만 달랑 있다면 아마 비가 내부로 술술 들어오게 될겁니다. 석축내부에는 중앙기둥도 없답니다. 중앙기둥을 세우면 내부공간 활용이 힘들다고 판단했나 봅니다. 그리고 비막이 개념(?)으로 1층을 만들었을 겁니다. 돌삐만 달랑있는 석축만 있으면 건물꼬라지가 말이 아니겠죠. 건물도 어느 정도는 멋은 있어야 할 겁니다.

신라탑은 개념이 무척 중요하답니다. 간단한 개념만으로 석축높이가 9m이며(9층탑 석축높이와 동일), 지하석축 몸통폭이 18.9m란걸 알았으며, 또한 남쪽에서 올라가는 계단이 있으니 당연히 1층도 있을 것이므로 이 건축물은 자동으로 1층탑이 된답니다. 3층탑도 된다고요?

토함산 꼭대기에 3층탑을 지으실라구요~ 참으시죠!~ 개념을 인지하시면 반이상은 푼 것이랍니다.

이것보다 더 쉬운 것도 있나요. 그런데, 이 석굴암은 그리 호락호락한 놈이 아입니데이, 정신을 똑바로 차리셔야 할 겁니다!

(2) dome 개념과 지하출입로 형태

① dome 개념

앞에서도 말씀드렸듯이 축소된 석축사이가 너무 허전해서(?) dome을 씌웠다고 말씀드렸을 겁니다. 먼저 dome부터 간단히 구경해야겠죠.

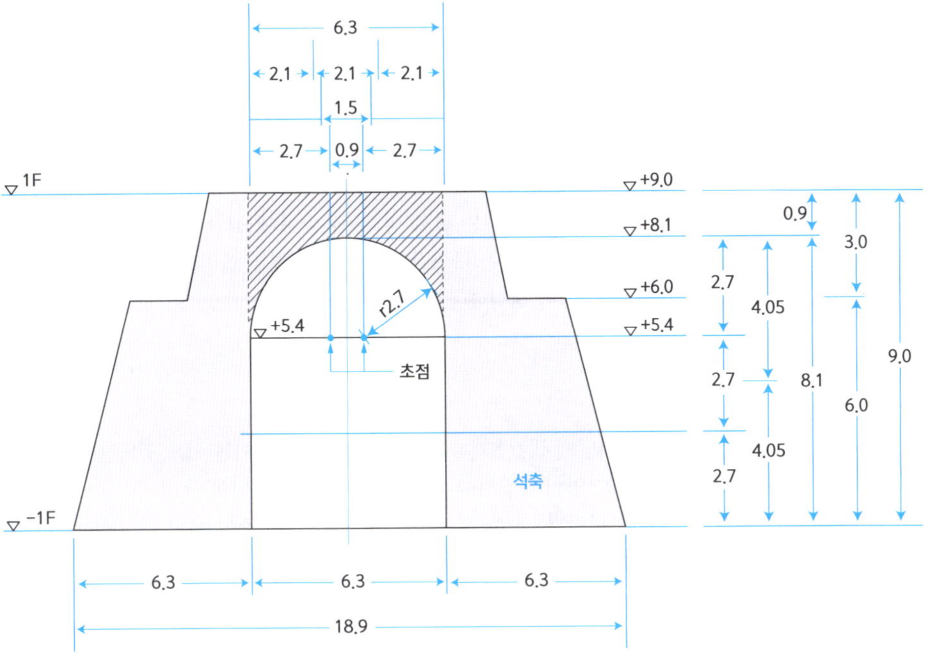

[그림 10] 석굴암 Dome 높이

그 시대에 dome 건축물이 있었다는 것 자체가 너무 신기할 따름이랍니다. 그렇다면, 혹시 신라와 로마가 교류가 있었다는 이바구? 아님, 신라 자체 창작물? 알 수 없어라!

석축높이 9m에서 8.1m까지를 dome으로 사용할 것이며 dome 상부에 지름이 약 1.5m쯤 되는 천장석이 dome을 잡아준답니다. dome폭(6.3m)에서 중앙 90cm를 뺀 지점에서 dome arch가 시작되는 걸로 가정하면 dome arch의 반지름은 r=2.7이 될 겁니다.

신라건축물에는 가상점이 자주 등장한답니다. 그러면 arch 초점이 도면상 2개소가 발생된답니다. 천장석은 arch로 치면 keystone(머릿돌) 역할을 하는 것으로 보시면 되겠네요.

② 지하출입로 형태

안에 dome이 있으니 구경하실려면 들어가는 통로가 있어야 될겁니다. 구경만 하다보니 구경꾼이 다된 느낌이네요~ㅎㅎ~

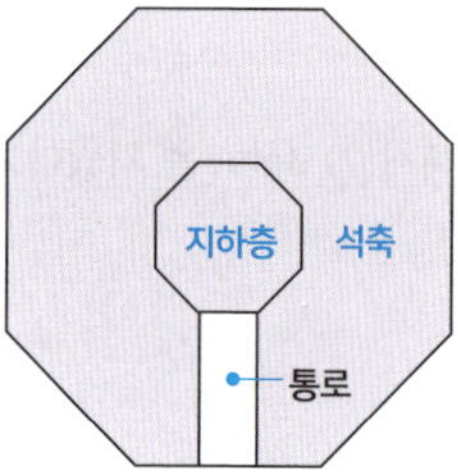

[그림 11] 진입로가 단순통로만 있는 경우 : 9층탑

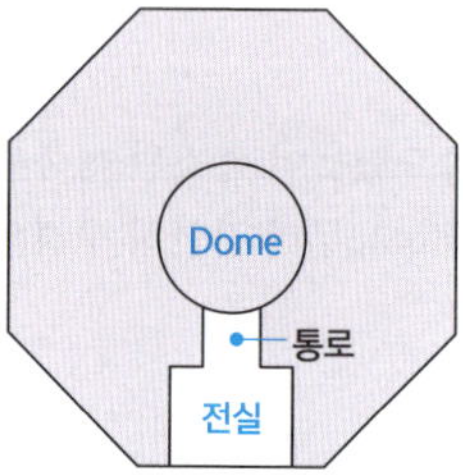

[그림 12] 진입로에 전실과 통로가 있는 경우 : 석굴암

저는 9층탑 지하출입로는 단순한 통로만 있는 걸로 생각한답니다. 9층탑도 전실을 석굴암과 같이 둘 수도 있지마는 일단 통로만 있는 걸로 생각하겠습니다. 석굴암은 묘하게도 전실로 들어가서 통로를 거쳐 내부로 들어가는 구조랍니다. 아마 내부가 좁아서인지 입구쪽인 전실까지도 이용하기 위해서가 아닐까 생각해 본답니다.

(3) 지하출입구 통로폭 개념

지하층 통로와 전실은 도대체 어떻게 생겼을까요? 폭은 얼마쯤이며 높이는 어느 정도일까요? 알아내실 수 있으신 분 계시나요? 앞이 캄캄하다구요! 저도 마찬가지로 앞이 안 보이네요~
지하층 안이거들랑요. 불켜면 빌랑가~ㅎㅎ~ 그런데, 묘하게도 지하층이 아닌 1층기둥에서 한가지 보이는 것이 있네요. 1층 중앙부쪽 기둥을 보실까요.

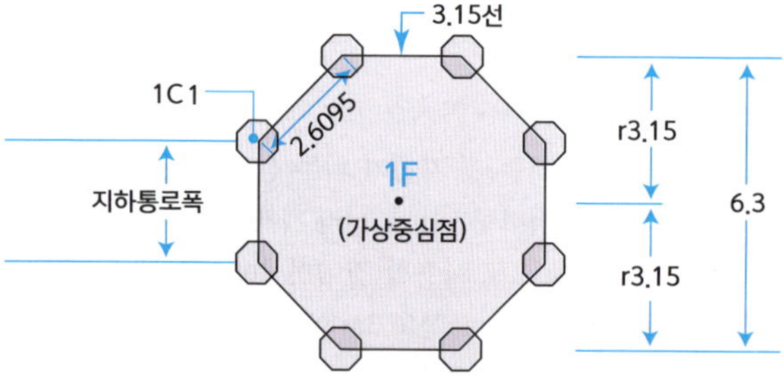

[그림 13] 석굴암 1층 중앙부 기둥들

중앙기둥(Cc)은 안보이고 C1 기둥이 가상 중심점에서 3.15m 떨어져서 8개의 기둥이 있답니다. 석굴암을 아무리 쳐다봐도 1층 기둥은 커녕 1층 자체도 안 빈다꼬요!
1층은 마음의 눈(?)으로만 보인답니다. 있다고 보면 보이시고 없다고 보시면 영원히 보이질 않는답니다 ~ 웬 궤변 ~ㅋㅋ~

바로 이 1층의 1C1 기둥중심간폭이 바로 지하통로의 기둥중심간폭이 된답니다.
계산해 보실까요. 지하통로폭= 2tan22.5r=2x0.4142x3.15 ≒ 2.6095가 나오네요. 정확하지는 않겠지만 제일 가까운 정수가 2.7이네요. 그럼 지하통로 기둥중심폭은 2.7m가 된답니다. 이유는 간단하겠죠. 1층 기둥을 지하층 기둥이나 석축 등이 받쳐주어야 구조적으로 튼튼할 겁니다 (참고로, 1층 기둥간 중심폭은 계산대로 2.61이 될겁니다).
9층탑 중앙폭도 동일한 개념이랍니다. 한번 보실래요.

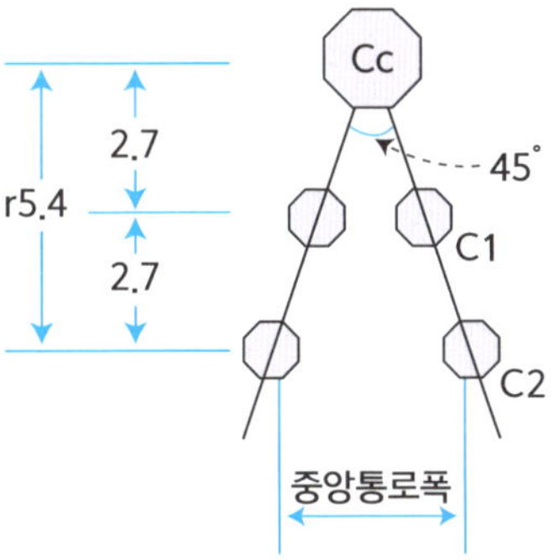

[그림 14] 9층탑 중앙칸폭

C2기둥간 거리가 건물의 중앙통로폭이랍니다.
W= 2tan22.5r= 2x0.4142x5.4 ≒ 4.4735

그래서 중앙통로폭 중심간 거리가 4.5m랍니다(가장 근접한 정수 선택).
석굴암 지하통로 중심폭도 9층탑과 똑같진 않을지라도 기본접근개념은 똑같답니다.
이제 지하통로폭이 2.7m인 걸 알았으니 현관 canopy 기둥중심폭도 알아야 된답니다. 석축폭이 6.3m이니 현관 Canopy 끝기둥 중심폭도 6.3일거라고 가정을 하겠습니다.
나머지는 제가 임의로 치수를 넣어 보겠습니다.

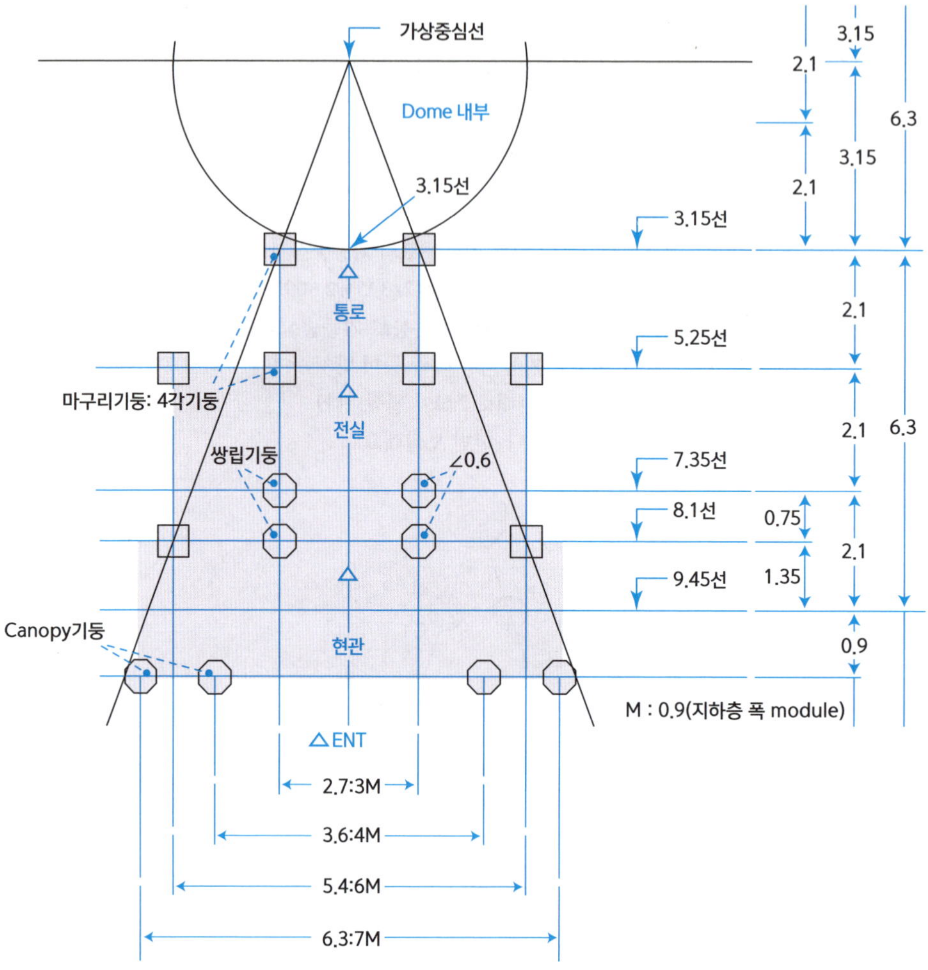

[그림 15] 석굴암 지하출입구 통로 대충 개념도

통로폭 2.7m는 계산으로, 현관끝 양쪽 기둥은 가정으로 6.3m, 나머지 치수는 수도 없이 많은 시행착오끝에 알아낸 수치랍니다. 지하층 기둥을 보시면 모두가 돌기둥이며 석축과 접하는 기둥은 4각기둥으로 마구리 개념의 기둥이며, 석축과 분리된 기둥은 8각기둥이랍니다. 전실과 현관사이에는 묘하게도 쌍립8각기둥이 있답니다.

좀 특이하실 겁니다. 이 쌍립기둥은 전실앞쪽(현관)폭이 넓어서 구조보강을 한 것이랍니다. 그리고, 통로폭·전실폭·현관기둥폭 등은 모두 지하층 폭 module인 0.9의 배수가 되도록 했습니다.

(4) core폭 개념과 지하층과 1층의 기둥열 일치

지하층의 횡렬기둥은 기본이 core폭인 2.1 기준이랍니다. 1층기둥과 기둥열이 맞아야 구조적으로 안전하기 때문일 겁니다. 잠시 1층과 지하층의 기둥열을 간단히 보실까요.

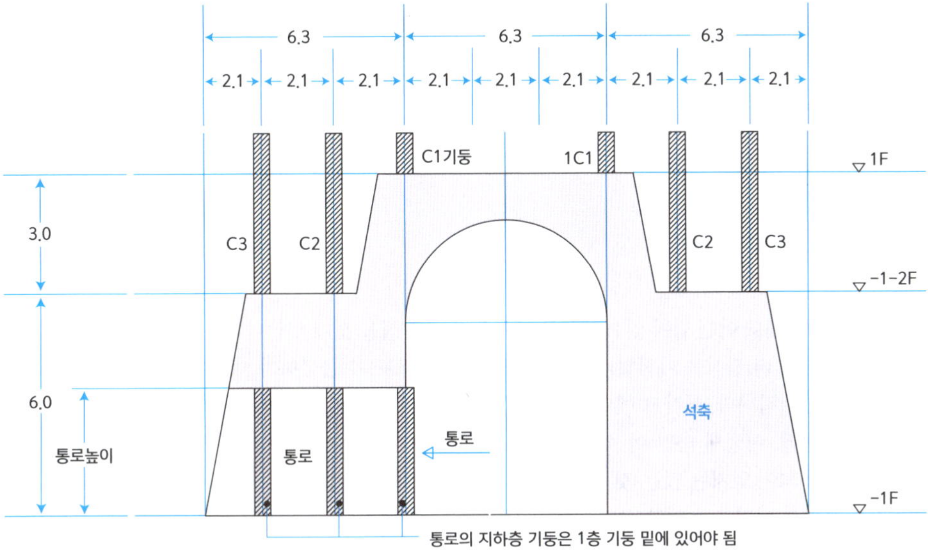

[그림 16] 지하통로 기둥과 1층 기둥

지하통로기둥(지하층은 출입로 통로에만 기둥이 있음. 나머진 석축이겠죠) 위에 1층기둥이 오는 것이 안전할 겁니다. 그리고, 석굴암은 좀 특이한 구조라서 중앙기둥이 없으니 core폭이 얼마인지 조금은 헷갈리게 되어 있답니다.

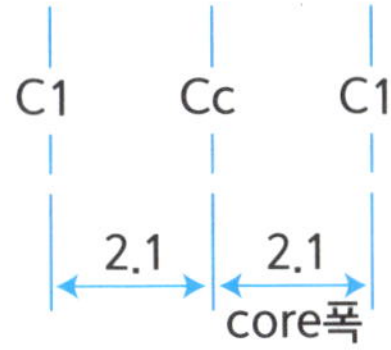

[그림 17] Cc가 있을시 core 폭

좌측그림과 같이 중앙기둥(Cc)이 있으면 core폭이 명약관화한데 이 Cc가 석굴암에는 유감스럽게도 없답니다.
그래도 core폭을 알 수가 있답니다. 6.3(dome폭)÷3=2.1로 바로 이 2.1이 석굴암의 가상core폭이랍니다.

일반목탑의 core폭 개념을 잠깐 보실까요.

탑명	core폭	비 고
9층탑	2.7	
7층탑	2.55	
5층탑	2.4	
3층탑	2.25	
1층탑	2.1	석굴암포함
-1층탑	1.95	첨성대
	@0.15	

[표 1] 일반목탑의 core폭 개념

9층탑을 기준으로 @0.15(15cm씩)의 core폭 증감계수가 나오네요. 석굴암의 core폭 2.1은 1층탑이 맞네요.
그 참! 신기하네요. 그럼, 자동으로 석굴암은 1층탑이 된답니다. ~ 불만 없으시겠지요.
그래도 헷갈리신다구요!~ 첨성대도 core폭 1.95로 -1층탑이 맞답니다. 이런식으로 신라탑에는 어떤 법칙이 있답니다. 그 만큼 이 core폭은 무지 중요한 개념이랍니다.

(5) 석굴암의 폭과 높이

저희들은 묘하게도 어떤 탑이 있으면 탑높이와 탑폭에 관심을 갖게 된답니다.
특히, 탑높이에 더 관심을 가진답니다. 아마 탑의 크기(규모)가 궁금하기 때문에 당연히 제일 관심을 갖게 될겁니다. 저라고 예외는 아니겠죠. 아니! 사실은 제가 제일 궁금해 할지도 모른답니다. 그런데, 어떻게 하면 이 석굴암의 규모를 알 수가 있을까요. 기록을 뒤져 보자구요? 글쎄요! 기록되어 있지는 않는 것 같군요? 기록되어 있다면 제가 바람결에라도 들었겠죠! 더한 것은 물어볼 사람조차 없답니다.

있을 거라구요? 혹시 계시다면 그 분은 귀신급이겠죠? 최소 1,300살은 되어 있겠군요. 그것도 기억력이 무지 좋아야겠죠. 치매끼도 없어야 될낀데~ㅋㅋ~
기록도 존재하지 않고 물어볼 사람조차 지구상에는 없으니 이 일을 우짜죠?
방법이 있다구요? ~눈 딱 감고 통밥으로 찍어 버리자고요~ㅎㅎ~ Good idea~
근데, 백이면 백, 천이면 천명이 다 다른 것 같은데 누구의 통밥에 손을 들어줘야 할까요?
전 통밥에는 손을 들어주기 싫은데요! 저희들이 누굽니까? 귀신잡는(?) 해병 출신들이 잖아요~ 아잉가?~ 야튼 규모추정은 어렵군요. 말로는 잘 안되네?~
걱정하지 마이소. 정가가 누굽니까? 동행자잖아요. 이 동행자가 다른 건 잘 몰라도 잔머리 공법에는 약간의 일가견이 있을지도 모르잖아요. 전혀 못 믿겠다구요~ 믿든지 말든지~ㅎㅎ~

이제 석굴암의 크기를 알아볼까요.
정가의 잔머리공법의 원리(?)도 이왕 보시는거 유심히 보이소!
석굴암이 1층 일반목탑이라고 말씀드렸을 겁니다. 이 1층 일반목탑의 순수이론 규격은 폭 64.8x높이 21.6이랍니다.(우찌 알지? 이 일반목탑의 탑당(2개층 기준) 증감계수는 폭은 @10.8이며, 높이는 @21.6이므로 몇 초만 계산기를 두드리시면 자동으로 지가 알아서 톡 튀어

나올겁니다. 참고로 9층탑 규모는 108mx108m랍니다)

토함산 꼭대기에 이렇게 크게(64.8x21.6) 지을 필요가 있을까요? 살짝 줄여서 지어야겠죠. 석굴암 규모계획을 보실까요

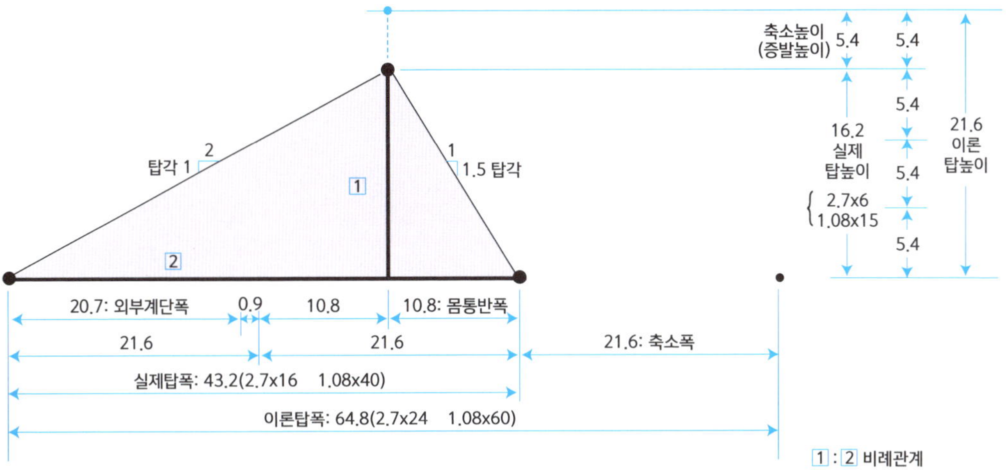

[그림 18] 석굴암규모 계획개념

이 석굴암은 1층 진입외부계단이 일반목탑식으로 4방향 진입계단이 아니고, 1방향(외외부계단) 진입계단이랍니다. 그만큼 폭이 줄어들겠죠. 첨성대도 동일한 개념이랍니다.
그러니, 자동으로 건물폭은 32.4(이론반폭)+10.8(몸통반폭)=43.2m가 된답니다.
불만 있으신분 안계시겠죠. 저의 잔머리공법중 일부랍니다~ㅋㅋ~

이론탑높이는 21.6m이지만, 묘하게도 아니 다행인지는(?) 모르겠으나 스님들이 관측에는 별로 관심이 없다카네요? 그럼, 관측소가 필요없겠죠. 그래서, 높이는 5.4m를 줄일 겁니다. 제 마음이며 제 잔머리공법의 일부랍니다~ 싫으셔도 할 수가 없네요. 제가 주심이거들랑요! ~
사실은, 이론반폭(32.4m)과 실제탑높이(16.2m)의 비례(탑각)를 2:1로 맞추기 위해서랍니다.

첨성대는 이론반폭과 실제탑 높이가 1:1로 같답니다. 그래서 석굴암규모가 43.2(폭)x16.2(높이)가 된거랍니다. 이렇듯이 신라탑은 이 비례관계(탑각)가 아주 중요하답니다.
자세히 보시면 탑폭은 이론폭의 2/3이며, 탑높이는 이론높이의 3/4이 나온답니다. 그래서, 이 석굴암은 변형1층 일반목탑으로도 분류된답니다.
용도도 관공서(일반목탑) 개념에서 종교개념으로 바뀐답니다.
보셨듯이 제가 잔머리(?) 조금만 굴리니 석굴암의 규모가 지가 알아서 스스로 팍 튀어 나와버리네요~ 정가의 마법의 잔머리 공법~ㅋㅋ~ 신기하실겁니다.

오래 오래 기억하시라고 정가 style로 농담까지 섞어가면서 석굴암의 규모를 한번 풀어 보았답니다. 이자뿌지 마이소^^

이렇듯 신라탑은 어떤 숫자의 조합이나 어떤 비례(1:1, 1:2 등)의 조합인 것 같네요. 잘은 모르겠지만(?) 어떤 숫자가 신라탑을 지배하는듯!

☆ 석굴암과 환풍기 ☆

제목이 우섭죠. 한 50여년 전(1967~8 ?) 이바구랍니다. 제 외할머니집에 불국사 쪽에 사시는 외아재 한 분이 문안인사차 오셨답니다.

외할매 曰 : 그래! 석굴암에서 일한다꼬 고생많제!

외아재 曰 : 그냥 잘 지내고 있습니다.

정가 : (???, 석굴암! 스님도 아니신데 …… 무슨 일?)

정가 曰 : 아재요! 석굴암에서 무슨 일 하닝교(돌직구 style?)

외아재 曰 : 어! 석굴암에서 환풍기 돌린다네.

정가 曰 : 석굴암에 와 환풍기 돌리는데요!(무식 style?)

외아재 曰 : 아 그게 말이야. 사람들이 석굴암에 들어오면, 땀도 나고 가스도 나와서 환풍기를 돌려줘야 석굴암을 오래 보존할 수 있단다.

정가 : (??? 땀나는 거까지는 알겠는데, 사람몸에서 왠 가스까지?)

아직도 그때 얘기가 생각난답니다. 그때 그 시절에는 비록 환풍기를 돌렸을지는 몰라도 석굴암을 마음대로 드나들었는데, 언제인지부터 인지는 모르지만 석굴암 문은 굳게 닫혀버렸답니다.
지금도 환풍기는 돌아가고 있을지도 모른답니다. 모르죠 aircon으로 바꿨을지도?
아직도 정가는 aircon도 없는디! 석굴암이 복 받았네 ~ㅎㅎ~ 요즘은 돌삐가 더 대우를 받는 세상이랍니다. 돌삐팔자가 상팔자! ~ㅋㅋㅋ~

정문이 꽉 막힌 석굴암, 단순 보존용 석굴암? 과연, 지금의 석굴암이 정통파(?) 석굴암일까요?
혹시 아시는 분 계시나요?
현재 있으니 맞을 것 같다구요? 그건 아무도 모른답니다.

정통파 석굴암이라면 분명히 채광과 환기가 완벽했을 겁니다.
자연환기·자연채광이 잘 되면 환풍기를 돌릴 하등의 이유가 존재하지 않을 듯 …

Ⅱ. 층별 구조개념

이 석굴암이 재미있는 것이 지하층에 재미있는것들이 집중되어 있는 것 같답니다.
일반목탑은 지하층 중간에 본건물이 있고 그 주위를 석축이 감싸고 있답니다. 그런데, 이 변형 일반목탑인 석굴암은 지하층을 석축이 감싸고 있으며 석축내부공간이 사용공간이랍니다.

즉, 지하층 내부공간에 목조건축물이 없다는 말이겠죠.
그러고 보니 석축(지하층)과 목조건축물(1층)이 상하분리형이네요. 아마 지하층 내부공간이 좁아서 그렇게 된 것 같네요.
그래도 안으로 들어가는 통로는 있을겁니다.

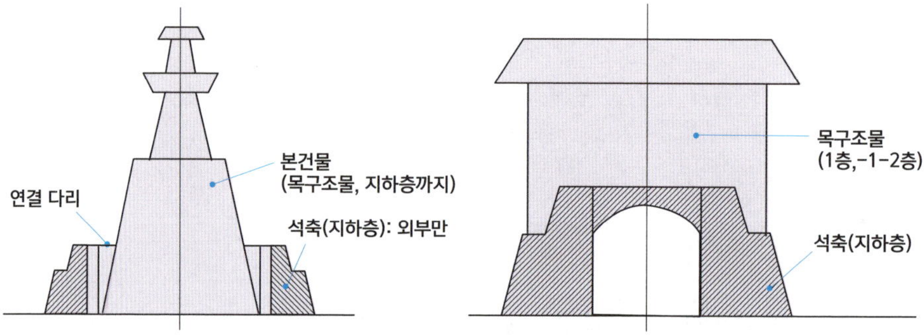

- 일반목탑: 석축만 분리형(수평분리형)

- 석굴암: 석축과 목구조물이 상하분리형(수직분리형)

[그림 19] 석축과 목구조물 분리 개념

주로 이 지하층의 석구조물을 집중적으로 분석할 겁니다.
석굴암은 석구조물이 백미일겁니다.

4. 지하층

이 석굴암의 지하층 구조는 크게

(1) 지하층 출입로
- ① 현관
- ② 전실: 우전실·전실통로·좌전실
- ③ 통로

(2) 지하층 내부구조
- ① 원형벽체
- ② 벽감(niche)
- ③ dome

(3) 석축과 외부계단
- ① 석축
- ② 외부진입계단

으로 분류가 된답니다. 하나하나 또는 묶어서 봅시다.

(1) 지하층 출입로

① 지하층 출입로의 평면도와 단면도

a. 평면도
석굴암 지하층 출입로의 평면도를 한번 봅시다.

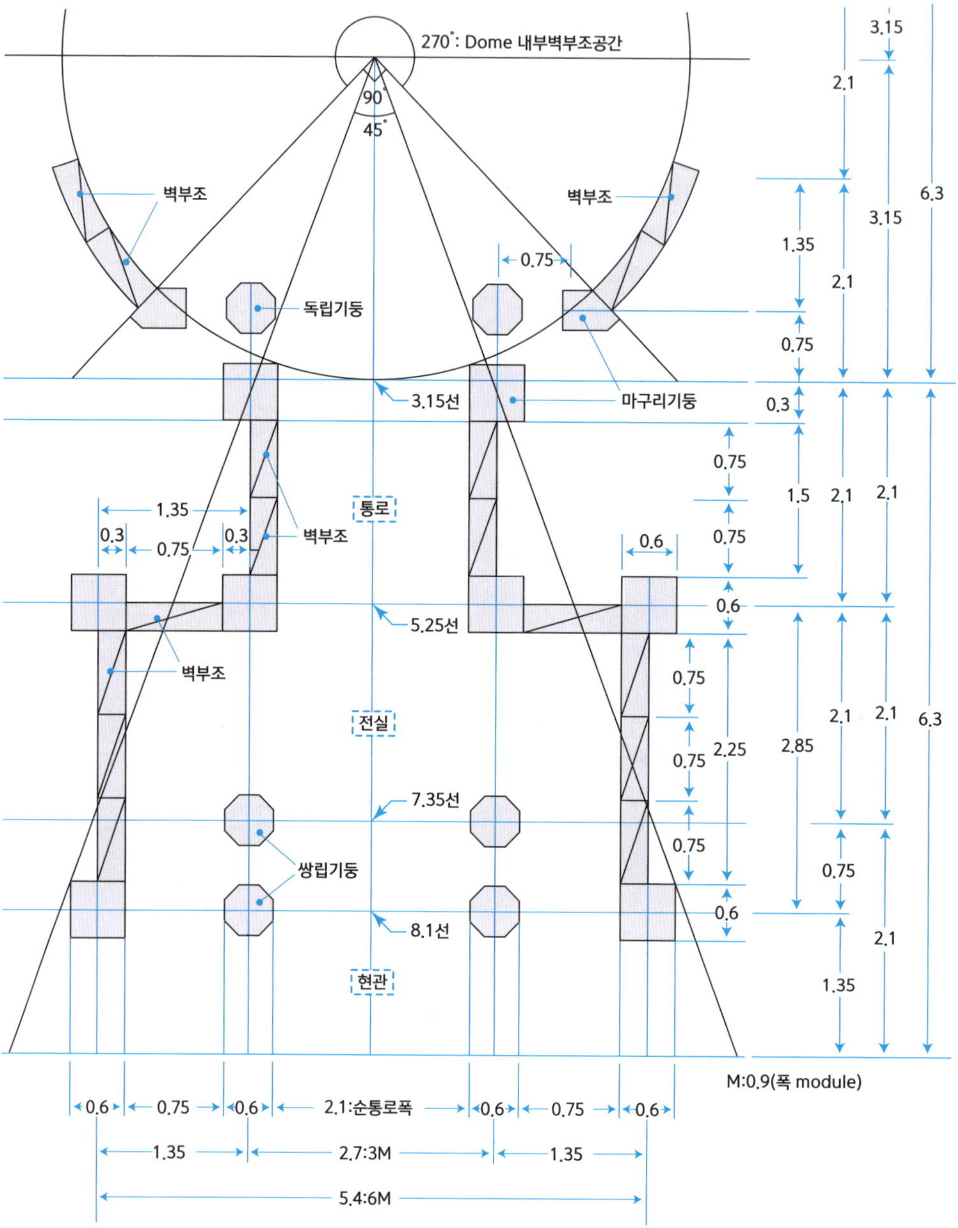

[그림 20] 석굴암 지하통로와 전실 기둥과 벽부조 평면도

수작업 도면도 한번 보시죠. 큰 도면은 책의 뒷부분 원본도면 No. 01(207page)을 보세요.

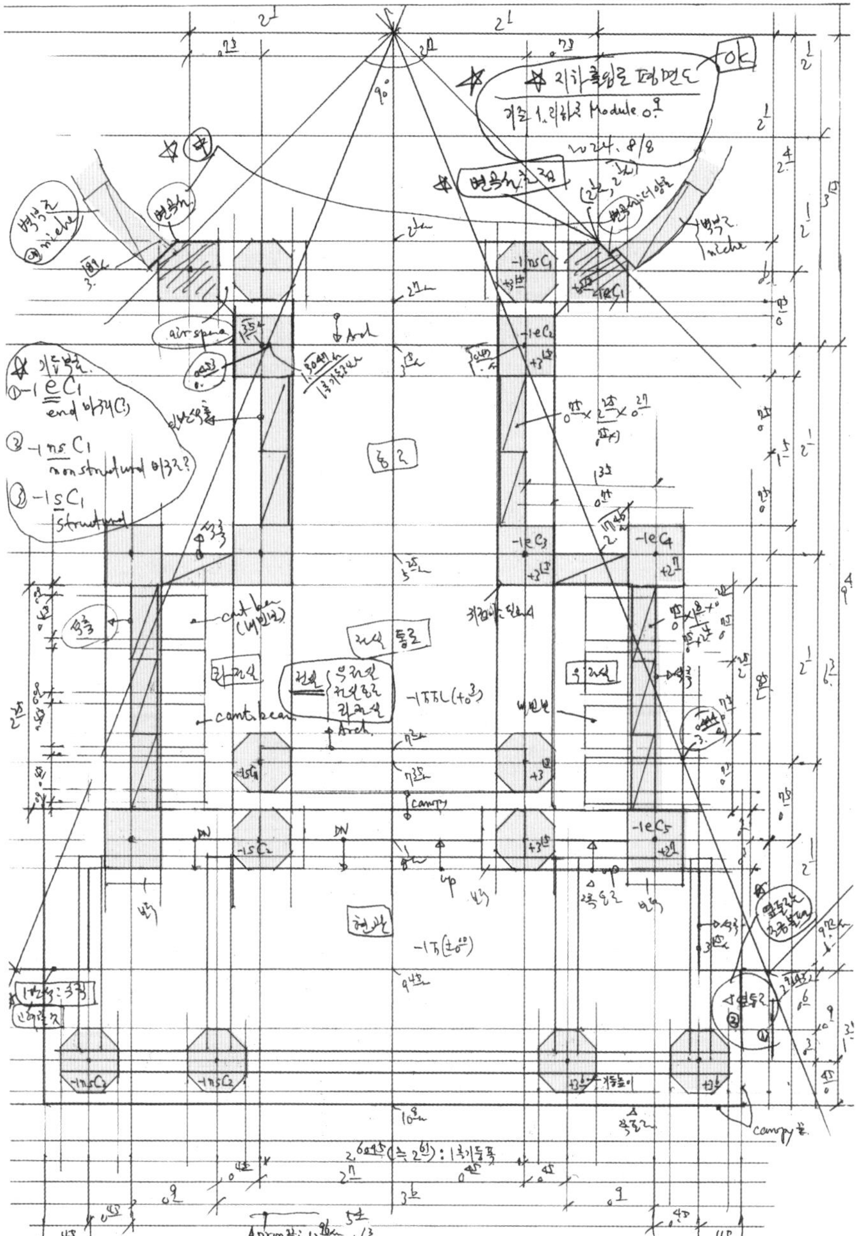

[그림 21] 석굴암 지하출입로 평면도

Notice 원본도면 No.01 석굴암 지하출입로 평면도 보시면 마구리벽 개념의 기둥은 4각형기둥으로 규격이 □0.6(4각기둥으로 1변길이가 60cm), 독립기둥개념인 8각형기둥은 ∠0.6(8각기둥으로 지름이 60cm)으로 통일시켰답니다. 자세히 보시면 전실과 통로의 벽부조폭이 동일하게 0.75(75cm)랍니다.
우연의 일치치고는 희한하게도 잘 맞는답니다. 기둥을 □0.6으로 할시 75cm의 폭만 전체적으로 다 맞답니다. 어떤 수학적 근거도 없는데도 희한하게 맞아 떨어지네요.
귀신에 홀렸나~ㅎㅎ~ 그리고, 통로안쪽(dome쪽)에도 기둥이 4개나 있답니다. 2개는 원형 벽부조 마구리기둥(모양이 조금 특이함)이며, 2개는 dome 입구에 있는 독립 8각기둥이랍니다. 이 독립기둥이 왜 있는지를 아직까지도 확실히 알 수는 없답니다. 구조기둥이 아니어서 없어도 될 것도 같은데 있는 걸로 봐서는 필요하다고 판단이 되어서 만든 것도 같답니다.

내부원형벽체를 보시면 원형이라 360˚랍니다. 이 중 1/4(90˚)은 통로개념이며, 나머지 3/4(270˚)이 원형벽 부조공간이 될겁니다.

b. 단면도

출입로 평면도를 잠깐 보셨으니 출입로 단면도도 보면 좋겠죠.

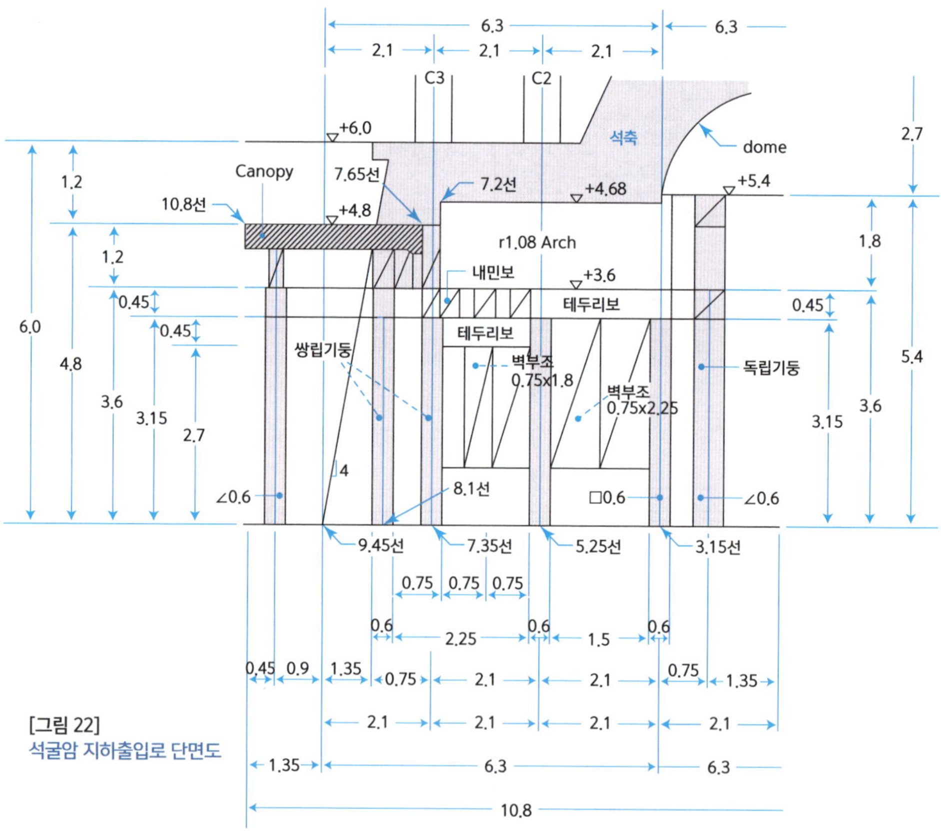

[그림 22]
석굴암 지하출입로 단면도

지하층 한번 들어갈려니 무지 복잡하네요. 실제로도 엄청 복잡하답니다. 먼저, 통로의 arch 높이를 +4.68(바닥에서 468cm 위)로 했답니다.

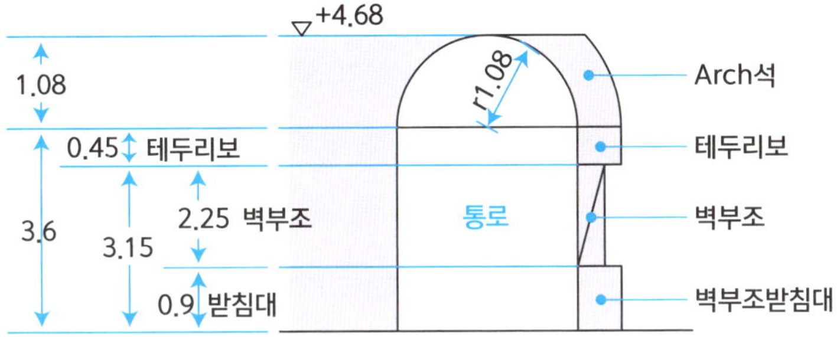

[그림 23] 지하출입로 통로단면도

그리고 테두리보 춤(춤=높이)을 0.45로 했으며 벽부조 하부받침대 높이를 0.9로 했답니다. 벽부조 받침대 높이를 0.9로 할까 0.75로 할까로 무지 헤매었는데, 모든 숫자상 0.9가 가장 알맞을 것 같아 0.9로 했답니다. 부조받침대 높이가 이론적으로 0.9이나 바닥마감을 고려하면 -1FFL(-1F+0.3 즉, 바닥마감두께가 30cm이며 실제로는 지하바닥이 됨)이 발생되면서 실제적으로 보이는 높이는 0.6이 될 겁니다(불공을 드리시려면, 차가운 돌바닥보다는 따뜻한 나무마루가 더 좋겠죠). 물론, 이 부조받침대 높이 0.9는 벽부조의 폭과 높이비를 고려한 것이랍니다.

받침대 높이가 0.9일때는 벽부조 높이는 2.25랍니다.

$$\text{부조의 폭높이비} = \frac{\text{부조높이}}{\text{부조폭}} = \frac{2.25}{0.75} = 3\text{으로 폭높이비가 3이 나올겁니다.}$$

만약 받침대 높이가 0.75이면 벽부조 높이는 2.4가 되겠죠.

$$\text{폭높이비} = \frac{\text{부조높이}}{\text{부조폭}} = \frac{2.4}{0.75} = 3.2 \quad \text{즉, 폭높이비가 3.2랍니다.}$$

폭높이비 3과 3.2를 비교해 보고 3이 더 낫다고 판단하여 부조받침대 높이를 0.9로 하였답니다. 특별히 근거가 있는 것은 아니랍니다.

② arch보들

이 석굴암 지하 출입문에는 arch들이 아주 멋있답니다. arch에는 크게 두 가지가 있을 겁니다. 상부하중을 많이 받는 정식 arch도 있으며, 자체하중만 견딜 수 있는 보 형태의 arch보가 있답니다.

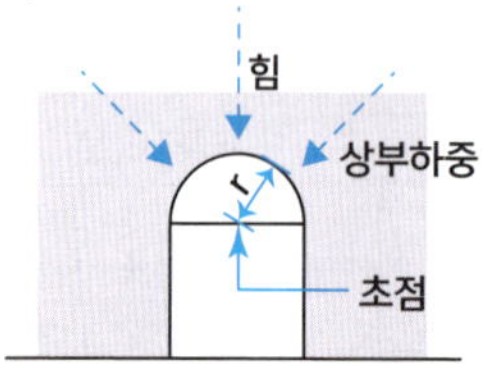

[그림 24] 정식Arch : 상부하중을 받는 경우 - 굴(tunnel)통로개념

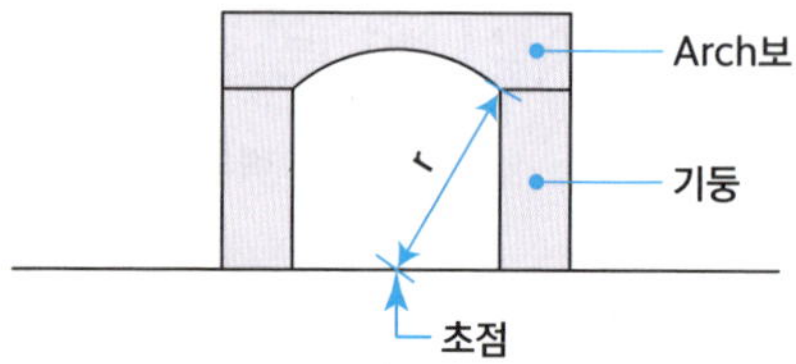

[그림 25] Arch보 : 자체하중만 받음 - 보개념

석굴암 지하출입로에는 두 가지가 다 있답니다. dome도 arch에 포함되나?
헷갈리네! arch라면 dome도 있답니다. 더 재미있는건 arch보가 동일형태가 아니라 여러 형태가 있답니다. 지하출입로의 꽃이랍니다. arch보와 정식 arch의 위치도부터 봅시다.

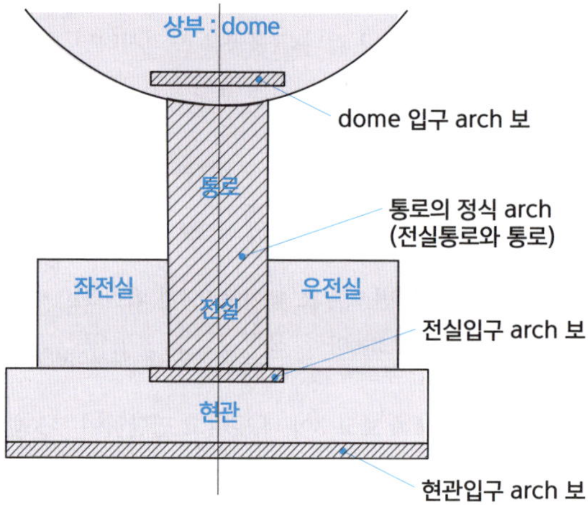

[그림 26] 지하출입로의 arch 위치도

보시듯이 들어가는 입구쪽에는(경계선마다) arch보가 있으며 통로(전실통로 포함)에만 정식 arch가 있답니다. 물론 지하내부에는 arch의 완성형인 dome도 있을겁니다.
원래 현관, 전실, 통로 이런 식으로 분리해서 arch보를 따로 얘기드리는 것이 맞으나 arch보만 모아야 한눈에 쏙 들어오며 비교도 쉬울 것 같아서 묶어서 말씀드리겠습니다.

a. 현관입구 arch보

현관은 말 그대로 그 집에 들어가는 입구겠죠. 조금은 멋도 내야하고 약간은 위엄도 갖추어야 겠지요. 현관 Canopy(지붕판) 입면도부터 봅시다. 묘하게도 9층일반목탑과 동일하답니다.

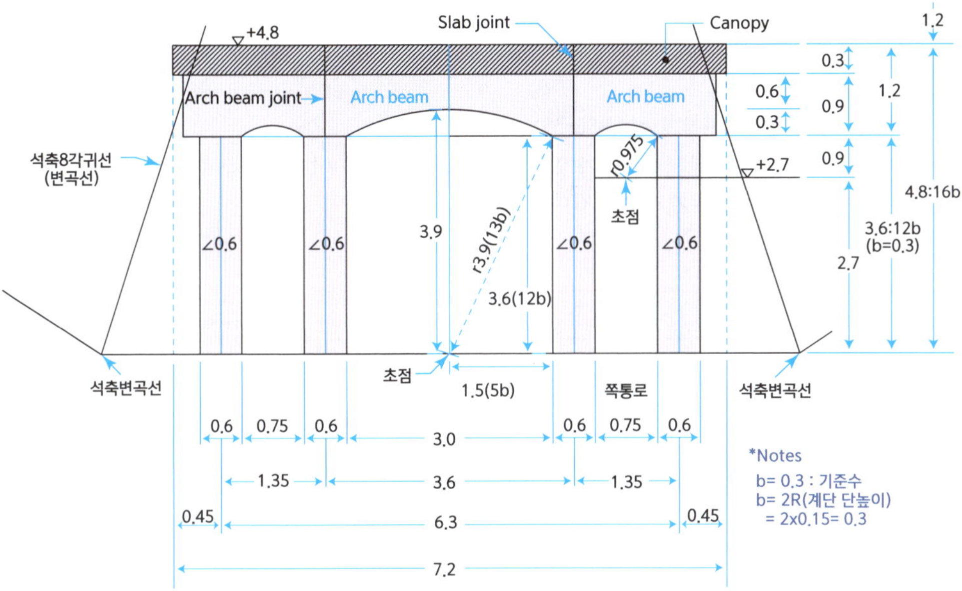

[그림 27] 석굴암 지하층 현관 Canopy 입면도

주현관 주출입구 arch보는 1.5(밑변) : 3.6(높이) : 3.9(빗변: arch 반지름r=3.9)=5:12:13(정수직각삼각형)으로 9층탑과 동일하답니다. 양쪽의 쪽출입로는 초점을 +2.7(바닥에서 2.7m 높이)에 두고 똑같이 5:12:13으로 잡아는 보았는데 실제로 arch 처리를 했는지는 알 수는 없네요. 그냥 보 밑이 민자일 경우에 보기가 조금 그럴것 같아서 조그마한 arch를 하나 잡아 보았답니다. 원래, 8각형 석축의 석축변곡선(꺾임선)안의 1면속에 canopy가 오는 것이 맞을 것 같으나, canopy 날개가 변곡선을 조금 넘어 섰답니다. 차라리 이것이 모양새가 더 좋은 것 같답니다.

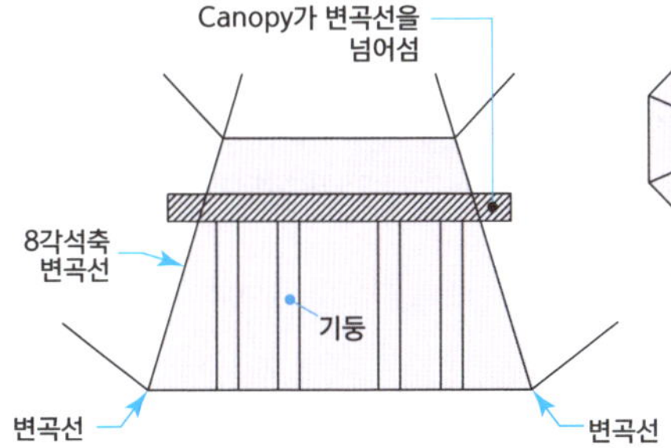

[그림 28] 현관 Canopy의 변곡선 넘기

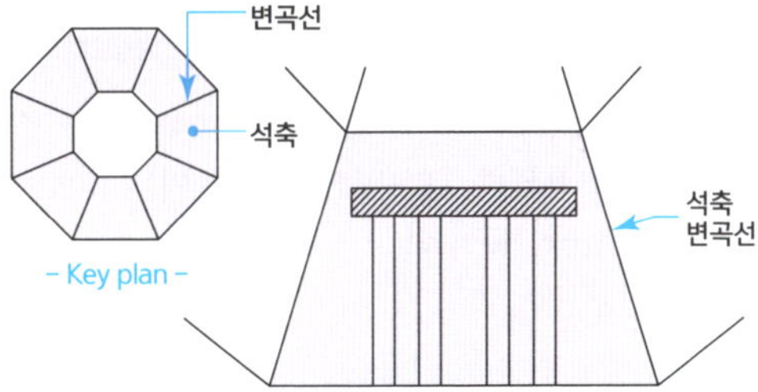

[그림 29] 현관 Canopy가 변곡선 안에 있을 시
: Arch규모를 줄여야 함.

canopy slab가 3.15x7.2x0.3이나 되는 무지 큰 slab 판이랍니다. 이음매가 최소 2군데 정도는 있을것 같은데, 이 이음매처리를 어떻게 했는지는 알 수가 없답니다. 제일 처음에는 이음매(joint) 상부에 비가 새지 못하게 마개같은 걸로 덮어 씌우기도 해 봤는데 모양새가 좀 그렇더랍니다.

b. 전실입구 arch보

현관에서 전실로 들어가실려며는 또 arch보가 있답니다.

들어가는 입구(경계선)에는 arch보가 있다고 보시면 되겠네요. 이 arch보는 쌍립기둥(뒷쪽에 나올겁니다) 상부에 두개가 얹힐 겁니다.

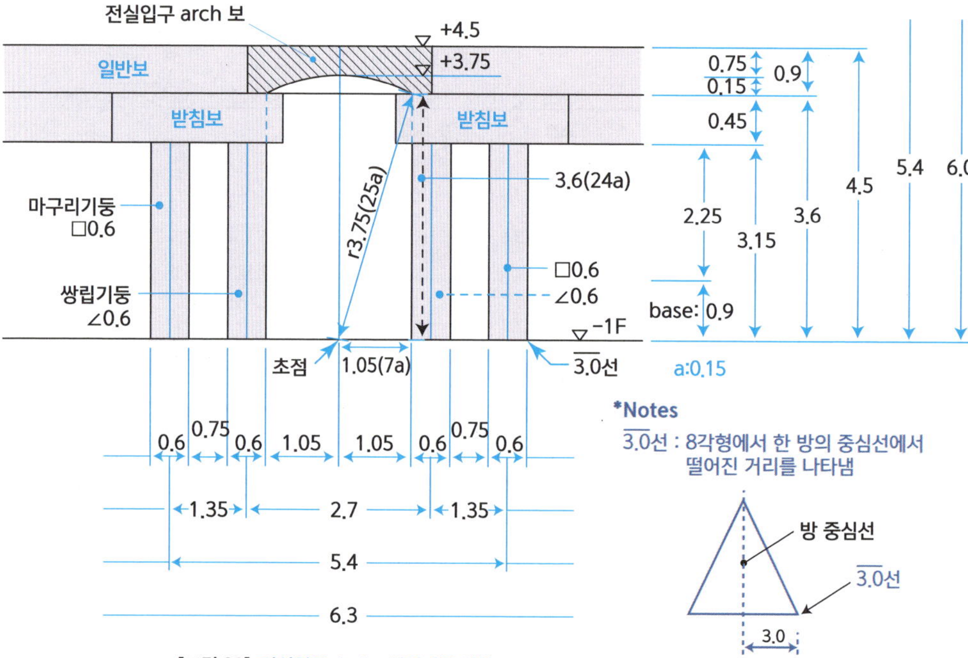

[그림 30] 전실입구 Arch : 쌍립기둥 상부

전실입구 arch보는 현관입구 arch보와는 조금 다르네요. 정수직각삼각형인 7:24:25를 사용했답니다. 즉, 1.05(밑변) : 3.6(높이) : 3.75(arch 반지름r) = 7:24:25가 된답니다.

대단한 신라인들이죠!

c. 통로 arch

이 통로 arch는 구조 arch로 정식 arch랍니다. r=1.08이 될겁니다.

이 arch는 통로에만 있는 것이 아니라 전실입구(전실통로)부터 통로까지 연결된 arch랍니다. 이유는 간단하겠죠, 상부하중(상부석축 + 1층)을 받쳐 주어야하기 때문일 겁니다.

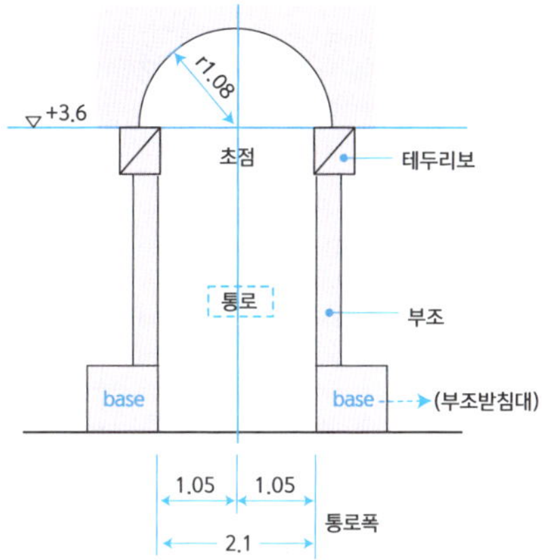

[그림 31] 통로쪽 arch

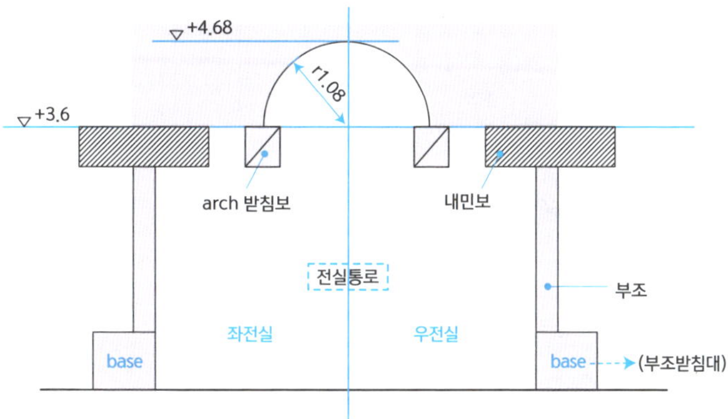

[그림 32] 전실통로 arch

보시듯 통로폭이 2.1로 r=1.05(2.1÷2=1.05)가 맞겠다고 제일 처음에 생각을 했었는데, 아무리 생각해봐도 이 1.05(숫자합 6)가 마음에 들지 않아서(?) 3cm를 넓혀서 반지름 r=1.08(1.05+0.03)로 하기로 했답니다.

1.08=1+0+8=9 거들랑요. 그리고, 이 전실 통로상부의 arch는 전실이 넓어서 arch 하부를 받쳐주는 벽 등이 없으므로(양쪽 기둥이 arch 받침보를 받쳐줌) 구조보강에 특별히 신경을 쪼께 쓰셔야 될 것 같네요.

d. dome 입구 arch보

지하내부인 dome에 들어갈려니 여기에도 arch보가 있네요. 아마 이 arch보는 공간분리 개념이 있는듯 하네요. 이 arch보는 dome 입구의 두 독립기둥 위에 얹힌답니다.

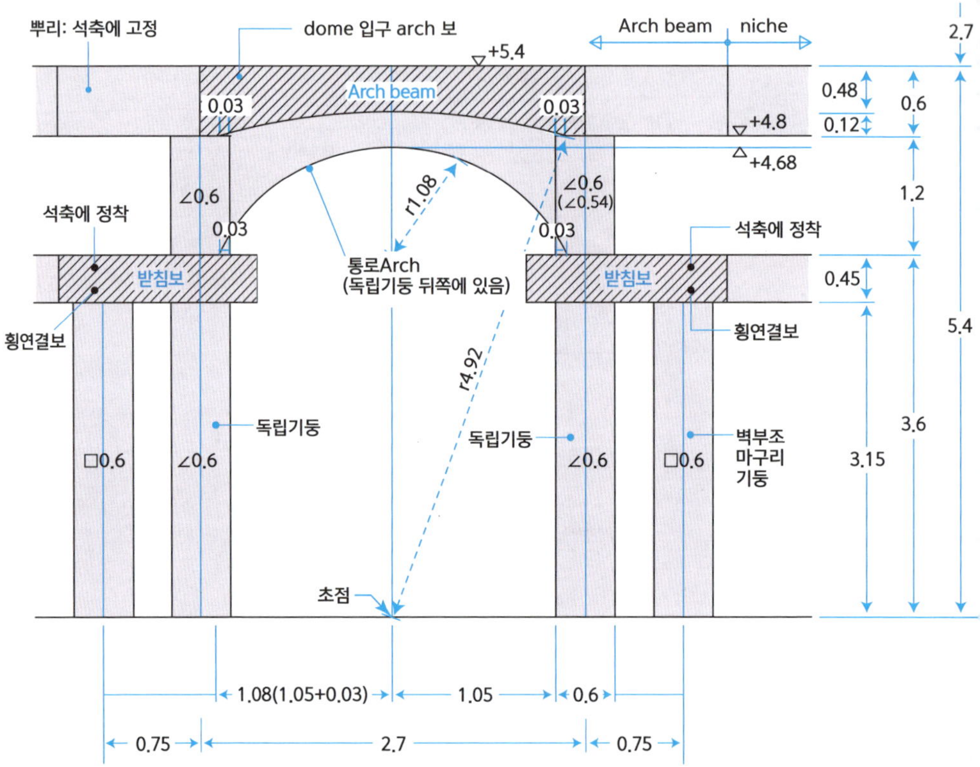

[그림 33] 독립기둥 Arch: 내부에서 밖을 봄

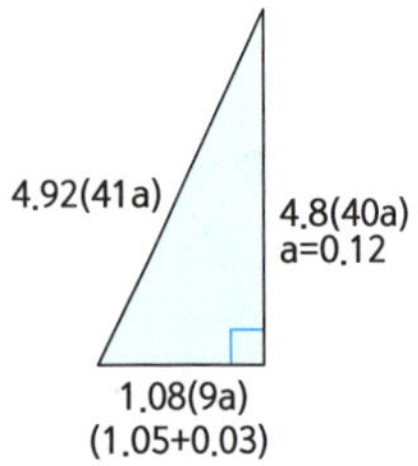

[그림 34] 독립기둥위 Arch 개념

이 2개의 독립기둥은 자체독립기둥으로 연결보를 통하여 석축에 정착되어야만 한답니다. 그것도 2단으로 되어있답니다. arch보의 arch는 2단기둥 끝에서 안으로 3cm가 들어가서 시작될 겁니다. 물론 완전 arch를 만들기 위해서랍니다. 이 독립기둥 arch보의 arch는 별로 본적이 없는 arch일 겁니다.

즉, 9:40:41 이라는 직각정수삼각형이랍니다.

신기한 arch도 다 있네요. 이 독립기둥 arch는 부처님이 통로쪽을 보실때 일종의 가리개 비슷한 개념으로 만든 것이 아닐까 하는 생각이 든답니다. 신라인들이 arch에 적용한 수학 실력이 저보다 서너수 위인 것 같답니다. 제가 따라 갈려다 바지가랑이가 몇번이나 찢어질 뻔 했다니깐요? 아무도 안 믿는 눈치군요! 이 정수직각삼각형의 arch 개념은 이런 거랍니다.

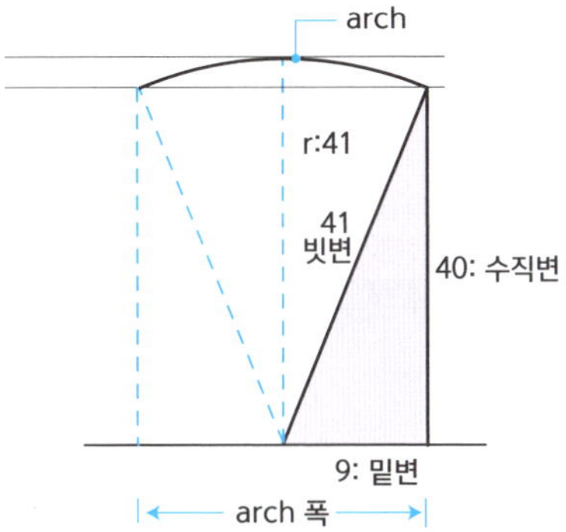

[그림 35] 정수직각삼각형의 arch 개념

어떤 정수직각삼각형의 빗변이 반지름(r)이 되면서 arch를 형성한다는 개념이랍니다. 저희들이 귀가 닳도록 들어온 피타고라스 정리인 3:4:5가 바로 정수직각삼각형이랍니다. 이 외에도 수도 없이 많은 정수직각삼각형이 있답니다. 여기에서는 몇가지만 맛배기로 신라인들이 보여주네요 ~ㅎㅎ~ 이 정수직각삼각형의 원리는 뒤에 나오는 쉼터인 '정수직각삼각형의 원리를 아시나요?'를 보세요. 원리가 아주 상세하게 나와 있을 겁니다.

이제 이 석굴암의 arch보에 적용된 정수직각삼각형을 정리해 보면

1. 현관입구 arch보 5 : 12 : 13(밑변 : 수직변 : 빗변(r))
2. 전실입구 arch보 7 : 24 : 25
3. dome입구 arch보 9 : 40 : 41

보시니 입구에서 안으로 들어갈수록 1단계식 숫자(밑변기준: 5→7→9)가 늘어나네요~ 하! 고고 참 신기하네요. 신라인들은 이렇게 숫자놀음을 즐긴답니다. 고급놀음이죠~ㅎㅎ~ 전형적인 신라인들의 숫자놀음개념이랍니다. 예를 간단히 들면, 상석축의 최상단에 있는 기본단이 3단이면, 하석축의 최상단에 있는 기본단은 2단이 된답니다. 이 개념을 아셔야 석축의 각 단높이를 알아낼 수 있답니다. 눈이 맑으신 분(?)은 가끔 보셨을 겁니다. 이런게 안보이시는 분은 눈을 자주 씻으세요~ㅎㅎ~

근디! 가장 중요한 피타고라스(3:4:5)는 안비네요? 신라인들이 바보는 아니겠지요~ 분명히 어디에선가 얼굴을 내밀겁니다~ㅎㅎ~

③ 쌍립기둥

현관을 통과하여 전실로 들어가실려면 쌍립기둥이 있답니다. 앞에서도 보셨듯이 전실입구 arch보도 이 쌍립기둥 위에 있을 겁니다. 근데, 1개의 기둥만 있어도 충분(?)할 것도 같은데 왜 1개를 더 넣었을까요? 아마 구조보강을 위해 1개를 더 추가한 것 같으며, 그로 인해 전실 깊이도 75cm나 더 넓어지는 효과도 있답니다.

먼저 기둥이 1개일 경우를 잠깐만 보실까요.

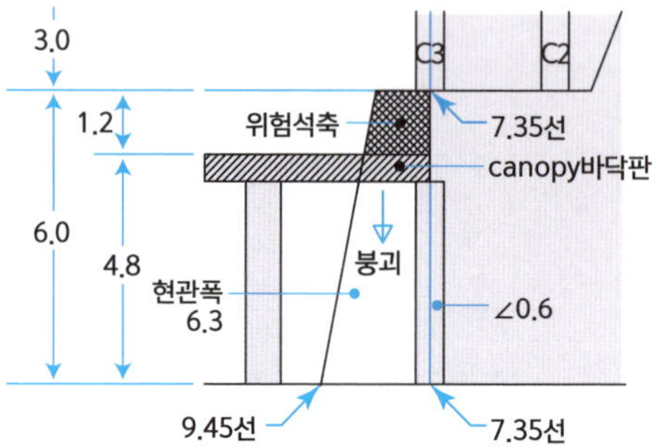

[그림 36] 7.35선에 기둥이 1개만 있을시의 상부석축의 붕괴 위험성

보시듯이 7.35선 외부쪽 상부석축을 간신히 canopy 바닥판이 받치고 있답니다. 이 canopy 바닥판은 지 몸무게도 간신히 받치는 판이랍니다. 거기다 현관폭이 6.3m나 되는데 이 canopy slab가 상부석축을 받칠 수가 있을까요? 상부석축이 내려앉는건 시간문제일 뿐일 겁니다. 안 그래도 전실천장쪽은 상부에서 엄청난 하중이 가해진답니다(전실이 지하출입로중에서 가장 취약하답니다). 이런 이유 등으로 이론기둥선(7.35선)에서 75cm를 넓혀서 8.1m선(7.35+ 0.75)에 추가보강기둥 1개를 더 설치하여 쌍립기둥이 된 거랍니다. 두 기둥이 쌍립기둥이긴 하나 그래도 약간(3cm)의 이격거리는 있답니다.

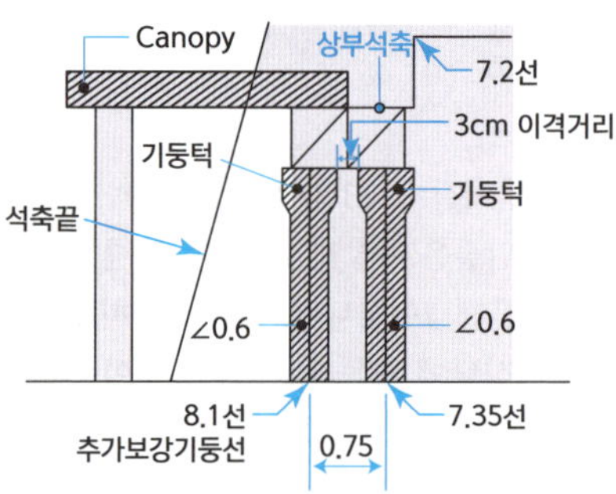

[그림 37] 쌍립기둥 개념

이 쌍립기둥이 조금 믿음직스럽게 보이지 않으세요?

④ 전실

a. 전실평면도
이 전실이 지하출입로의 백미랍니다. 아마 dome 내부공간이 좁은 듯하여 출입로 중간에 넓직한 전실을 만든 것 같답니다. 기발한 idea죠.

먼저 평면부터 보실까요. 크게 우전실·전실통로·좌전실이 있답니다.

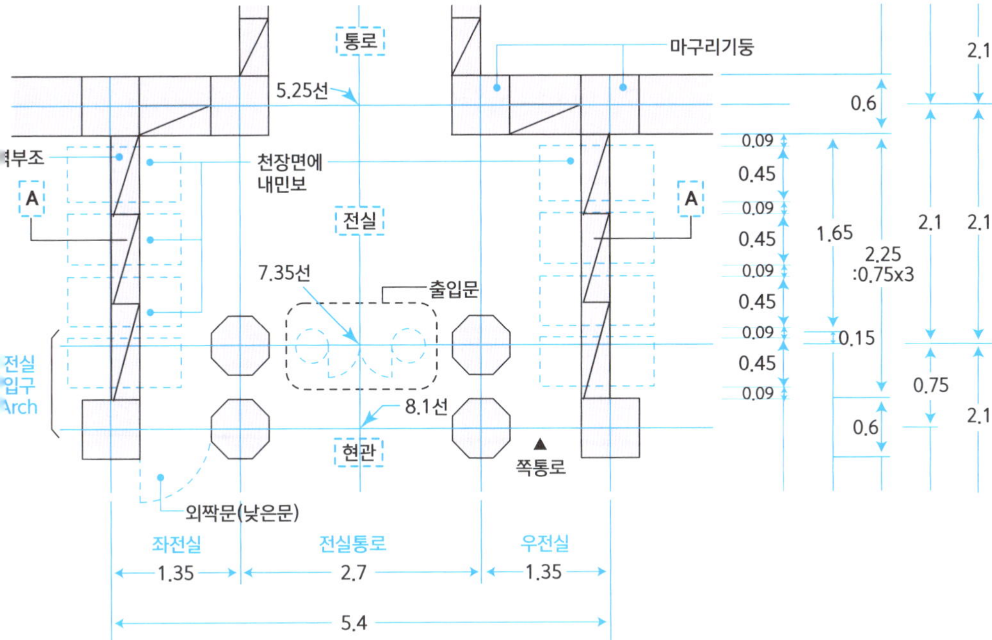

[그림 38] 전실 대충 평면도(천장 내민보 포함)

이 전실 입구에 문이 있어야 할까요, 없어도 될까요? 꼭 필요하다면 7.35선에 만들면 될 것 같네요. 양쪽에 있는 쪽통로도 필요하다면 낮은 문(H0.9~1.2) 정도면 될 것 같답니다.
이 쪽통로를 완전히 막아버리면 내부전실 양쪽이 쪼께 어두워질 수도 있답니다. 이 쪽통로가 재미있는건 그냥 개구부로 놔두어도 되고 낮은 문이나 난간처리를 해도 되며 또한 양면을 벽부조로 하여 쪽통로를 완전히 막을 수도 있답니다.

막게되면 전실 양쪽은 쪼께 어두워는 지겠지만 어떻게 할지는 아직 미정이랍니다.

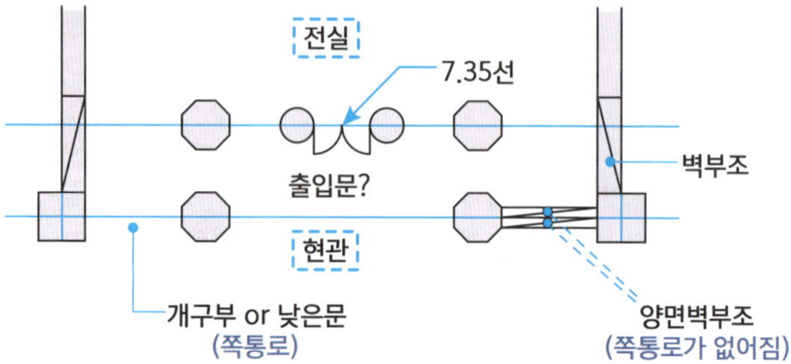

[그림 39] 전실입구 개구부 개념도

자세히 보시면 석축면이 꺾이거나 하는곳에 사각기둥 □0.6이 있는데, 이것은 마구리기둥 개념이랍니다. 이 마구리개념이 없으면 마감처리가 쫌께 힘들겁니다.

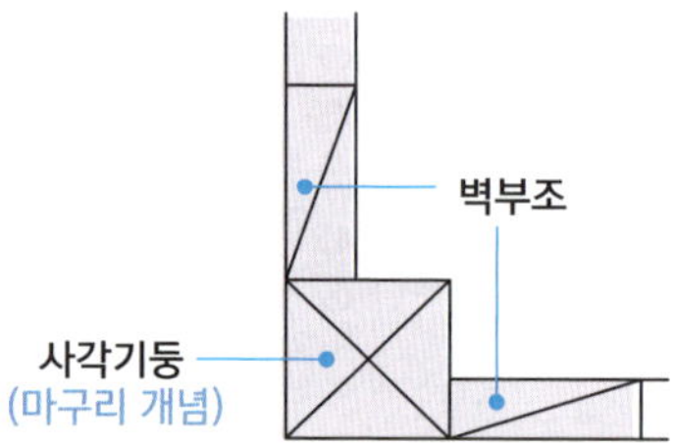

[그림 40] 마구리 기둥이 있을시

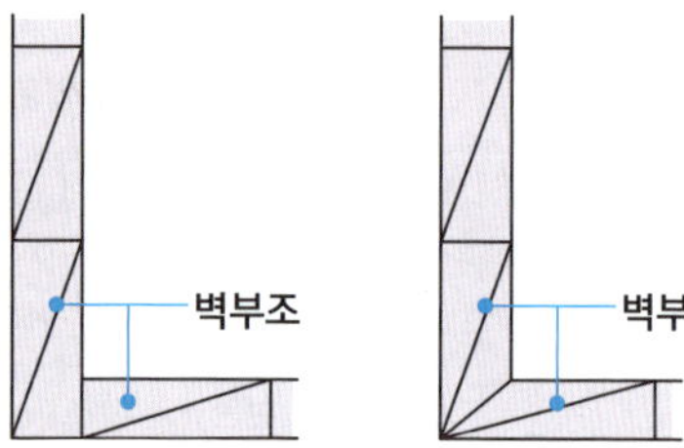

[그림 41] 마구리 기둥이 없을시

마구리기둥이 없더라도 어떻게라도 하긴 할 수는 있겠지만 모양새가 쫌께 그럴겁니다.
쉽게 애기하면 변곡기둥(벽분리 기둥)이라고 생각하시면 되겠네요.
마구리가 있어야 시작이 있고 끝이 있겠죠~ 아인가?~

b. 전실천장의 내민보

전실양면 천장을 보시면 4개씩의 내민보(cantilever beam)가 있을 겁니다. 바로전실의 백미랍니다. 전실의 횡단면도(A-A: 그림38 참조)를 보실까요.

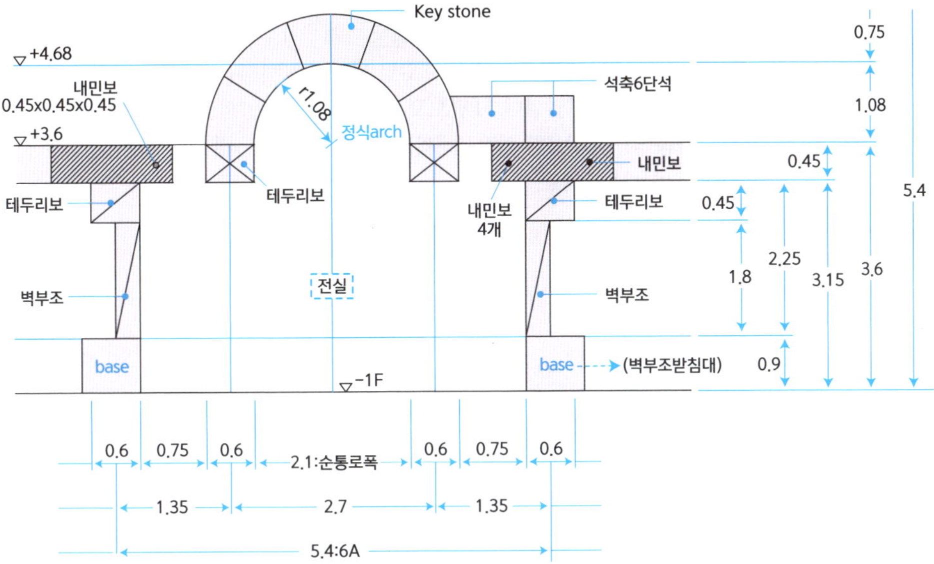

[그림 42] 전실의 횡단면도 A-A

정중앙에 있는 r=1.08의 정식 arch는 통로까지 계속 연결된답니다. 전실의 정식 arch를 받쳐주는 벽은 없답니다. 대신 arch를 테두리보(받침대 역할)가 받치며 이 테두리보를 양쪽의 기둥이 받친답니다.

전실 양쪽에 있는 내민보가 아주 재미있답니다. 다시 살짝 그려봅시다.

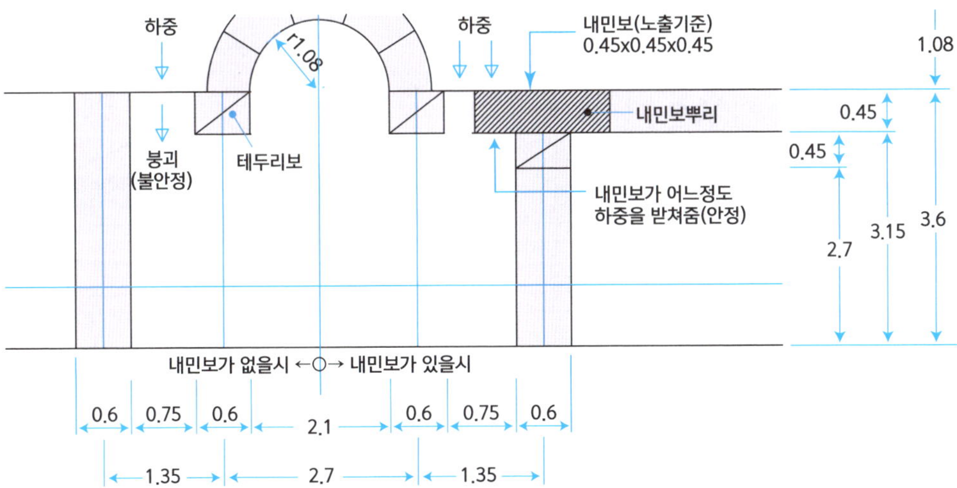

[그림 43] 내민보 개념

보시다시피 내민보가 없을 시는 폭 75cm를 아무것도 받쳐주지 않아서 불안정 구조를 보이는데 비해서 우측과 같이 내민보를 45cm정도 내밀면 나머지 30cm의 하중정도는 자체적으로 받칠수 있어서 안정구조가 된답니다. 내민보로 보강을 하면 중앙의 정식 arch도 약간은 보강이 될겁니다. 처음에는 내민보를 양쪽 3개씩으로 생각을 했었는데 모든 치수를 다시 비교해 보니 4개씩의 내민보가 맞네요.

⑤ 지하층 단면도

지하층 내부를 보시기 전에 지하층의 단면도를 잠깐 보실까요. 지하층 이해에 도움이 되실겁니다.

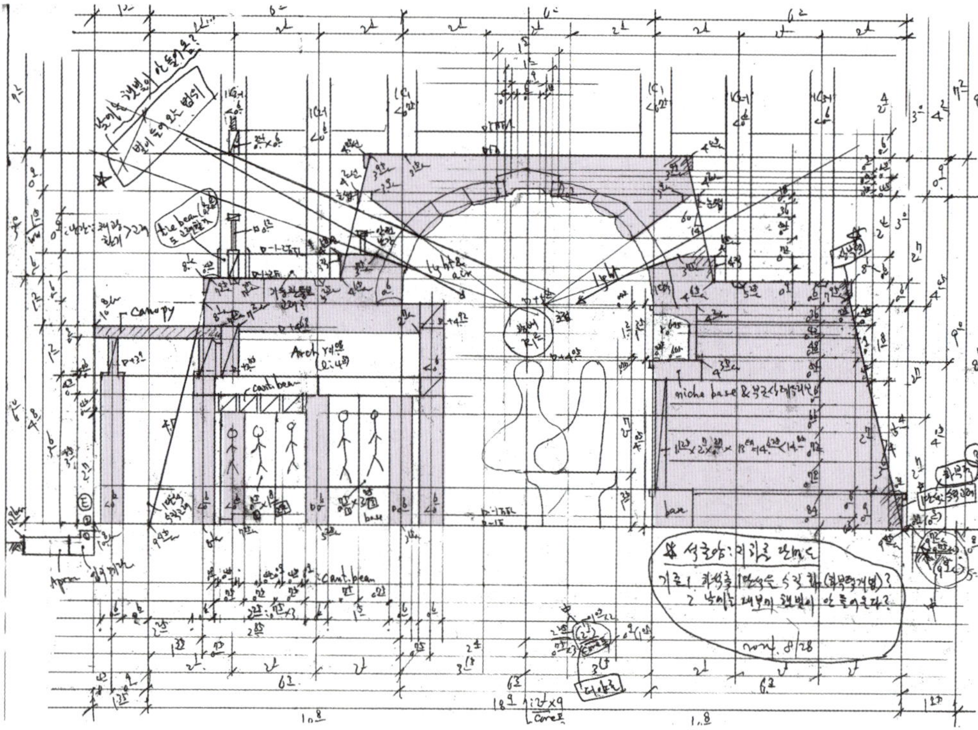

[그림 44] 지하층 단면도

큰 도면은 책의 뒷부분 원본도면 No. 02(209page)를 보세요.

Notice 원본도면 No.02 지하층 단면도

전실을 지나면 통로가 나오는데 통로 arch는 전실통로 arch와 같아 별다른 특이 사항이 없으므로 통로(passage)는 말 그대로 통과하겠습니다^^

(2) 지하층 내부구조

드디어 지하층 핵심부에 들어오셨네요. 들어오시기 힘드셨을텐데~ 축하드립니다~
바로 이 지하내부가 석굴암의 정수랍니다. 지하 내부구조는 크게 두가지로 분류해 볼 수도 있답니다.

- 지하 내부구조
  - Dome부(상부: 반구형)
  - 원형벽부(하부: 원형수직면)
    - 벽감(niche 니치)
    - 원형벽체(벽부조)
  - (벽감과 원형벽체를) 하나로 보면 dome 구조물이겠죠

크게는 상부의 dome부(반구형)와 하부의 원형벽부(수직)로 분류가 되나 원형벽부가 상부에 niche(벽감)와 하부에 벽부조를 위한 원형벽체로 분리가 되어있어서, 원형벽체·niche·dome의 세 부분으로 나누어서 알아봅시다.

이 세부분이 완벽한 조화를 이루어 멋진 석굴암이 될 겁니다.

① 원형벽체

a. dome 구조물의 기본개념

지하내부를 보셔야 하니 dome 구조물이 어떻게 생겼는지 단면도를 먼저 보시고 전체적인 감부터 잡으셔야겠죠.

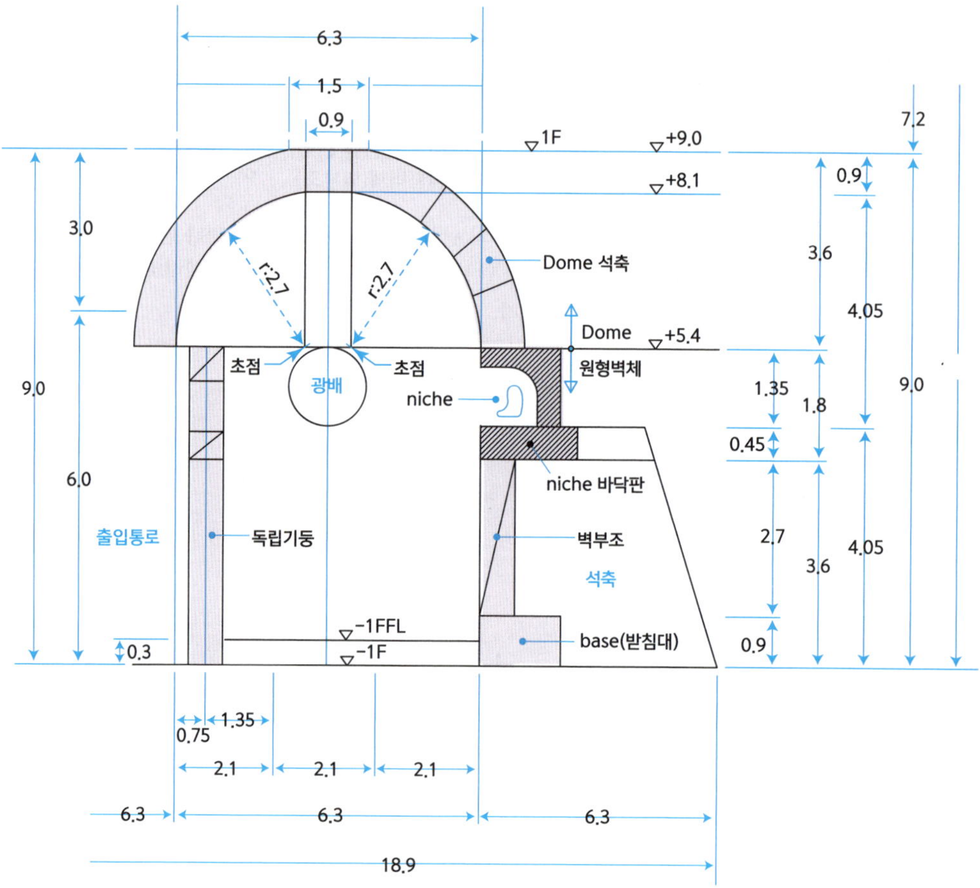

[그림 45] 석굴암 Dome 단면도

보시니 dome 구조물이 크게 상부의 dome부와 하부의 원형벽체부로 되어있네요. 석축의 우측 높이치수를 보시니 어디선가에서 많이 본듯한 치수일 겁니다. 바로 첨성대 석축 치수와 비슷할겁니다. 아마도 우연의 일치이겠죠~ 첨성대편을 본적이 없으시다구요?

이 일을 우짜노~ㅋㅋ~ 두 석축은 9층탑의 석축에서 왔기 때문이겠죠.

원형벽체를 보시면 하부에 부조받침대(base)가 있으며, 그 위에 벽부조가 있고, 그 상부에 niche(벽감, 니치)가 있는 구조랍니다. 벽부조의 받침대 높이는 통로쪽과 같이 0.9(90cm)로 했으며, 벽부조 높이는 2.7m, niche 높이는 1.8m로 정했답니다. 어떤 특별한 근거가 있어서라기보다 비례관계를 0.9(90cm) 기준으로 맞추어 보니 가장 마음에 들어서 채택한 거랍니다.

niche의 바닥판은 벽부조의 상부테두리보도 겸하고 있답니다. 상부의 dome은 반지름 r=2.7로 반구형이랍니다.

b. 원형벽체 실제 사용부위

먼저 원형벽체 길이를 계산해 봅시다. 원형벽체길이=2πr=2πx3.15≒19.7920 정도랍니다. 아주 간단히 19.8m 랍니다. 그런데 다 사용할 수 있는게 아니라, 출입구 통로와 벽체 마구리기둥을 고려하면 실제 사용 가능한 벽체 길이는 270° 정도랍니다.

이 270°(3/4원형) 개념은 원형벽체에서 가장 중요한 개념이랍니다. 즉, 원형벽체 실제사용길이=2πr3/4=2πx3.15x0.75≒14.8440 이랍니다. 간단히 14.85m로 하겠습니다. 이 14.85m에 벽부조를 넣을겁니다.

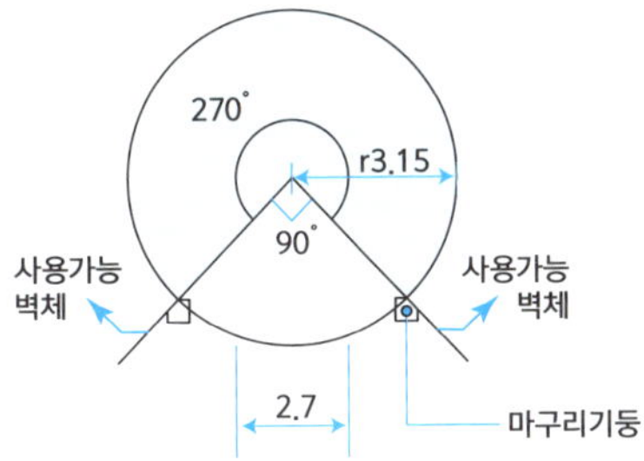

[그림 46] 원형벽체 길이에서 사용가능 벽체: 270°

c. 원형벽체 벽부조

ⓐ 벽부조 개수

이제 이 이용가능한 원형벽체(270°)에 벽부조를 몇 개나 넣을 수 있는지를 알아봅시다. 그런데, 벽부조가 안쪽 정중앙에도 있답니다. 발생가능한 벽부조 개수를 비교해 봅시다.

벽부조수	계산	벽부조폭	
		계산	적용
10개	14.85÷10	1.485	
11개	14.85÷11	1.35	1.35
12개	14.85÷12	1.2375	
13개	14.85÷13	1.1423	1.125
14개	14.85÷14	1.0607	
15개	14.85÷15	0.99	0.99

[표 2] 원형벽체 벽부조 적용가능개수

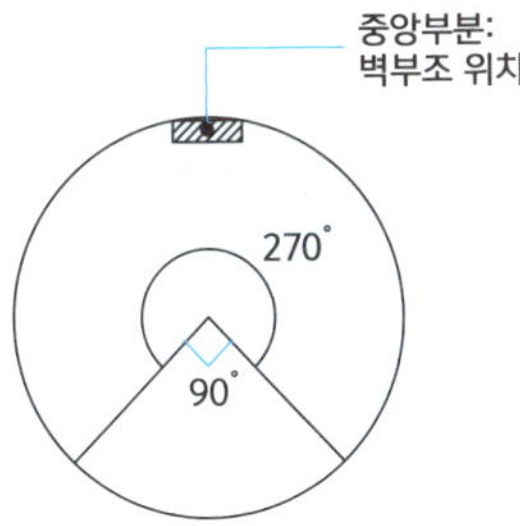

[그림 47] 벽부조 위치:정중앙에서 시작됨

안쪽 중앙에 벽부조 1개가 있으니 양쪽은 대칭이어야 하므로 짝수 개수가 나오겠죠 즉, 총 부조개수는 홀수(중앙 1개)+짝수(양쪽)=홀수가 된답니다. 위 표를 보시면 홀수는 11개, 13개, 15개 정도랍니다. 이 중에 한 놈을 선택하면 된답니다.

숫자상으로는 11개와 15개 부조는 딱 떨어진답니다. 볼까요. 1.35(부조폭)x11개=14.85, 0.99(부조폭)x15개=14.85. 묘하죠. 이용가능한 원형 벽체길이 14.85와 딱 일치하네요.
귀신이 계산했나~ㅋㅋ~ 그런데, 벽부조 규모(크기)는 비례(폭과 높이) 등을 고려해야 부조가 균형감이 있을겁니다. 그래서 벽부조 높이도 동시에 고려하셔야 한답니다.
벽부조 높이는 2.7m랍니다. 각 부조폭과 높이비(폭높이비)를 구해볼까요

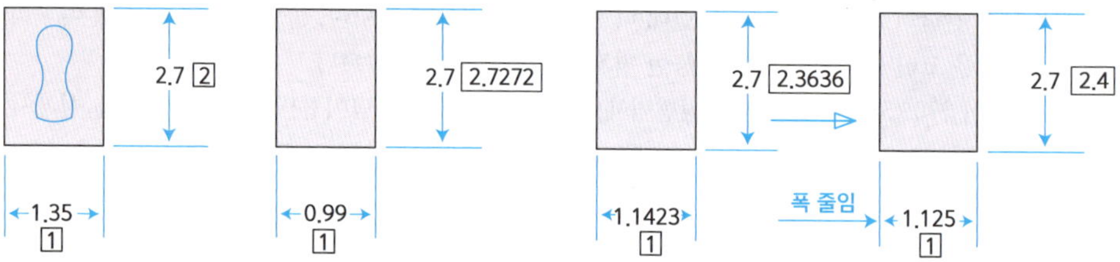

< 벽부조 11개시 > < 벽부조 15개시 > < 벽부조 13개시: 폭을 1.125로 줄임 >

[그림 48] 벽부조 개수와 벽부조 폭높이비

원형벽 길이가 14.85이므로 벽부조 개수가 11개와 15개가 아주 양호하게 보이는 듯하나 너무 빡빡하게 들어갈 수도 있고, 운이 좋으면(?) 아예 못 들어갈 수도 있답니다.
또한 폭높이비도 쪼께 맴에 안드실 겁니다. 벽부조 13개의 각 폭을 1.1423→1.125(0.75(전실쪽 부조폭)x1.5배, 즉 0.75x1.5배=1.125)로 약간 줄이면 13개가 아주 여유롭게 들어갈 수가 있으며, 폭높이비도 1:2.4로 딱 맴에 드실 겁니다. 전실부조가 폭이 0.75, 높이가 1.8이라서 1.8÷0.75=2.4로 폭높이비가 1:2.4이기도 하답니다. 통로의 부조 폭높이비는 1:3이랍니다. 그래서, 여러 많은 생각끝에 원형벽체에 13개의 벽부조를 넣을 예정이랍니다. 아마, 현재의 벽부조수는 15개 정도일 겁니다. 왜 13개보다 2개가 더 많죠? 저도 알 수는 없답니다. 만약 15개의 벽부조를 넣어야 한다면 부조폭은 0.99가 아니라 0.96 정도라야 될겁니다. 폭높이비는 2.7÷0.96=2.8125 즉, 폭높이비는 1:2.8125가 될 겁니다. 숫자가 쪼께 어지럽긴 하나 15개도 성립은 된답니다.

앞으로 더 많은 연구가 필요하겠죠..

ⓑ 부조판이 평판일까요, 원형곡선판일까요?

벽부조의 폭높이비를 □ $\frac{2.4}{1}$ 를 적용해서 원형벽의 벽부조수를 13개로 하겠습니다. 벽부조크기는 1.125x2.7이 되네요. 원형벽에서 이 부조폭 1.125가 평면일까요 아님 원형일까요? 즉, 부조판이 평면이 맞을까요, 원형곡선이 맞을까요?

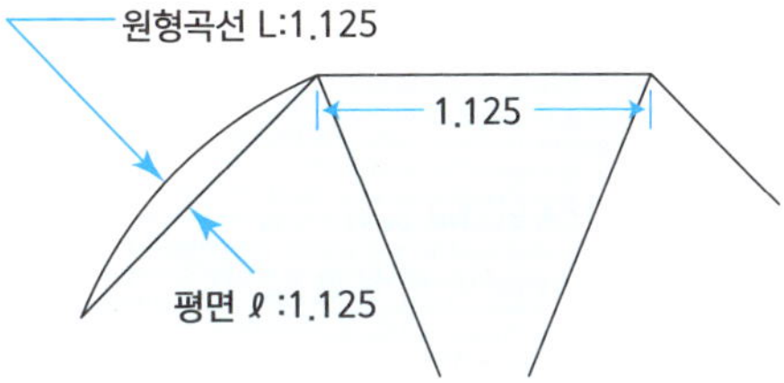

[그림 49] 벽부조폭 1.125가 평면일까요? 원형일까요?

판단하기가 무지 어렵답니다. 아주 쉽게 부조판이 평면일 거라고 가정하고 실제폭 1.125 평면부조의 실제 원형폭길이를 계산해 봅시다.

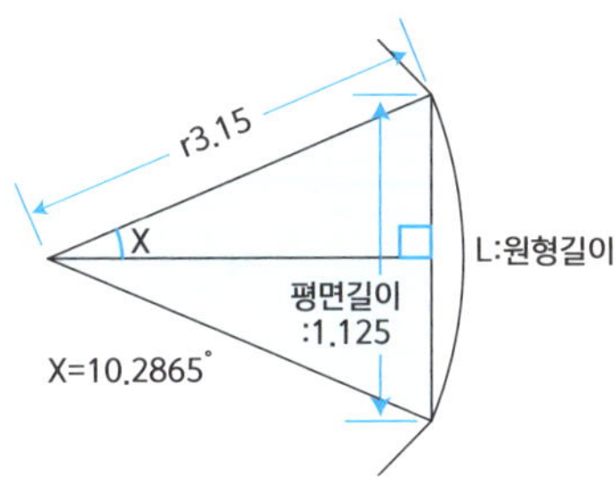

[그림 50] 평면부조폭 1.125의 실제 원형폭길이 계산

$$1.125 \div 2 = 0.5625 \quad \sin x = \frac{0.5625}{3.15} \quad \therefore x \fallingdotseq 10.2865^\circ$$ 가 된답니다.

그럼, $L = 2\pi r \times \frac{10.2865^\circ \times 2}{360^\circ} \fallingdotseq 1.13106$ 이 된답니다.

평면일 경우보다 원형일 경우가 1.13106-1.125=0.00606 이 더 길답니다.

즉, 약 6mm가 더 기네요. 그럼 13개의 벽부조는 단순직선으로만 계산하면 1.125x13개=14.625 이지만, 원형길이는 1.13106x13ea=14.7038 < 14.85, 벽부조 13개를 넣어도 14.85보다 적네요.

부조판이 평면이더라도 폭은 원형곡선폭이 적용될 겁니다.

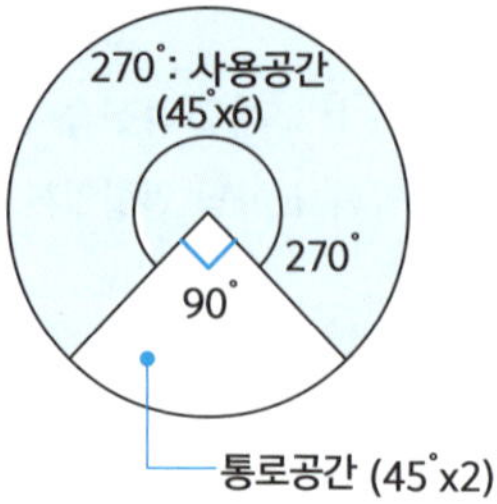

[그림 51] 석굴암 사용공간 개념도

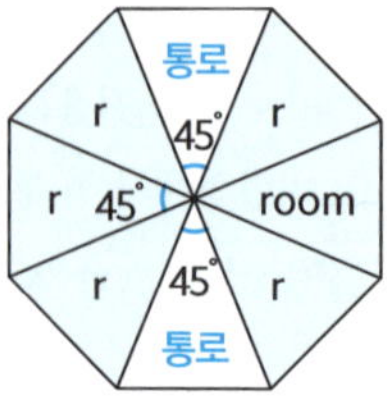

[그림 52] 9층탑의 6개 방사용 개념

석굴암 Dome 원형벽에서 270˚만 사용한다고 했답니다. 나머지 90˚는 통로공간이랍니다. 이걸 45˚로 나누어 볼까요. 사용공간은 6개방이며, 통로공간은 2개방이 된답니다. 9층탑 1층을 보시면 8개방 중에서 6개방은 사용공간이고 2개방은 통로공간이랍니다.
석굴암 내부공간사용개념과 비스무리하지 않나요?

원형이 나왔으니 생각해볼 것이 생겼네요.
신라인들은 과연 π 에 대해서 알고 있었을까요?
아니면 모르고서도 어떻게든 해결을 했을까요? 하! 애립네요. 저는 알고 있었다는데 방점을 찍는답니다.

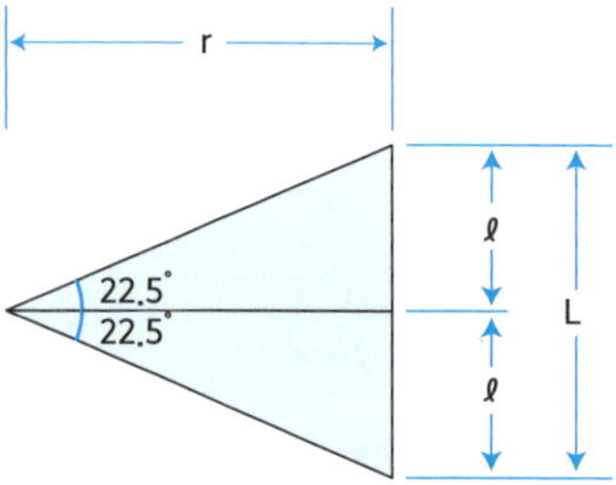

[그림 53] 8각형의 1 변 길이

자! 볼까요. 먼저 8각형의 1 변길이가 얼마였죠.

$\tan 22.5 = \frac{\ell}{r}$ $\ell = \tan 22.5r$ 이 된답니다.
∴ 8각형의 1변길이는 $L = 2\tan 22.5r$ 이 된답니다.

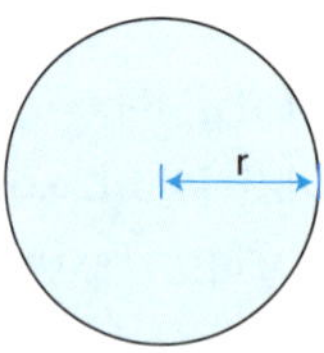

[그림 54] 원형(원주) 길이

원형을 보실까요.
원형(원주)길이 = 2πr일 겁니다.
설마 모르시는 분은 안계시겠죠. 벌써 이자뿌따꼬요? 문제가 쪼께 있을 듯?

이제 이 둘을 비교해 볼까요.

$$\begin{cases} \text{8각형 1변길이} = 2\tan 22.5r = 2r \times \tan 22.5 \\ \text{원형길이} = 2\pi r = 2r \times \pi \end{cases}$$

뭔지는 잘은 모르겠지만 두 놈은 어떤 공통점이 있을 겁니다. 바로 2r이겠죠. 나머지는 tan22.5와 π만이 다를 겁니다. 이 두 놈의 값을 알고 있어야만 탑이 되었든 석굴암이 되었든 모든 계산이 가능하답니다. 그래야만이 기본설계가 가능할 겁니다.

제가 여러 많은 생각을 해보았는데,

$$\left.\begin{cases} \tan 22.5 = 0.414 \\ \pi = 3.141 \end{cases}\right\rangle \text{로 신라인들은 값을 알고 있었든 걸로 추정된답니다.}$$

소수점 3자리까지를 알고 있었네요. 대단하신 분들이랍니다. 자! 숫자를 더해볼까요.

$$\left.\begin{cases} \tan 22.5 = 0.414 \Rightarrow 0+4+1+4 = 9 \\ \pi = 3.141 \Rightarrow 3+1+4+1 = 9 \end{cases}\right\rangle \begin{array}{l}\text{둘 다 숫자의 합이 9랍니다.} \\ \text{신라인들이 제일 좋아하는 숫자겠죠.}\end{array}$$

tan22.5의 값은 확실히 알고 있었던 것 같은데, π의 값은 저로서도 확신은 할 수는 없지만 어떻든 알고 있었던 것 같답니다.

대단한 신라인들이죠. 신라인들한테 한 수 배우소~ㅋ~

d. 별별생각: 이쁜이름 지어주세요~

역시 산수는 너무 애렵네요? 머리가 다 빙빙 도네~ㅋㅋ~

알듯 말듯 살짝 지겨울 수도 있으니 별별 생각하면서 머리 좀 식혀봅시다.

옛날 언젯적에 토함산 꼭대기 근처에 1층 dome탑을 지었답니다. 일반목탑중에 유일하게 종교건축물이랍니다. 사찰이름은 저로서는 알 수가 없답니다. 삼국유사에는 석불사(石佛寺)로 나오며, 석굴·조가절이라고도 불리었다네요. 약 100여년 전부터 석굴암이라고 부르고 있답니다.

사찰이름기준인가? 석굴암이 암자이름? 사찰이름과 dome탑 이름이 같을 수도 다를 수도 있겠죠? 모르죠, 사찰(혹시, 불국사?)의 한 건물(암자)이었는지? 근데 불국사와는 별로 관련이 없는 것도 같답니다.

세월이 흐르면서 어떤 외력(백두산 폭발로 인한 지진? 1036년 지진? 등)으로 부분 붕괴가 되었든 큰 붕괴가 있었든 붕괴가 있을 때마다 부분보수를 했거나 어느 정도 방치했다가 보수를 했든 어쨌든 몇 번의 보수과정을 거치면서 1층은 날아가 버리고 dome에 있던 개구부(창)도 증발해 버렸답니다~ 우찌 이런일이~ 또한, 내부가 완전원형이 아니라 살짝 계란형으로 바뀌었답니다. 통로에서 직진하는 dome 내부길이가 이론치수보다 약 90cm 정도가 더 길어졌답니다.

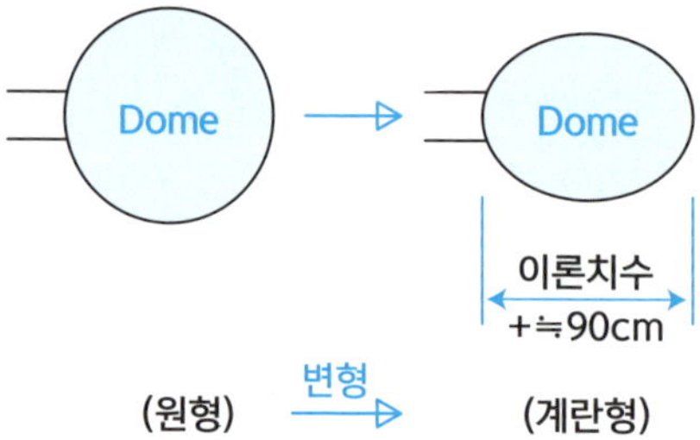

[그림 55] 원형벽 형태의 변화

제가 원형벽 부조수를 13개로 할 것이라고 말씀드렸을 겁니다.

기억나시죠! 그런데, 현 상태의 원형벽길이가 늘어나서인지는 모르겠으나 2개의 벽부조를 더 낑가 넣어서(?), 현재 상태의 벽부조수는 15개네요~ㅋㅋ~ 참! 안타깝네요. 어떤 보수과정에서 이 dome탑은 수 많은 우여곡절을 겪은 것으로 보인답니다. 물론 손을 댈 때마다 조금씩 조금씩 변형이 있었겠죠.

더 웃기는 것은 탑(사찰) 이름조차 바뀌어 버렸답니다. 석굴암으로 바꿔버렸네요. 왜 석굴암이라는 이름을 붙였는지는 알 수 없지만, 아마 석굴(石窟)의 개념 조차도 모르는 불쌍한 친구였나 보네요~ㅋㅋ~ 석굴과는 어떤 관련도 없습니데이. 이제 석굴암이라는 이름은 조용히 퇴출될

겁니다. 아니! 스스로 사라질 겁니다.
1층 dome 탑이라고 하기도 그래서 당분간 석굴암이라는 용어는 쓰긴 쓰지만 좋은 이름이 나타나면 언제든지 바뀔겁니다.

dome(반구형)의 적절한 우리말이 생각이 잘 나질 않네요. 누운반달, 상반달, 빵모자?...
그럼, 1층 반달탑 아님 1층 빵모자탑?... 그래도 1층 dome탑보단 쪼께 낫네요. 저번 펴낸 제 책에는 우스개로 '반달탑'이라고 이름을 붙여도 봤답니다.
저는 이름을 붙일 자격조차 없겠죠! 이 훌륭한 1층 dome탑(dome: 한글 이름은 둥글천장 또는 둥글지붕이라고 한다네요)에 어울리는 이름을 이쁘게 지어 주이소.
여러 사람들의 의견이 더 합리적일 겁니다. 이왕이면 사찰이름과 dome탑 이름을 별도로 붙이면 더 좋겠죠. 이 사찰이 dome탑 하나만 달랑 있었는지는 모르겠으나 일단은 사찰과 dome탑 이름이 있어야겠죠.

어찌되었든 엄청난 끈질김으로 이 석굴암이 현재까지 살아남아 있잖아요. 이것보다 더 큰 행운이 어디 있을까요~ 이쁜 이름 부탁드려요^^

저번 첨성대편에서 첨성대에 27탑이라는 별명(별칭)을 붙여 드렸답니다. 석축이 27단, 외부계단 단수가 27단, 우리 덕만이 아지매가 27대 왕이라 제가 27탑이라는 별명을 붙여드렸겠죠 ~ㅎㅎ~
그럼, 이 훌륭한 반달탑(?)에도 어울릴 만한 별명을 붙여 드려야겠죠. 무엇이 어울릴까요!
앞서 보셨듯이 지하출입로에는 우아한 몇 개의 arch들이 있답니다. 출입구를 개구부로 보면 이 개구부는 눈이 되겠죠. 눈 위에 있는 이 arch는 바로 눈썹이 될겁니다.
이 arch는 화강암류일 겁니다(하얗지는 않겠지만 밝은색일겁니다). 또한, 이 탑의 조각품들은 세계 어디에 내어놓더라도 백미(白眉)랍니다. 퍼뜩 생각해 보니, 백미탑(白眉塔)이라는 별칭이 떠 오르네요. 그래서 제가 이 반달탑(?)의 별명을 '백미탑'이라 명명하였답니다 ~ㅎㅎ~

마음에 드시는지요! 더 좋은 별명이 생각나시는 분은 탑이름과 마찬가지로 이쁜 별명지어주이소 ~

② 벽감(niche, 벽장)

a. niche의 구조와 개수

벽감이라? 저희들이 별로 사용하지 않는 말이죠. 혹시 벽장과 관련이 있나?
그런데, 묘하게도 이 석굴암에 벽감이 있답니다. 더운 지방 같은 곳(중동 등)에서는 외벽을 두껍게 하여 열기를 차단한답니다. 외벽이 두껍다보니 뭔가를 놓기 위하여 외벽의 내부쪽을 살짝 따내어서 간단한 물건같은 것을 얹어 놓는답니다. 이것이 바로 벽감(niche) 개념이랍니다.

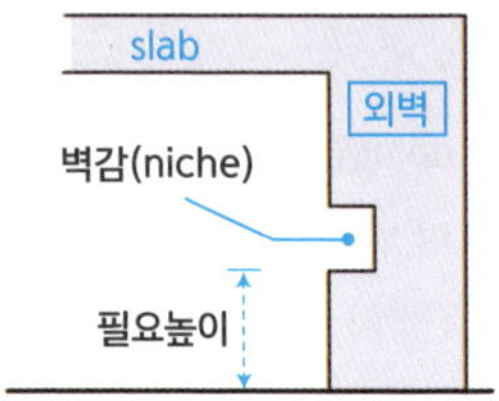

적당한 높이에, 적당한 깊이(10~30cm?)로 파내어 수납공간으로 쓴답니다. 호롱불을 놓았나?
외벽이 워낙 두꺼워 가능하겠죠.

[그림 56] 벽감개념: 외벽이 두꺼움

그렇다면, 우리나라에는 석굴암 이외에는 벽감이 없을까요? 건축용어인 벽감개념과는 약간은 다를지라도 우리 한옥에도 있을 겁니다. 조금 높은 곳에 있어서 그렇지?
이름도 벽감과 비슷하네요. '벽장'이라는 말을 들어 보셨는지요! 기억은 나신다구요. 바로 우리에게는 벽장이라는 것이 있답니다. 한국판 벽감. 기발한 idea죠!

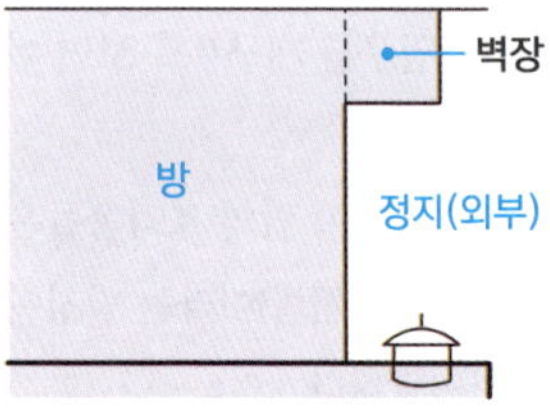

어릴적에 많이들 올라가 봤을겁니다. 바로 방의 수납공간 개념이랍니다. 올라가서는 기어다녔을겁니다.
Apt에 살아서 올라가 기어본 적이 없으시다구요~ 이 일을 우짜노! 인생을 쪼께 재미없게 사신것 같네요~ㅋㅋ~

[그림 57] 한국판 벽감?: 벽장

이제 niche(벽감, 벽장?) 개념이 정립이 되셨을겁니다.(묘하게도 석굴암의 niche는 우리의 벽장개념과 똑같네요~ 너무나도~ㅎㅎ~)

그럼, 석굴암의 벽감을 구경하셔야죠. 우리의 벽장과 비슷하게 생겼을겁니다. 제가 그렇게 맹글거 거든요 ~ㅎㅎ~ 벽부조가 13개라는 걸 알았으니 niche 개수와 크기 등을 알아봐야겠죠. 이 niche 라는 놈이 아주 재미있는 구조를 갖고 있답니다.

한번 보실까요. 보니 크게 3부분으로 구성이 되어 있네요.

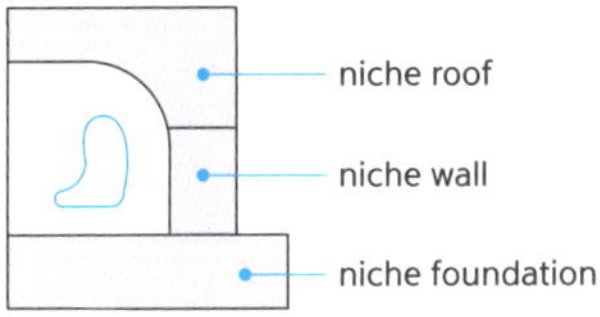

[그림 58] niche 구조

이 niche는 보시듯이 각 niche 자체가 조그마한 집개념을 갖고 있답니다. 집의 3요소(?)인 기초판(바닥개념)이 있고, 벽체(기둥)가 있으며, 거기다가 지붕판까지 갖추고 있답니다~ 너무 완벽한 집(?)이죠~

대충 봐도 niche 하나 하나가 자체적으로 집이 맞는 것 같네요. 대단한 신라인들이죠! 집속의 집이라~ㅎㅎ~

여기서 숨도 고를겸(?) 집은 무엇인지 잠깐 짚고 넘어가 볼까요?
저희들이 산으로 놀러가서 천으로 동글방하게(또는 각지게) 지은집(?)도 집일까요?
일반적으로 tent(벽과 지붕만 있음)라고들 하실겁니다. 기초판(바닥판)이 없기 때문이겠죠.
잡아주는 펙(peg)이 있어서 집으로 분류해도 된다꼬요? 더 웃기는 것은 몽고의 집인 게르가 집일까요, tent일까요? 바닥에 카펫류를 까니까 집으로 분류해야 된다꼬요 ~ 본인들은 집일 겁니다~

한 걸음 더 나아가 아메리칸 인디언의 원추형집이나 북구(북유럽) 친구들이 지은 원추형나무집(나무를 경사지게 얽기 섥기 엮은집. 벽이면서 지붕?)이 집일까요, 나무tent일까요?
동굴에서 살면 동굴이 집일까요, 그냥 동굴일까요? 몇년은 생각해 봐야겠다고요?~ 이제 집의 개념이 더 가물가물하실 겁니다~ 근디! 집과 건물은 뭐가 다르죠. 이건 더 헷갈리네?
저는 이 둘을 가끔 혼용해서 쓴답니다~ㅋㅋ~

제가 웃길려고 한번 쓰본거랍니다. 근디, 아무도 안웃네요!
그런데, 이 niche가 들어가야 할 부위에 묘하게 후광판(광배)이 중앙에 딱 자리잡고 있답니다.
물론 부처님 뒷쪽 정중앙에 지름이 약 1.2m 정도로 자리잡고 있네요.

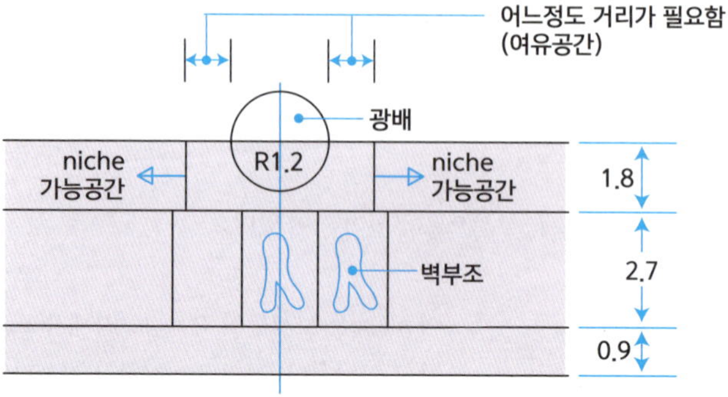

[그림 59] 광배위치

niche를 넣으려면 광배에서 어느 정도 떨어진 곳에서부터 niche를 설치해야 할 겁니다. 딱 붙이면 답답하겠죠. 광배쪽폭을 2.7m로 가정하겠습니다. niche를 양쪽에 4개씩 8개를 넣을 예정이랍니다. 현상태는 양쪽에 4개인지 5개인지 헷갈리게 되어 있답니다(사진만으로 볼려니 정확하게 못봤을겁니다). niche의 모양새를 살리기 위해 8개를 넣을 겁니다. 제가 niche폭을 1.5m로 해서 8개이지 1.2m로 하면 10개가 된답니다.

1.5x8개(niche 수) + 2.7(광배쪽 폭) = 14.7 < 14.85(270°)
1.2x10개(niche 수) + 2.7(광배쪽 폭) = 14.7 < 14.85(270°)
두 놈이 똑같답니다.

그런데, niche수를 10개로 하게 되면 꼬라지가 영 말이 아니랍니다.
자! 폭 1.5m의 멋진 niche를 한번 구경하실까요.

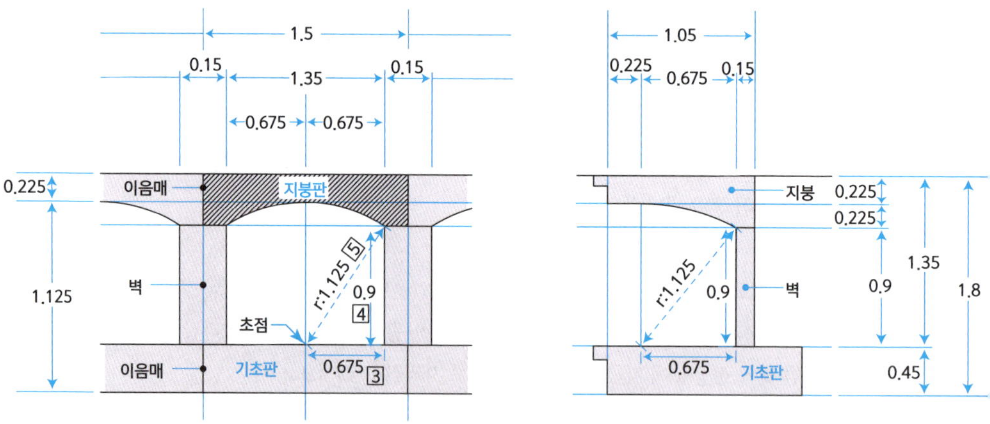

[그림 60] niche 입면도(左)와 단면도(右)

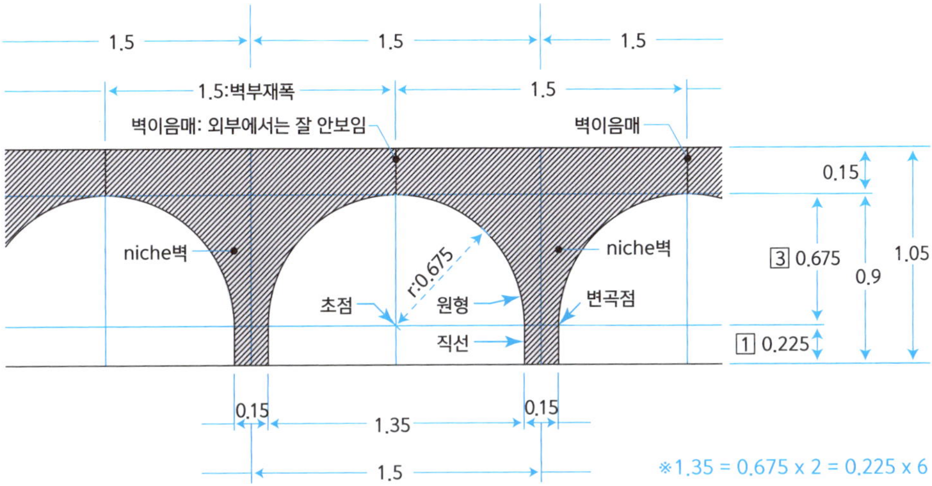

[그림 61] niche 평면도

이 niche arch는 3:4:5 정수직각삼각형 법칙을 적용했답니다. niche벽은 외부에서 보면 이음매가 없으며 내부 중간쪽에 있어서 외부에서는 보이지 않게 되어있답니다. 지붕과 바닥판은 각 벽 중간에 이음매가 있답니다. 아주 멋진 niche가 되었답니다.

그래도 niche 폭이 1.2m일 경우의 niche 생김새도 보긴 보셔야죠.

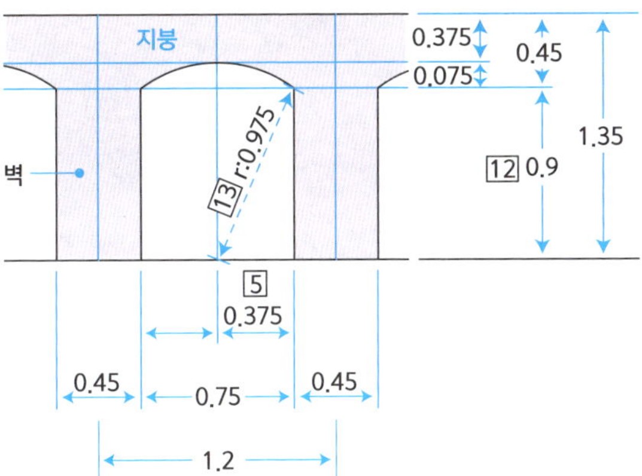

[그림 62] niche 폭이 1.2m일 경우

폭 1.2도 성립은 되지만 폭이 좁은 형상이 나온답니다. 5:12:13이라는 정수직각삼각형이 나오게 된답니다. 너무 투박하게 생겼네요. 전형적인 못난이 꼴이랍니다. 여백이 부족한 듯! 무엇이 되었건 다 성립될 수 있게는 어떻게라도 할 수는 있습니다마는 가장 적합한 것을 찾기는 그리 쉽지만은 않답니다.

재미있는 것은 이 niche폭과 벽부조의 폭의 비례랍니다.

1. 지하출입로의 벽부조 폭 : 0.75(75cm x 1배)
2. 원형벽체의 벽부조 폭 : 1.125(75cm x 1.5배)
3. niche 폭 : 1.5(75cm x 2배)

신기하죠! 재미있는 비례랍니다. 억지로 맞췄나?

그리고, 현상태의 석굴암 niche arch도 한번 보실까요.

[사진 2] 현상태의 niche arch(4각 점선)

arch는 arch 같기는 한데 생김새가 좀 어눌하게 생겼네요. 무슨 arch로 보이십니까? 신라의 arch에는 이런 어눌한 arch는 존재하지 않는답니다. 국적없는 arch가 현 석굴암에 박혀 있네요. 보수시에 arch의 개념조차 모르는 친구가 손을 대었나 보네요~ㅋㅋ~ 참! 한심하죠, 땅을 치고 통곡해야 할 일이랍니다.

제가 알기로는 1900년대 초에 한번(?) 보수한 걸로 알고 있으며, 그 뒤에 또 손을 더 대었는지는 잘 모른답니다. 물론 1900년대 이전은 전혀 알 수가 없답니다(숙종(1703), 영조(1758) 때 중수가 있었답니다). 1900년대 초에 손을 대었든 그 뒤에 또 손을 더 대었든 아님 1900년대 전에 손을 대었든 어떤 보수과정에서 이 niche arch는 지멋대로 arch가 되었답니다. arch의 생명은 초점이겠죠.

초점없는 arch도 물론 있을 수는 있겠지만 그래도 기본법칙은 있을 겁니다. 그런데, 현 석굴암의 niche arch는 그냥 지멋데로 arch네요. 초점 없는 arch는 힘이 살아있지 않답니다. 저는 가끔 이런 생각을 해 본답니다. 혹시 일본의 성건축물(사찰건물 포함?)을 보신적이 있으신지요.
현관지붕개념인지 아닌지는 정확히는 알 수 없지만 현관 canopy 비슷한 것이 노출되어 있답니다.

중국 건축물에서도 가끔 보일 겁니다. 보실까요.

[사진 3] 일본 성건축물의 현관 canopy(?) 형상(4각 점선)

대충 이렇게 생겼을겁니다. 아마도 보신분이 제법 있으실 겁니다.
저는 현 석굴암 niche arch를 보는 순간 이 일본의 성현관 canopy arch가 생각이 나더랍니다.
이 성현관 canopy arch도 자체적으로는 건물에 어울리는 훌륭한 arch랍니다. 그런데 신라인들은 arch의 귀재들이랍니다. 즉, 완벽한 정식 arch만 사용한다는 걸 뜻한답니다. 고로, 현 석굴암의 niche arch의 생명은 종결되었답니다. 니체의 '신은 죽었다'와는 아무런 관련이 없습니데이!

다만 niche(니치)와 니체의 발음이 비스무리한 것 뿐이랍니다 ~ㅋㅋ~

b. 수직선 일치화 공법

이 1.5m폭의 niche 8개가 niche 이용가능공간(270°)에 들어갈 수 있는지 niche의 원형곡선 길이도 계산해 보셔야죠. niche 표면이 평면인지 원형곡선인지는 잘은 모르겠지만 그래도 그냥 넘어갈 수는 없잖아요.

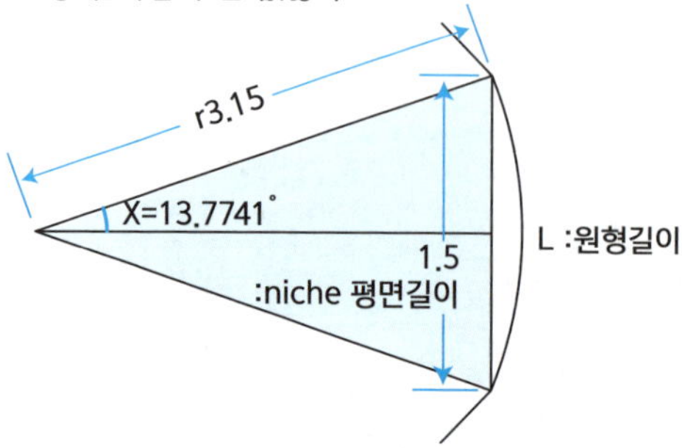

$$\sin x = \frac{0.75}{3.15} \qquad x \fallingdotseq 13.7741°$$

$$L = \frac{13.7741° \times 2}{360°} \times 2\pi \times 3.15 \fallingdotseq 1.5145$$

∴ niche 총길이 = 2.7(후광판) + 1.5145 x 4(개) x 2(면) = 14.8163 < 14.8440

[그림 63] niche 원형길이 계산

niche 곡선 총길이가 14.8163이 나오네요. 원형벽부조 길이가 14.7038이므로 niche 길이가 0.1125 더 기네요(niche 총길이는 광배쪽 길이를 2.7로 가정한 것이므로 가변적일 수 있음).

두 길이를 비교해 볼까요.

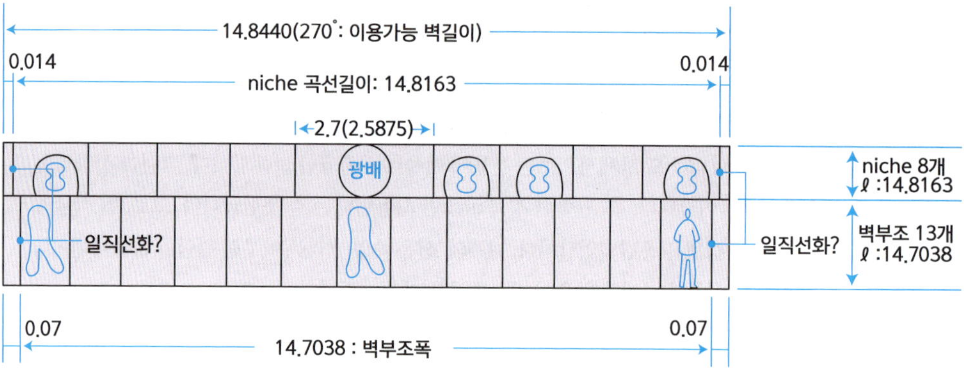

[그림 64] niche 총길이와 벽부조 총길이와의 차이 : 0.1125 – 끝선통일 가능할까요?

niche 끝선과 벽부조 끝선을 맞추기 위해 가상 후광판폭 2.7을 0.1125 줄여서 2.5875로 할 것인지 그냥 후광판폭을 2.7로 하고 벽부조 끝선보다 niche끝선이 튀어나오게 할지는 아직 미정이랍니다. 중앙광배폭을 0.9의 배수인 2.7을 중시하시는 분은 후광판폭을 2.7로 하면 되고, 무슨 소리야! 끝선은 맞추어야지 하시는 친구는 끝선을 맞추셔도 된답니다.

정답은 없답니다! 보셨듯 아래위 선 맞추기가 무지 어렵답니다. 더 위에 있는 dome에 가시면 dome1단석에도 돌이음매가 있답니다. 이 3개(dome1단석선, niche선, 벽부조선)의 선 맞추기가 힘이 들더랍니다. 어쩌면 풀지 못할 숙제가 될 수도 있답니다.

이 niche의 부재가 3부분(지붕, 벽, 바닥)으로 구성되어 있다는 걸 인지하셨든 분이 계셨다면 대단한 능력의 소유자일 겁니다. 그리고 이 niche의 부재중 niche 벽체가 잔존석재(석굴암 근처에 모아 둔 석재류들) 중에 남아 있는 것도 같답니다. 사진으로 봐서는 niche 벽체가 맞는지 아닌지는 정확히는 알 수는 없지만 비스무리하게 생긴 것도 같답니다. 그것이 최초에 지었을 때의 것인지 중간중간 보수시에 만들었는지는 잘은 모르겠으나, 어쨌든 niche 벽체가 맞다면 엄청 큰 수확이 될 겁니다. 왜냐구요? niche 규격을 정확히 알아낼 수 있기 때문이겠죠.

벽부조도 알았고 niche도 알았으니 이제 이 두 놈을 붙여 보셔야죠. 방금 전에도 잠깐 보셨을 겁니다. 자주 보면 눈에 더 익겠죠

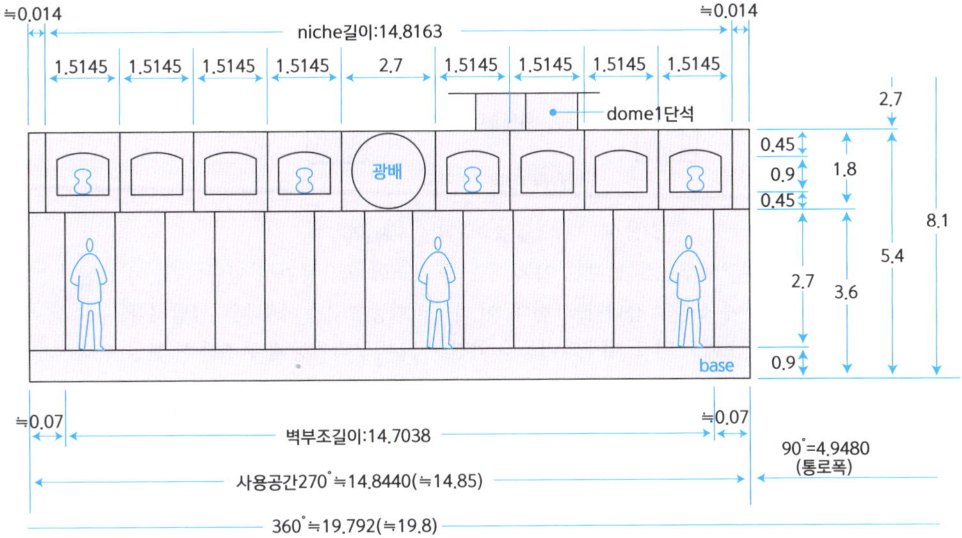

[그림 65] 원형벽 전개도

원형벽 전개도를 보시니 상하관계 파악이 쉬우실겁니다. niche선과 부조선의 끝선이 일직선이 되지않네요. 모든 선이 일직선이면 좋으련만! 아마 바람사항이겠죠. 각각의 폭이 다르기 때문일 겁니다.

그래도, 여러 많은 생각을 해보니 양쪽의 niche 끝선과 벽부조 끝선이 일직선이 되는 것이 보기가 좋을 것 같아 최종적으로는 맞출겁니다.

niche 총길이는 광배쪽 폭이 여유가 있으므로 조절이 가능(가변치수)하기 때문일 겁니다. 길이의 기준은 원형벽 총길이(고정치수)가 되겠죠. 원형벽 총길이는 14.7038로 사용가능길이 14.8440보다 적어서 여유길이가 양쪽으로 약 7cm가 남는답니다.(14.8440-14.7038 ≒ 0.1402)

보실까요.

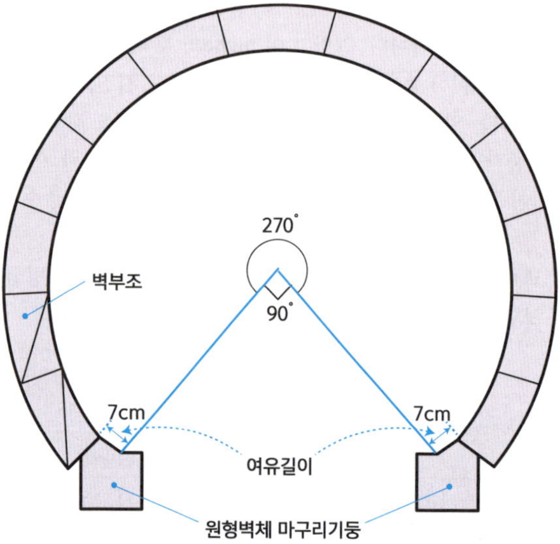

[그림 66] 벽부조를 넣고도 남는 여유길이

그림에서 보시듯 벽부조를 넣고도 양쪽으로 약 7cm의 여유공간이 있답니다. 이 남는 7cm는 마구리 기둥에 소속될 겁니다. 그런데, 이 마구리기둥형태가 아주 재미있답니다. 이론대로(270˚ 공간) 해도 되고, 마구리기둥을 약간 키워 마구리기둥에 부조를 딱 붙일 수도 있답니다. 한번 볼래요.

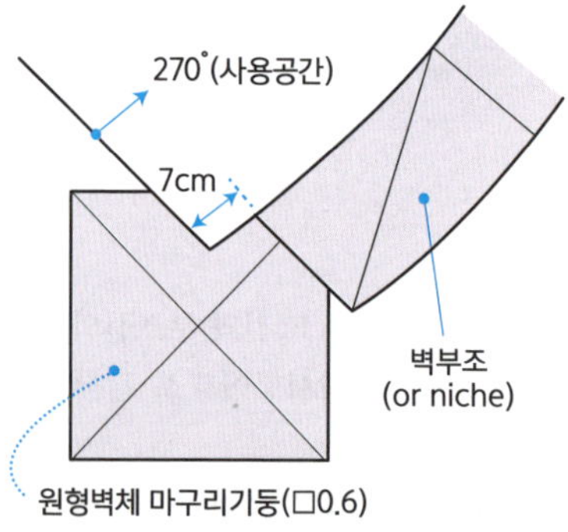

[그림 67] 이론대로시 모습: 여유로움

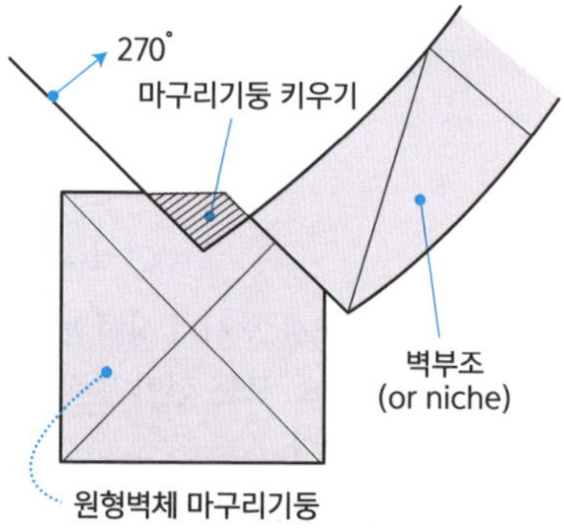

[그림 68] 마구리 기둥을 키울시 모습: 조금은 답답함

이론대로 하면 마구리기둥이 7cm 정도 노출되어서 시원한 느낌을 주며, 마구리기둥을 약간 키워 부조 끝선과 맞추게 되면 두 놈이 딱 붙어서 약간은 답답한 느낌이 드실겁니다. 어떻게 할까요? ~하! 애럽네요. 머리좋으신 분 안계시나요! 시원한게 좋을까요, 답답한게 좋을까요? 아무래도 여유롭고 시원한게 딱 붙어서 답답한 느낌이 드는 것 보단 낫겠죠?~
알아서 하소!~

사실은 제일 처음 접근을 시도할 때에는 현 상태를 완전히 무시하고 상하선을 완전히 일치시키는 공법을 시도해 봤답니다~ 정가 성깔대로~ㅋㅋ~
당연히 dome1단석까지 포함해서겠죠. 즉, 벽부조·niche·dome 1단석의 이음매 자체를 수직선화(일치화)시키는 거겠죠. 한번 보실래요.

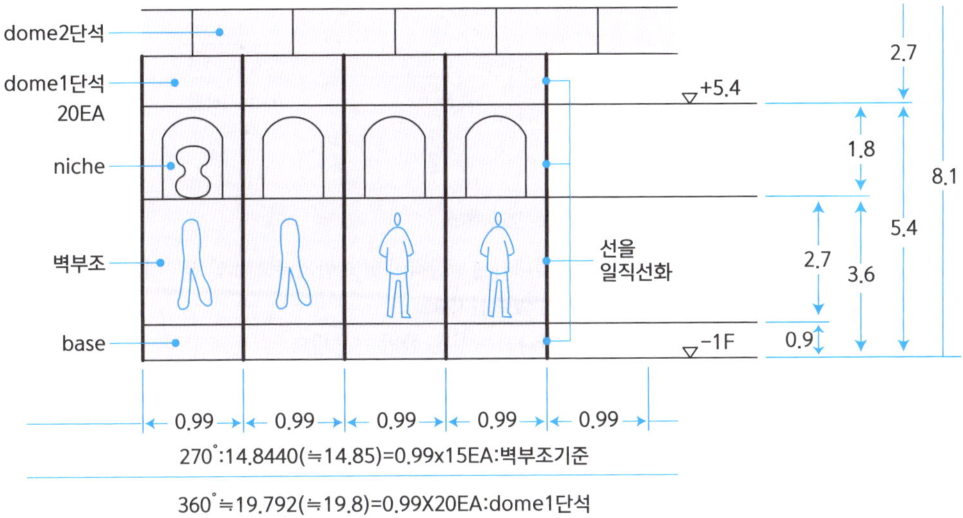

[그림 69] 수직선 일치화 공법:벽부조·niche·dome 1단석 : 최초안

보시듯, 모양상은 너무나 완벽한 이상형이랍니다. 이것이 좋은 것은 dome 3·4·5단석에 각 10개씩 있는 혹돌과도 묘하게 잘 어울린답니다. 봅시다.

360° ÷ 20개(dome 1단석수) = 18°
360° ÷ 10개(혹돌수) = 36°(18°x2)
∴ 즉, 혹돌간격이 36°로 딱 맞아 떨어진다는 거랍니다.

이 일치선안이 맴에 쏙 들어서 빠져들기는 하였으나, 벽부조 비례관계, niche의 arch형성 등등을 고려하여 보니 조금 무리라는 생각이 들어서 과감히 파기했답니다.
오와 열이 정확한 것은 자유분방한 성격과 해학이 흘러넘치는 신라인들은 별로 안좋아했나 봅니다. 그래서 각개전투공법을 선택했답니다.

③ Dome(반구형. 반달?)

a. dome 개념도

석굴암의 백미(白眉: 흰눈썹~ㅋ~)인 dome도 구경해 봐야겠죠. 맨날 구경만 하노~ 다리 아푸게! 언젠가는 실물을 볼날이 있겠죠~ 대충 그려볼께요.

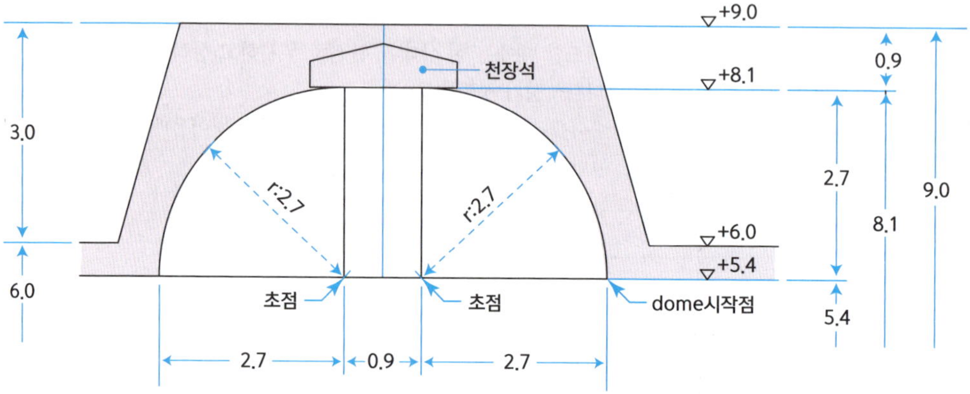

[그림 70] dome(반달) 형태

dome 구조가 너무 간단하네요. 그냥 꼭대기에 천장석이 있고 반지름 2.7m인 반구형이네요. 로마에 있는 판테온 신전*에 가보신 적이 있으신지요.
저는 1984년 봄에 한번 가 봤답니다. 시간나시는 분은 한번 가보세요.
가 보시면 판테온 신전은 천장석이 없고 그냥 천창으로 하늘이 다 보인답니다. 이유는 간단할 겁니다. 판테온 신전은 윗층이 없는데 비해서 우리 반달탑(자꾸 dome탑이라고 하기도 그래서 간단히 부르기 편한 반달탑이라고 당분간 부르겠습니다)은 위에 1층이 있기 때문이겠죠. 우리 반달탑이 몇 단계 더 진화한 것 같답니다. 어쩌면 이 반달탑이 돌(석재) dome으로는 세계 최초(?)일지도 모른답니다. 비록 규모(크기)로는 판테온 신전보다 작지마는 dome 구조개념으로 보면 판테온 신전은 게임조차 되지 않을겁니다. 제가 심했나~ㅎㅎㅎ~

이 대충도면으로는 파악이 힘이 드니 더 크게 확대해 봅시다.

* 판테온 신전은 주재료가 석재가 아니라 con'c 라 하네요. 물론 Roman con'c(지중해 연안에서 약 2,000여년 전부터 사용된 con'c로 현재의 con'c와는 다른 것으로 주로 자연재료(화산재 등)를 사용한 con'c)로 지어진 dome건축물로 아직까지도 튼튼하게 자리를 지키고 있네요. 콜로세움도 Roman con'c로 지은 구조물이라고 하네요. 저는 운 좋게도 북아프리카(카르타고유적)에서 마을의 조그마한 저수조 옹벽과 각 가정으로 공급되는 수로에서 Roman con'c를 직접 보았답니다. 저수조옹벽은 꼭 우리의 옛날돌담장 같더랍니다. 쪼다(황토)대신 con'c를 썼으며 돌은 담장식으로 막돌을 썼더랍니다. 2,000년이나 되어도 튼튼하더랍니다. *con'c : concrete, 콘크리트

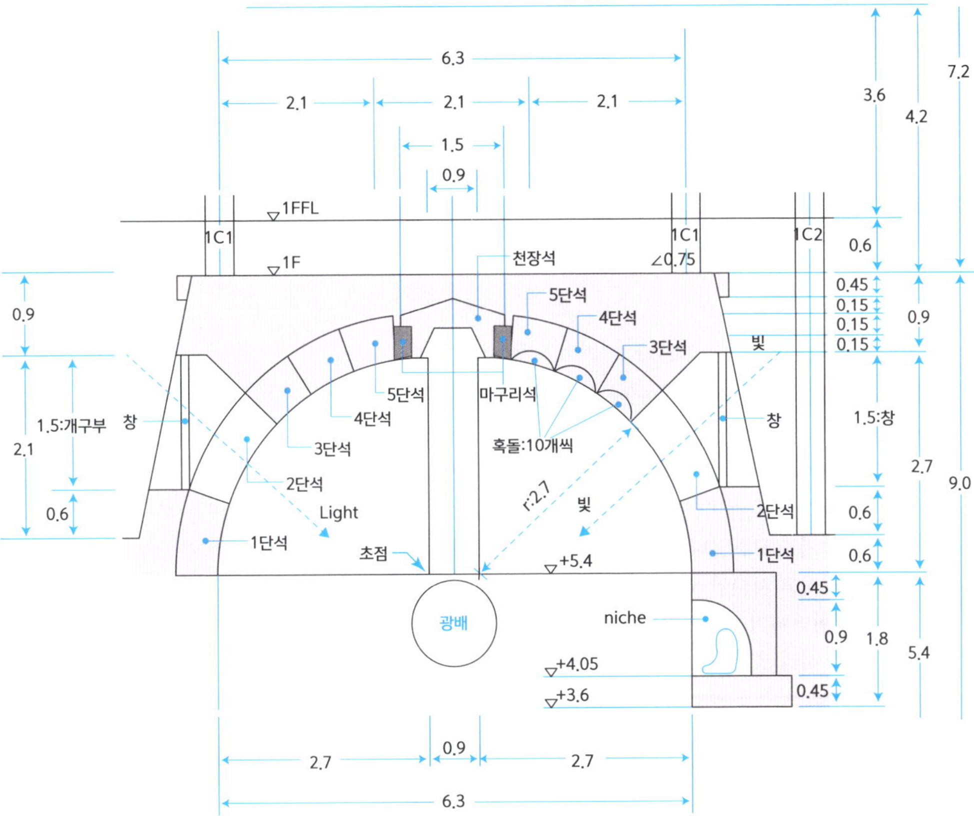

[그림 71] dome 개념도

dome의 반지름은 r=3.15가 아니라 천장석 관계로 r=2.7로 했답니다.
사실은 dome 반지름 높이가 2.7이기 때문일 겁니다. 보시니 도면상 초점이 2개가 있네요(사실은 무수히 많겠죠). 천장석 지름이 약 1.5m이나 0.9를 천장석 개념으로 봤답니다.
dome석은 5단이며, 특히 3·4·5단석에는 묘하게도 혹돌이 각 10개씩 들어가 있네요. 그리고, 가장 재미있는 것은 2단석에 개구부(창문)가 있답니다.
천창대신 창문이 있답니다. 물론 개구부(창문) 높이는 상석축의 1/2인 1.5m가 될 것이며, 폭은 0.9가 될겁니다. 개구부의 내부높이는 2단석 높이가 될겁니다.

즉, 이 dome 구조물은 햇볕도 들어오며 환기도 된다는 걸 의미한답니다. 꽉 막혀서 문을 닫고있는 현 석굴암상태와는 완전히 다를겁니다. 개구부(창문)는 8개를 낼 예정이랍니다. 4개도 생각해 봤는데 이왕이면 8개가 더 어울릴 것 같답니다.
dome 윗쪽에는 당연히 1층 바닥이 있을겁니다.

b. 후광판 위치이동(정위치 잡기)
현 상태의 dome을 보시면 후광판(광배)이 dome1단석과 2단석 일부에도 위치하고 있답니다. dome까지 왜 이 후광판이 기어올라와 있죠? dome만 있으면 시원하겠죠.

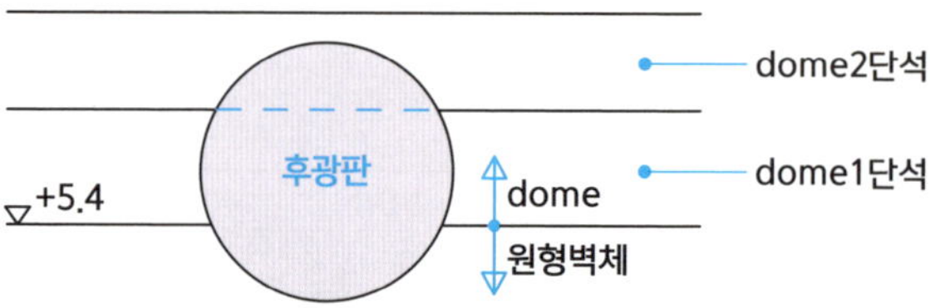

[그림 72] 현상태의 후광판 위치도

dome 1·2단석에 걸쳐져 있는 이 후광판이 걸리적 거리네요. dome면과 원형벽체에 얌체없이 양다리를 걸치고 있답니다.
원형벽체와 dome 곡선이 완전히 다른 곡선형태로 양립할 수가 없답니다.
시공도 무지 힘이 들겠지만 걸쳐져 있는 모양새가 영 그렇네요. 어쩌면 낑겨있는 후광판이 더 불편해 할지도 모른답니다. 그래서, 정가가 누굽니까! 과감하게(?) dome에서 추방시킬겁니다. 안나갈라고 버티면 우짜지~ 달랠까요, 혼을 내줄까요 ~ㅋㅋ~

바로 원형벽체의 niche열(H1.8) 쪽으로 위치 이동을 시킬 겁니다. 그래야 dome에 군더더기 하나가 사라진답니다. 그려 볼까요.

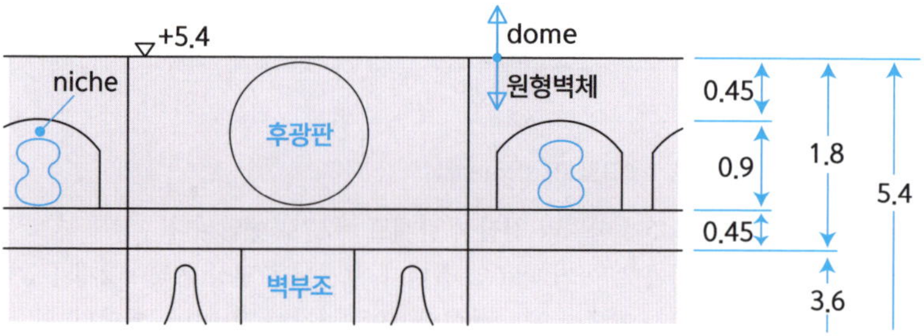

[그림 73] niche열에 후광판 위치이동

이제 dome이 시원하고 깨끗해진 것 같죠!
niche 열에 있어도 후광판은 충분히 자기역할을 다 할 수가 있답니다. 이 후광판이 niche와 나란히 하니 뭔가가 안정이 조금 되는 것 같네요. 아마 후광판 지름은 약 1.2m 정도로 보인답니다. 드디어 후광판이 명당자리에 자리 잡았네요~ㅎㅎ~

c. dome 각단 높이

이제 dome의 각단 높이도 한번 추적해 보셔야죠. 5단으로 되어있네요.

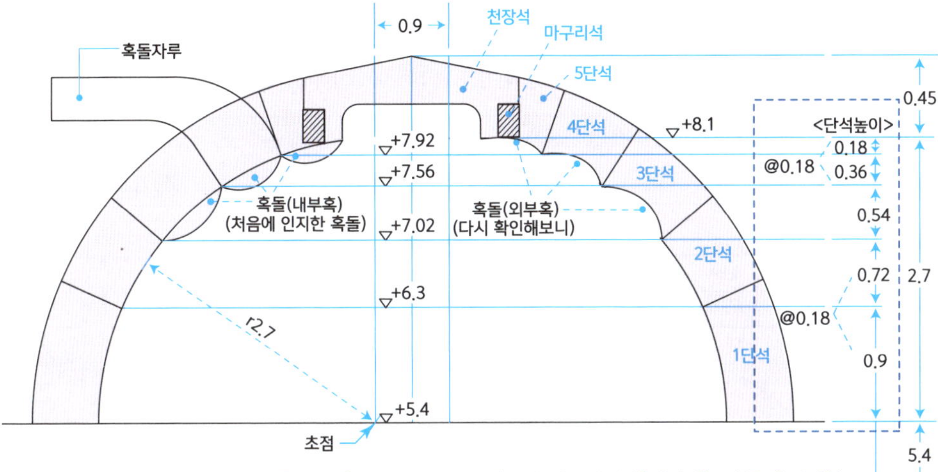

[Notes] 저 개인적으로는 혹돌이 별도의 부재(쐐기석)로 처음에 인지한 내부로 튀어나오는 것이 구조적(쐐기석이 구조보강재 역할)으로 더 좋을 것 같네요. 혹시 혹돌이 돌못(구조재 중간중간에 내진을 위해 보강한 쐐기석) 개념?

[그림 74] dome 각단 높이

각 dome 단석의 원형길이가 되었든 높이가 되었든 추정이 너무 힘들어서 제일 간단한 공법(?)을 적용했답니다. 어렵다고 판단될수록 아주 간단히 생각하는 것이 좋더랍니다.

5단이니까 일단 5로 나누어 봅시다. 2.7(높이)÷5=0.54 즉, 각 단높이가 다 똑같다면 각 단높이는 54cm가 될겁니다. 실제로는 밑단으로 갈수록 두꺼워지며, 윗쪽으로 갈수록 얇아질겁니다. 그래서 각 단증감계수를 @0.18로 해서 아주 간단히 풀어봤답니다. 그림을 그려보시면 시각적으로는 약간은 비스무리하기도 한데 정확하게 맞는지는 저로서도 알 수는 없겠죠.

그려보시면 내부 원형곡선길이가 윗단으로 갈수록 조금씩 줄어들겁니다. 시간이 억수로 남아도시면(?) 한번들 그려보이소.

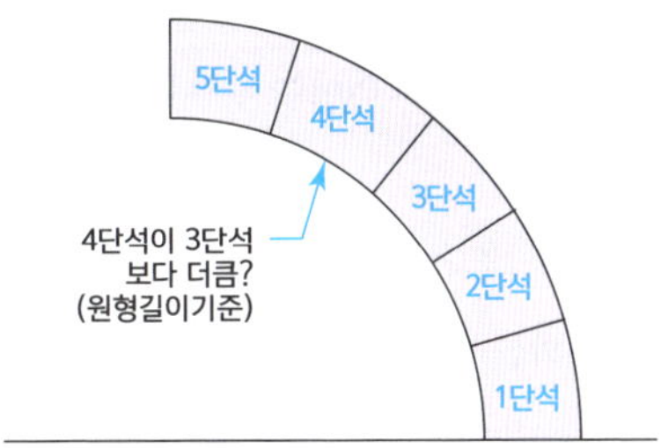

[그림 75] 현재의 dome 형상

그런데, 현상태의 dome 단석은 이렇게 되어있답니다. 크기순이랍니다. 볼까요.

5단석<3단석<4단석<2단석<1단석이네요. 희한하게도 더 위에 있는 4단석이 3단석보다 더 크답니다. 건축상식을 지나치게 벗어나는 것이라 아예 무시해 버렸답니다. 근디! 정가가 무시해도 되나? 아니 자격이나 되나~ㅋㅋ~

d. dome 각단 내부 원형길이

조금전 시간이 억수로 남아 도시는 분은 dome 각 단석의 내부원형곡선을 그려보시라고 말씀드렸답니다~ 그려보신분 계시나요?~ 근데! 저는 시간이 하도 남아돌아서? 그려도 보고 길이계산까지 해보았답니다~ 수족 고생작업은 정가선에서 끝내야겠지요~ㅎㅎ~

한번 그려봅시다. 큰 도면은 책의 뒷부분 원본도면 No. 03(211page)을 보세요.

Notice 원본도면 No.03 dome 단면도

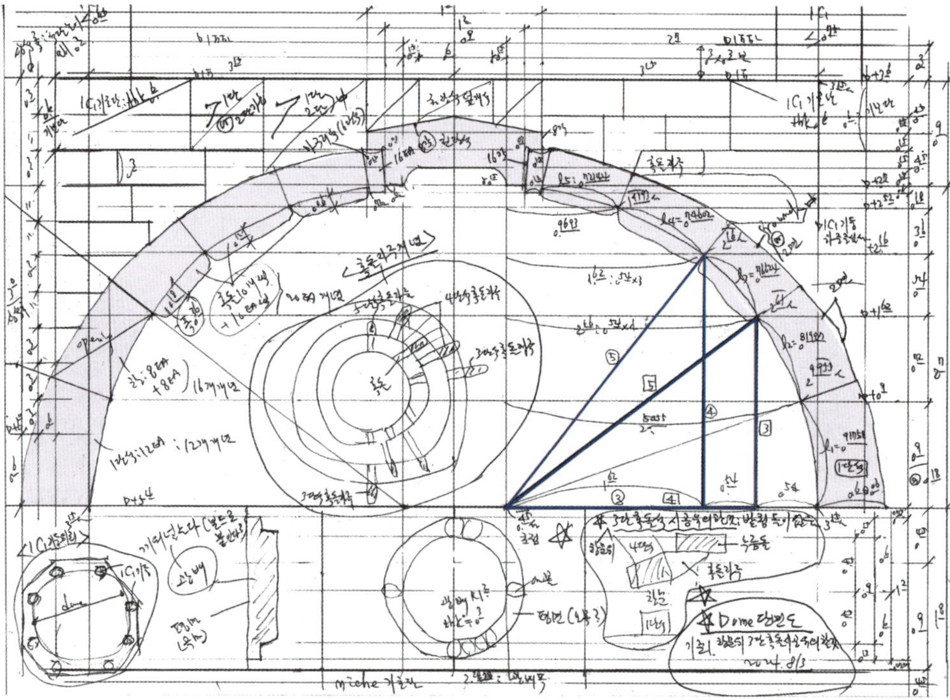

[그림 76] dome 단면도: 각 단석 내부원형길이 기준

잘 생긴 것 같나요? 제 그림솜씨가 영 쫌 그렇네요! 그래도, 보시고 이해는 되실겁니다. 보시면, dome 각 단석의 내부원형길이가

1단석	>	2단석	>	3단석	>	4단석	>	5단석	
(0.9175)		(0.8198)		(0.7662)		(0.7460)		(0.7214)	이 나올겁니다.

윗단으로 갈수록 원형곡선길이가 서서히 줄어드는 것을 느끼실 겁니다. 어떤 근거도 없이 각 단높이를 제가 임의로 집어 넣었는데도 고고참 희한하게 잘 맞죠~ 귀신이 집어 넣었나 와이리 잘 맞노~ㅋㅋ~ 위에서 5단석 곡선길이는 가변적일 수도 있답니다.

상부의 마구리석폭을 12cm로 할 것인지 15cm로 할 것인지에 따라 바뀔 수도 있답니다.

그림을 보시고 이상한 것을 발견하지 못하셨나요? 보는 순간 보이셔야 될낀데! 그래야 중학교 1학년 수준은 유지되는데 ~ㅋㅋ~ 보이신다구요. 아직도 수준을 유지하고 계시네요~ㅊㅋㅊㅋ~ 바로 피타고라스(?)라는 놈이 2개나 존재한답니다.
피타고라스(3:4:5)라는 놈이 아주 중요한 놈인가 봅니다. 석굴암 dome에까지 침투한 걸 보면! 보시면 2단석과 3단석 내부 상부 끝점을 초점과 연결해 보면, 이렇게 3:4:5의 정수직각삼각형이 무려 2개나 나온답니다. 제가 이걸 보는 순간 뭘 생각했을까요~ 영원한 비밀?~

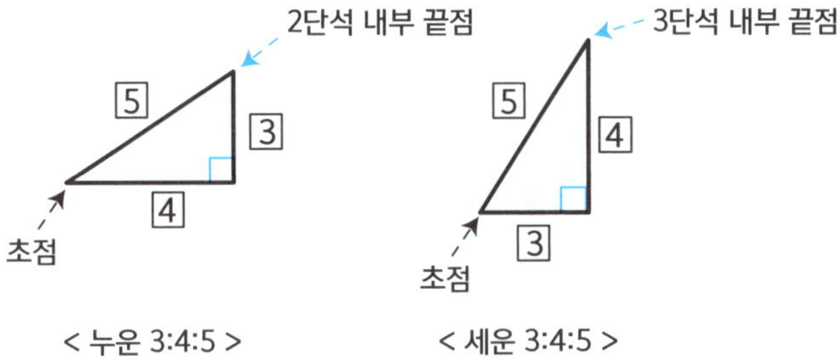

[그림 77] dome에 존재하는 피타고라스(?)

정답은 '머 이런게 다 있노'~ㅋㅋ~ 만약 피타고라스가 석굴암에 놀러온다면 아마도 뒤로 훌라당 나자빠질지도 모른답니다~ 얼마나 놀랄까요?
dome 각단 내부 곡선길이를 보려다 별 희한한 피타고라스도 다보네요~ 행운~

e. 혹돌

dome을 잘 보시면 3·4·5단석에 각 10개씩의 혹같은 것이 30개가 있답니다. 도통 이 혹같은 것의 정체가 무엇일까요? 무엇이라고 생각되시나요? dome 내부면이 단조로워서 그냥 모양으로 쏙 들어가게 해 놓았을까요? 저는 이 혹을 보는 순간 부처님의 머리카락(?)임을 직감했답니다. 물론, 저의 개인생각이겠죠!

저는 북아프리카 해변가(지중해)에서 흑인애들의 머리에 띄엄띄엄난 머리카락이 또로록 또로록 말려있는 것을 직접 본적이 있거들랑요~ 제가 좀 짓궂은 놈인가 봅니다?~ 꼭 정식 사막에 들어가기 전에 띄엄띄엄 나있는 풀나무(?) 같이 나거들랑요~ 마치 가뭄에 콩나듯이~ 인간은 자연에 순응하나 보네요! 시간이 아주 많으신 분은 사막에도 한번들 가보이소. 띄엄띄엄 나있는 풀포기도 보실겁니다. 띄엄 띄엄 난 나무도 볼 수 있다고요? 맞네요. 나무를 연결시키면 비올때 수로가 되겠죠~ 안가봐도 다 아네~ㅎㅎ~

즉, 이 혹돌은 우리 부처님 머릿카락은 '곱슬머리카락이데이'라고 표현해 놓은 거랍니다? 쉽게 애기드리면 dome 천장면이 천장거울이라는 의미랍니다.

신라인들의 재미있는 해학이 깃들어 있답니다. 아마도 혹돌을 만들던 석공아지아는 속으로 이렇게 중얼거리며 만들었을 겁니다. '우리 부처님 머리는 혹머리데이' ~ㅎㅎ~

이 혹돌이 부처님의 곱슬머리카락일거라고 생각하시는 분은 직관력이 보통이 아닐듯! 근데, 어찌 저와 생각이 똑같을까요?

그런데, 이 혹이 10개씩 30개밖에 안될까요? 이 30개라는 갯수는 별 의미는 없는 것 같네요. 몇개가 되었든 표현을 했기 때문이겠죠. 혹시 우리 부처님의 머리카락이 30개? 아마 신라인들이 본적은 없었겠죠! 다만, 각 단의 혹돌이 10개라는 의미는 36°마다 1개의 혹돌을 넣었다는 의미랍니다. 즉, 각으로 쉽게 나눠지는 혹돌갯수를 선택한 것 같답니다(물론 각 단석의 한단길이도 고려했을 것 같네요). 현재의 이 혹돌형태를 자세히 보시면 dome의 돌을 파낸 것으로 보이며, 혹돌(별도의 부재)은 아닌 것으로 보입니다만 편의상 혹돌이라는 이름을 붙여본 것이랍니다.

이 dome의 혹돌에 대해서 잠깐 짚고 넘어가 봅시다. 여담이기는 하지만 중요할 수도 있답니다. 저는 이 dome의 혹돌이 내부쪽으로 툭 튀어 나온걸로 생각했답니다. 어떤 사진을 봐도 다 그렇게 보이더랍니다. 그런데, 어느날 KBS1(2022. 3. 11 밤 방영)을 틀어 보니 특집을 하는데 귀에 익숙한 에카르트라는 이름이 나오더랍니다.(KBS1에서는 아주 유익한 특집을 자주 하는편임) 근데, 이 에카르트라는 분이 방송중에 보니 한국미술과 건축물까지도 많은 연구를 하신분 같더랍니다. 아무래도 저 자신이 관심이 갔겠죠. 방송내용은 옳게 듣지도 못하면서 나오는 주요장면을 폰(phone)으로 열심히 몇장을 찍었답니다. 그리고 난 뒤 제 귀에 익숙한 에카르트라는 분에 대해서 알아보니, 제가 알고 있던 에카르트는 실제로는 에케르트

(Franz Eckert. 1852~1916. 독일음악가. 대한제국 국가를 작곡함)로 방송에 나오는 에카르트(Andreas Eckardt. 1884~1974. 성베네딕도회 독일신부. 한국미술과 건축물을 연구하고 전세계에 알림)와는 다른 분이더랍니다. 우찌 이런일이? 그나마 귀에 익숙한 에케르트라는 분 덕분에 사진 2~3장을 건졌답니다. 그 중 1장을 보다가 제가 쪼께 놀랐겠죠. 예전에는 뒤로 나자빠질뻔 했겠지만 지금은 아입니데이. 하도 단련이 많이 되어서? 그 사진은 바로 석굴암의 dome과 천장쪽의 사진이었답니다.

한 번 보실까요? 저희들이 일반적으로 접하는 사진도 같이 보시죠.

[사진 4] 우리들이 일반적으로 보는 사진 (출처: 문화재청)

[사진 5] 에카르트가 찍은 듯한(?) 사진 (출처: KBS)

이 에카르트가 찍은 것(?)으로 보이는 사진을 보는 순간, 머리가 찡해지더랍니다.
바로, 혹이 내부로 튀어 나온게 아니라? dome 속을 파고 들어가 있더랍니다. 그렇다면 당연히 제가 잔머리를 굴린다고 봐야겠죠? 우리 부처님의 곱슬머리카락은 돌삐도 뚫고 들어가는구나라고요~ㅎ~
웃자고 한 애기고요, 위 두사진을 비교해 보시면 완연하게 차이를 느끼실 겁니다. 에카르트의 사진을 보는 순간 dome 내부쪽으로 혹이 들어가 있는 것을 금방 인지할수 있는데, 저희들이 일반적으로 접하는 사진들은 누구든지(?) 거의 안쪽으로 혹이 튀어나와 있는 걸로 보이실 겁니다. 에카르트의 사진을 본 뒤 아주 유심히 일반사진을 다시 보니 일반사진들도 dome 내부로 혹이 들어가 있는 것도 같더랍니다. 인간의 눈이 와 이리도 부정확하죠. 정가만 그런가? 그리하야 제가 혹이 내부로 튀어나왔다고 우길 뻔한 것을 미리 막았답니다. 모르죠, 다른 어떤것들은 사진을 착각하여 제가 본 것이 맞다고 우기고 있을지도~ㅋ~ 그리고, 에카르트의 사진을 보면서 예전에는 한번도 생각해 보지도 못했든 천장석과 dome석(5단석) 사이에도 마구리석(개념분리석)이 있다는 것을 확실하게 인지하게 되었답니다.
제가 그날 KBS1을 아주 타이밍을 잘 맞춰서 본 것 같네요. 이것도 행운인가? 근데, 저한테는 도면 고칠 일만 남았답니다. 그나마도 다행인 것은(?) 크게 속이지를 못했네요? 제가 아무리 속여도 이글을 읽으시는 분은 아무도 안속으실것 같은데요.

그리고, 에카르트 사진중 niche수와 벽부조수가 표시된 사진이 있으니 한번 보실래요.

[사진 6] niche 와 벽부조수 표시도면 사진 (출처: KBS)

제가 방영중인 화면의 사진을 찍다보니 약간 기울어는 졌지만 보는데는 문제가 없을 겁니다. 보시면, niche가 8개로 제 생각과 같네요.(윗 그림의 원형벽체 외부쪽에, 우측에 1, 2, 3, 4 좌측에 5, 6, 7, 8로 표기된 숫자가 niche 갯수임) 그런데, 벽부조수는 27개로 dome내부벽의 벽부조수가 15개(현상태도 동일) 랍니다. 제가 생각한 13개와는 2개 차이가 나네요. 합쳐서 35개이지만 33개가 숫자상 더 양호할 것 같네요. 판단은 스스로들 알아서 하이소.(지하출입구가 동쪽이라는 말만 들었는데 도면을 보니 정동은 아니네요. 아마도 지형에 맞추었나 봅니다.)
어쩌면 현 석굴암은 어떤 보수과정에서 위치이동을 한 것으로 보인답니다. 이 에카르트라는 분이 아주 중요한 자료들을 남겼네요. 다들 감사드립시다.
이 분 때문(?)에 제가 내용을 다 고쳤답니다~ㅋㅋ~

이 혹돌에 대해서 조금만 더 짚고 넘어 갑시다. 조금은 수상(?)한 느낌이 들어서 몇자 적어 보겠습니다. 물론 저의 개인생각일 겁니다.
에카르트의 사진을 보시면, 별도의 부재인 혹돌이 아닌 그냥 단석(3단·4단·5단)의 내부를 파고 들어가 있는 것 같네요. 그냥 파놓은 홈개념 같답니다. 그것도 자기 단만 파낸 것이 아니라 윗집(윗 단)까지 파고 들어가 있는 것으로 보인답니다.
자기 단만 파면 되지 남의 단까지 왜 파죠? 파낸 모양새도 조금은 어눌한 느낌이 들지 않으세요? 그냥 홈 흉내만 낸 것 같이 느껴진답니다. 비록 제 생각이지만!

이 모양새를 깊이 생각해보면 어떤 보수과정에서 혹돌(별도의 부재, 끼움재)을 끼워 넣지 않고(당연하겠죠. 시공이 힘이 드니까), dome을 완성한 후에 혹의 느낌을 주기 위해 그냥 dome 내면에 혹을 판 것으로 보인답니다. 안 파내어도 미끈하게 잘 생겼는디 ~ㅎㅎ~
즉, 원래는 혹돌을 낑가 넣어야 되는데 시공이 힘이 드니 dome만 완성한 후 혹돌을 빠뜨렸으니 그냥 dome 내부를 끌쩍끌쩍 파낸 것 같답니다. 그래도 일말의 기사양심(?)은 있었나 보네요! 현 상태를 역으로 분석해 보면 원래의 dome은 혹돌을 사용했다는 말이겠죠.
이 보수기사는 그림을 보았든 누구에게 들었든 혹돌이 있었다는 걸 알고는 있었을 겁니다. 혹돌(별도의 부재) 시공법을 몰랐거나 힘이 들어 빠뜨렸거나, 하여튼 빠뜨렸으니 자존심이 상해(?) 아마 dome 내부에 홈을 판 것으로 보인답니다. 그래서 저희들이 다시 지으면 제가 처음 생각한대로 정식혹돌을 끼워(혹돌은 쐐기석 개념으로 구조보강이 됨) 혹을 정식으로 낼 겁니다. 그래야 천장거울이 빛을 발하겠죠. 제 추리가 그럴싸 한가요! 제가 우스개 소리로 부처님 머리카락일 거라고 말씀드렸지만, 어쩌면 이 혹돌의 실제 용도는 달랐을지도 모른답니다.

여기서, 혹돌갯수에 대한 제 개인생각을 한번 얘기해 보겠습니다.
현 상태는 혹돌 수가 3~5단에 각 10개씩 30개가 있답니다. 제 생각에는 각 단 8개씩 24개가 가장 이상적(?)인 것으로 보인답니다. 그래야 모든 석재이음매선이나 창(개구부)과 혹돌(8개)의 아래위가 잘 어울릴 것 같답니다. 각 단의 구성개념을 잠깐 봅시다.

dome 단	구성요소	계	모양새(전개도 개념)	각 단석 길이	비 고
5단	혹돌 8개+단석 8개	16개	혹돌 5단석	≒ 0.93	
4단	〃	〃	혹돌 4단석	≒ 1.42	단석이 너무 길다?
3단	〃	〃	혹돌 3단석	≒ 1.68	
2단	창 8개+단석 8개	〃	2단석 2단석 창	≒ 1.45	
1단	단석 16개	〃	1단석 1단석	≒ 1.23	

[표 3] 혹돌 8개시 각 단 구성개념

보시듯, 혹돌을 8개로 하면 창(개구부) 8개와 호흡이 잘 맞아서(찰떡궁합!) 완벽한 모양새를 갖추게 된답니다. 그런데, 완벽은 완벽한데(?) 2~4단석 길이(1.42~1.68)가 조금 긴 느낌이 들긴 든답니다. 조금 긴 느낌이 들긴 들지만 구조적으로 문제(돌은 길면 갈라질 확률이 높겠죠!)가 없으면 이 혹돌 8개안을 채택할 겁니다(부재가 워낙 커서 크게 문제가 될 것 같지는 않답니다). 그래도 앞으로 더 많은 연구가 필요하겠죠.

돌삐가 길어도 안 갈라져야 될낀데~ㅎㅎ~ 돌삐속에 철근을 낑가 넣을까요~ㅋㅋ~

f. dome 개구부(지하층 창, 숨구멍)

dome 개구부(창문 or 단순개구부일수도 있음)도 잠깐은 보셔야죠. 그냥 가면 섭섭!
현 석굴암의 dome을 보시면 dome만 있고 개구부(숨구멍)가 없을겁니다. 왜 없는지를 곰곰이 생각해 보신적이 있으신지요? 앞에서도 말씀드렸듯이 dome 건축물의 대명사격인(비록 Roman Concrete로 지었지만) 판테온신전은 상부 제일꼭대기에 천창이 있답니다. 어쨌든 숨구멍은 있답니다. 그럼, 몇 단계 위인 우리 반달탑은 숨구멍이 어디쯤 있을까요? 잘 찾아보시면(?) dome 2단석에 있을 겁니다. 꼭대기엔 없겠죠.
그 위가 바로 1층 바닥이거들랑요. 눈 딱고 보셔도 숨구멍은 안 빈다꼬요! 저는 눈씻고 봐도 안 비는데요~ㅋㅋ~ 모든 것은 마음의 눈으로만 보세요. 그러면 아마 보이실지도 모른답니다?
우리들 집에 창문이 있을까요 없을까요? 없어도 된다꼬요! 혹시 계룡산에서 도 닦으시는 분이 아니신지요~ㅋㅋ~

석굴암의 dome 구조물을 지으실 정도면 건축물에 대가일 겁니다. 우리 대가분이 창문을 빠뜨려 묵을까요? 대가를 떠나서 모든 신라건축기사분들은 보통내기가 아입니데이. 반드시 채광과 환기를 시켰을 겁니다. dome 내부에 햇빛이 안들어오면 우리 부처님이 좋아하실까요, 싫어하실까요~ 저는 잘 모르겠네요?~

개구부를 보실까요.

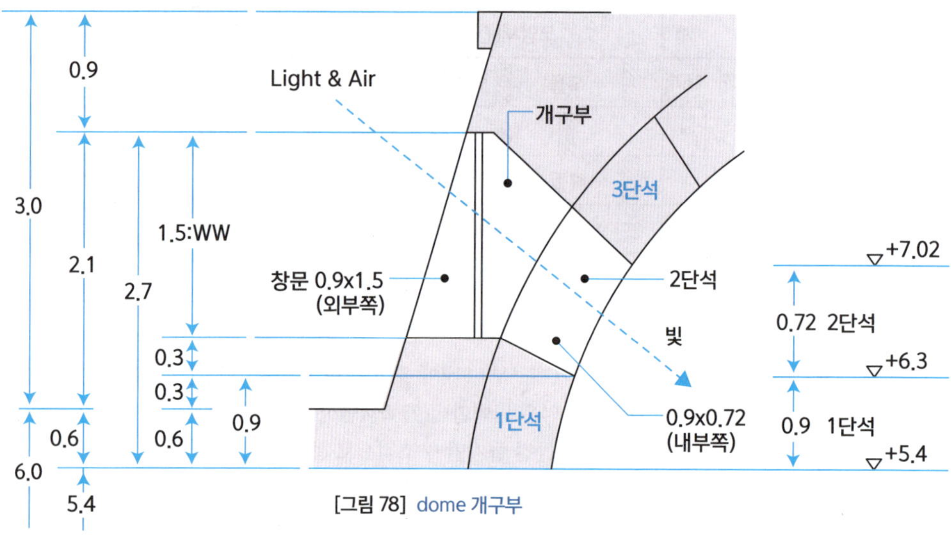

[그림 78] dome 개구부

이론 석축개구부 높이=3(상석축 높이)÷2=1.5m가 될겁니다. 개구부폭은 0.9로 할 겁니다. 개구부폭 0.9가 너무 넓은 것 같아서 0.6으로 할까도 생각을 해 봤었는데 너무 좁아서 빛이 들어오기 힘들 것 같아 0.9로 하기로 했답니다. 외부에서 보면 개구부 크기가 0.9(폭)x1.5(높이)이지만 dome 내부로 들어오는 햇빛은 0.9x0.72(dome 2단석 높이로 수직 높이기준임. 실제는 원형으로 더 높음)로 줄어들게 된답니다.

이 개구부에 창문을 달지 못달지는 아직 모른답니다. 현재까지는 달아도 큰 문제는 없을 것 같답니다. 바로 이 개구부로 채광과 환기가 이루어질 겁니다.
현 석굴암의 상태는 어떤 과정에서 개구부가 증발되어 버렸네요. 안타까울 따름이랍니다.
개구부는 8개를 낼 겁니다. 물론 외부계단 밑에도 낼 겁니다.

보시니, 이제는 석굴암 지하층이 숨을 잘 쉬겠죠 ~ㅎㅎ~

g. dome 천장석(천장판)

천장석이 어떻게 생겼을까 잠깐만 봅시다. 제가 천장석 사진을 수도 없이(?) 보았는데도 아직까지도 무지 헷갈려서 뭐가 뭔지조차 모를 정도로 판단하기가 어렵더랍니다.

천장석이 왜 필요할까요? 천창이 있으면 필요없을낀데! 쉽게 애기드리면 dome 꼭대기 마개 개념이겠죠. 더 쉽게 애기드리면 arch의 keystone(머릿돌. 멋과 구조안정개념)과 같은 개념이겠죠. dome 꼭대기의 백미랍니다.

이 천장석(dome 지붕마개)이 없다면 dome 최상부가 꼭지점(초점)이 되어 dome 최상단석의 끝이 뾰족해질겁니다.

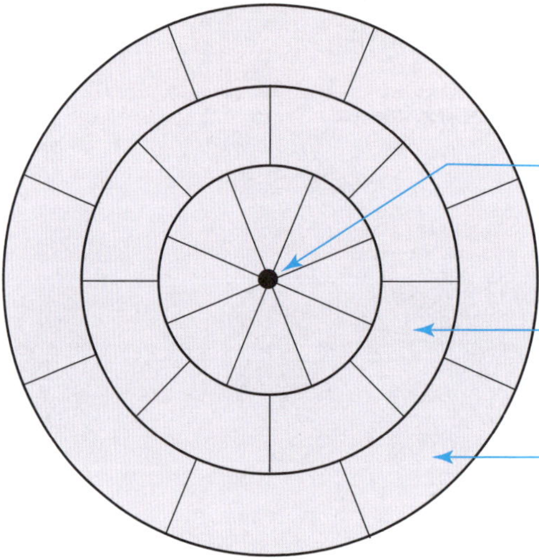

[그림 79] 천장석이 없을 시의 최상단 꼭지점의 형상: 날카롭죠!

보시듯 dome 꼭지점쪽 돌이 너무 날카로워 찔릴 것 같죠! 시공자체도 거의 불가능 할 겁니다. 부드러운 느낌은 전혀 들지않고 불안감만 줄 겁니다. 마음놓고 예불을 드릴 수가 있을까요? 그래서 5단석 위에 마구리석(기능분리석, dome단석과 천장석을 분리)을 설치한 후 그 위에 천장마개(천장석)를 덮어씌워 모양새와 구조안정을 동시에 해결했네요.

그러다 보니 dome 형태가 묘하게도 중간분리형 dome형식이 탄생되었네요. 역시 우리 신라인들은 멋쟁이네요~ㅎㅎ~ 이 천장석(천장판)의 형태가 어떻게 생겼을까 하고 나름대로 간단한 형태를 한번 생각해 봤답니다.

보실까요.

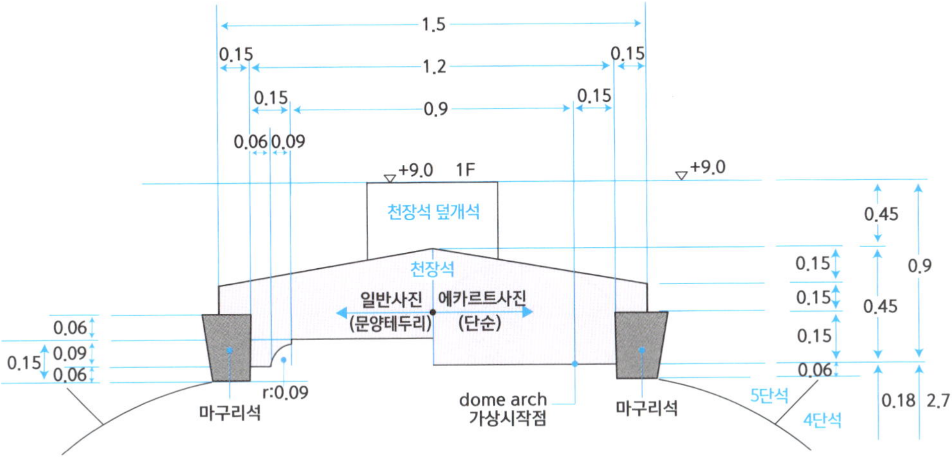

[그림 80] dome 천장석 개략도

천장판 형상은 일반사진(아래사진 참조, 사진자체도 희미하지만, 이 천장석이 최초의 것인지 몇 단계를 거친 것인지조차 알 수도 없답니다)과 에카르트 사진(71page 사진5)을 참조해서 이렇지 않을까 하고 서로 비교해 본거랍니다. 치수가 나와 있는 자료가 없어서 제 임의로 치수를 넣어 보았답니다. 처음에는 광배와 천장판을 둘 다 R(지름)=1.8로 생각을 했었는데, 너무 큰 느낌이 들어 천장판은 R=1.5(실제로 내부에서 보이는 판은 R=1.2)로 하고, 광배는 R=1.2로 했답니다. 정확히 알 수가 없네요.

[사진 7] dome 천장판 참조사진 (출처: 문화재청)

혹돌이 10개인 걸 보면 확실치는 않지만 천장판은 10각형(or 8각형?)으로 해야 되지 않을까 하는 생각이 드네요.
이 천장판은 크기도 무지 크기도 하지만 현 상태는 문양 등이 아주 화려하답니다.

h. 중앙분리형 dome(납딱 dome)

저는 이 dome(반구형)을 보고서도 그냥 단순한 반구형 dome일 것이라고만 생각을 했답니다. 그런데, 어느 날 다시 보니 석굴암 dome의 개념이 저희들이 일반적으로 알고 있는 것과는 조금 다르다는 걸 서서히 인지하기 시작했답니다. 이제사 제 정신이 돌아온 느낌이 조금 들었겠죠~ㅋㅋ~ 저희들이 일반적으로 알고있는 반구형 dome(완전 반구형)을 먼저 보실까요.

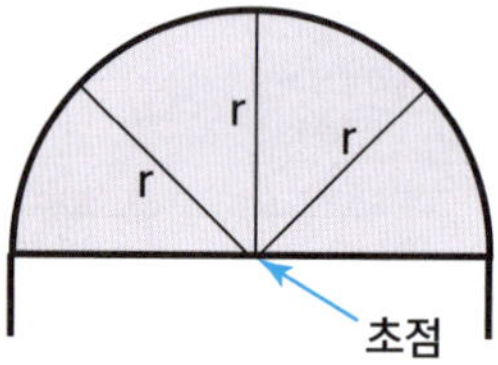

[그림 81] 완전 반구형 dome 개념

그림에서 보시듯, 반지름(r)이 다 똑같으면서 초점이 한 곳에 모인답니다.
완벽한 반구형형태랍니다.

그런데, 우리 반달탑의 약간 변형된 반구형 dome(중앙분리형 dome, 납딱 반구형 dome)을 보실까요.

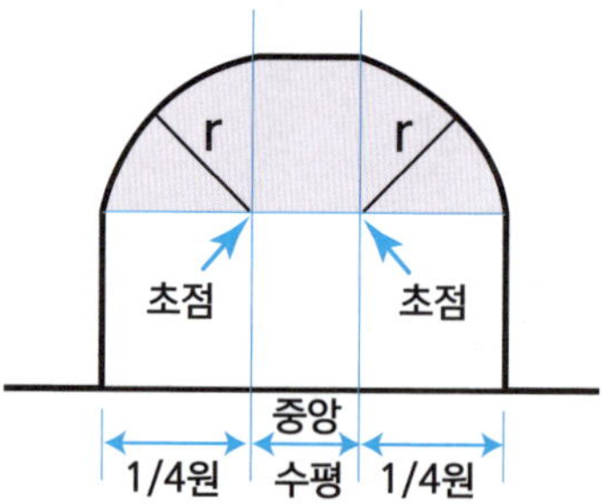

[그림 82] 중앙분리형 dome 개념

그림에서 보시듯, 중앙에 수평면이 있고 양옆에 1/4원 형태로 2개가 있네요. 이 1/4원 형태를 합치면 반구형이 될 겁니다. 물론 초점자체도 도면상 2개가 나온답니다(실제로는 무지 많을 겁니다).

그래서, 정확한 표현법인지도 헷갈리지만 중앙분리형 dome이라고 이름을 한번 붙여 보았답니다. 그럴싸한가요? 어떤 분이 정확한 이름을 붙여 주셔야겠지요!
근데, 로마에 있는 판테온신전이 완전반구형 dome인지 석굴암같이 중앙분리형 dome인지는 저로서는 알 수가 없답니다. 만약 판테온신전이 완전반구형 dome type이라면 어쩌면 우리 석굴암은 완벽하게 독창적인 dome일 겁니다~ㅎㅎ~

얼핏보시면 이 두 type이 비슷한 느낌이 드실 겁니다. 저도 그렇게 느꼈답니다. 그런데 보면 볼수록 두 type 개념이 완전히 다르다는 걸 인지하기 시작했답니다. 어떻게 다른지를 한번 보실까요. 제가 중앙분리형 dome을 완전 반구형 dome 속에 집어넣어 보겠습니다.

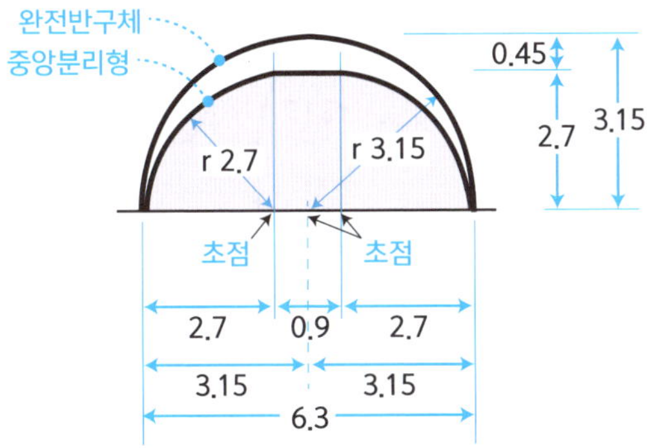

[그림 83] 중앙분리형 dome이 쏙 들어가네요?

두 type을 분리시켜서 보면 잘 모를 수도 있지만, 두 type을 같이 겹쳐보면 완전히 다르다는 걸 느끼실 겁니다. 중앙분리형 dome(납딱 반구형 dome)이 완전 반구형 dome 속에 쏙 들어가 버리네요. 이제 이 두 type이 완전히 다른 개념이라는 걸 인지하셨을 겁니다.

그래서, 제가 한 잔머리(?) 굴려 봤겠죠? 당연히 석굴암을 지을 당시의 건축기사의 심리 상태(?)였겠죠. 신라건축기사는 분명히 두 가지를 동시에 생각해 봤을 겁니다. 하나는 완전 반구형 dome을 생각했겠죠. 둘째는 중앙분리형 dome을 생각했을 겁니다. 완전 반구형 dome을 생각했다면 분명히 지하층만 지었을 겁니다. 그런데, 석굴암을 일반목탑형으로 생각했다면 중앙분리형 dome으로 1층을 넣었을겁니다.

만약 완전반구형 dome으로 석굴암을 지었더라면 이런 탑이었을 겁니다.

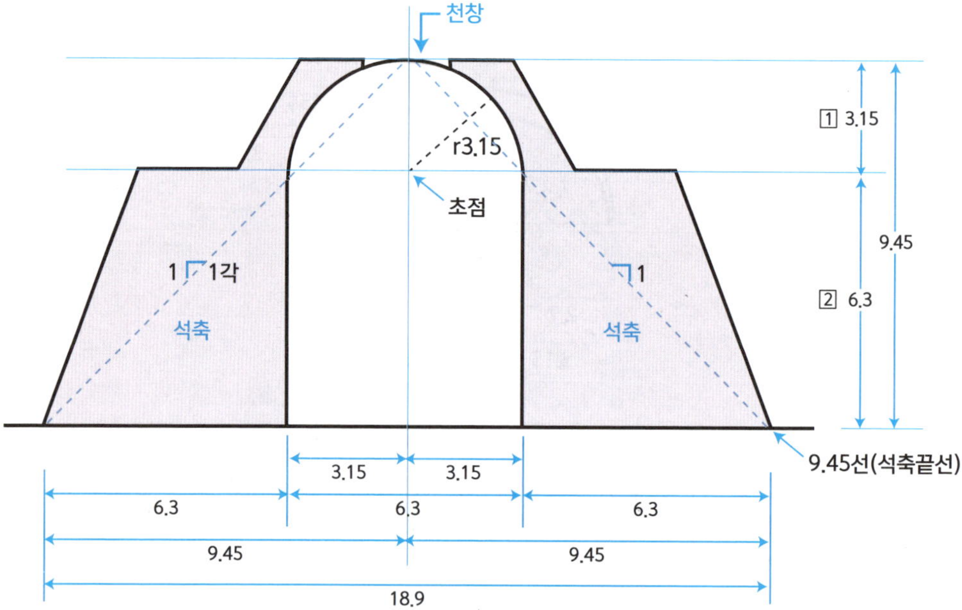

[그림 84] 완전 반구형 dome시 석굴암모습(가정안): 지하층만

물론, 지하층만 있고 1층은 없겠죠. 그리고 dome 중앙 상부에 아마 천창을 뚫었을 겁니다. 판테온신전과 비스무리하게~ㅎㅎ~ 건물규모는 18.9x9.45(2.7x3.5)였을 겁니다(1층이 없으므로 외부계단은 불필요했겠죠). 만약 천창을 내지 않는다면 탑높이는 10.8(2.7x4: 탑높이는 2.7의 정배수가 기본원칙임)이 되며 dome 상부쪽 옆으로 개구부를 내었을것 같네요. 분명히 이 완전반구형 dome을 생각해 봤을 겁니다.

그런데, 최종적으로는 신라일반목탑형식을 따라서(석축높이 9m, 1층 등 고려) 중앙분리형 dome(납딱 dome)으로 지은 것 같답니다.

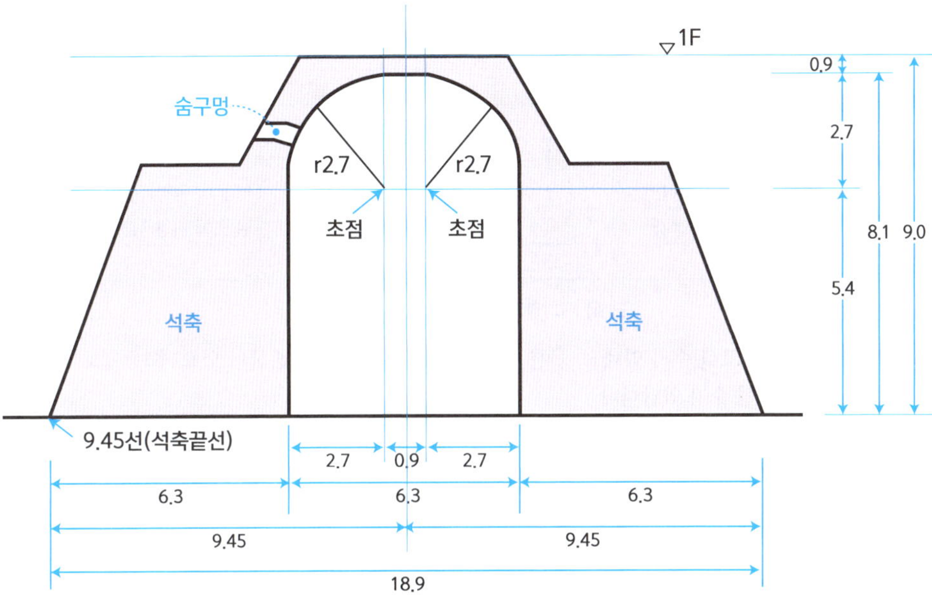

[그림 85] 중앙분리형 dome시 석굴암 모습: 1층까지 있음

정말 대단한 신라 건축기사들이랍니다. 배울점이 많죠~ㅎㅎ~
아마, 현재의 건축기사도 똑같이 두 type을 생각할 겁니다. 결정은 선택의 문제겠죠.
가끔 이런 생각을 해보는 것도 정신건강(?)에 도움이 될 겁니다~ㅎㅎ~

i. 지하층의 부처님 수

이제 지하층을 대충 보셨으니 지하층에 본존불을 제외하고 부처님을 몇 분정도 모실 수가 있는지 보실까요.

위치	계산	부처수	폭 규격 높이	폭높이비	부조판 형상
전실	4x2면	8	0.75x1.8	1 : 2.4	평판
통로	2x2면	4	0.75x2.25	1 : 3	평판
원형벽체	13x1면	13	1.125x2.7	1 : 2.4	평판 or 원형곡선판
niche	4x2면	8	1.5x1.8	1 : 1.2	평판 or 원형곡선판
계		33			

[표 4] 지하층의 부처님 수용가능 수

보니 33분을 모실 수가 있네요. 물론 33분 외에도 지하층에 본존불이 있으며 1층에도 많은 부처님을 모실 수가 있답니다.

제가 편의상 부처님이라고 표현했지마는 나한상 등 다양하답니다.

(3) 석축과 외부계단

① 석축

이 석굴암의 지하층은 9층일반목탑의 석축이 축소된 것이라고 말씀드렸을 겁니다. 다시 한번 보실까요.

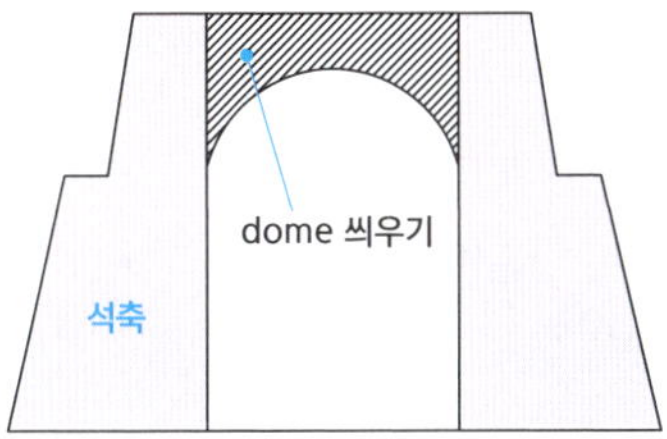

[그림 86] 석축사이 상부를 Dome으로 씌우기

석축만 달랑 있으니 뻥 뚫린 느낌이 들어서 중간에 dome을 덮어 씌운것이 석굴암의 지하층이랍니다.
그렇다면 이 석굴암의 석축은 9층탑의 석축과 똑같을겁니다.

9층탑의 석축을 한번 보실래요.

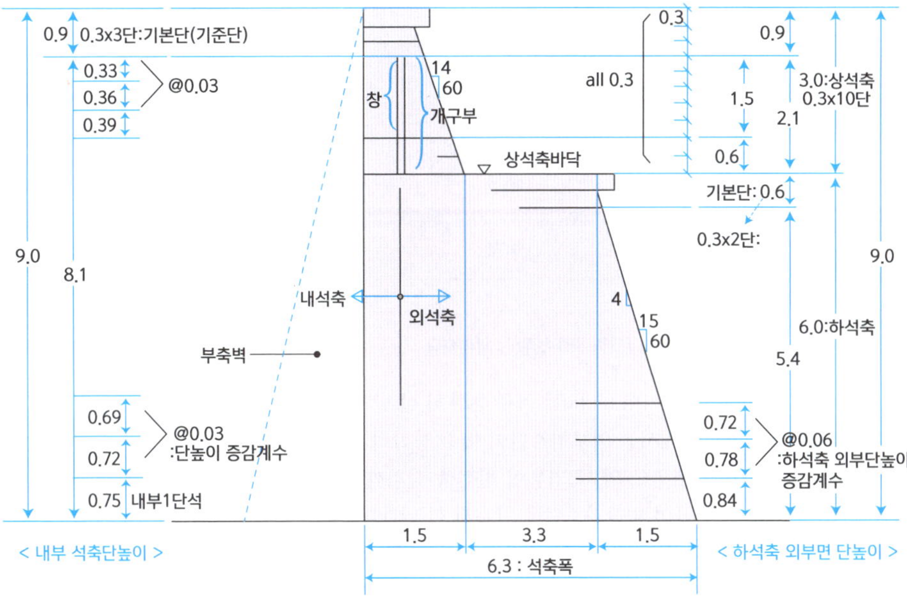

[그림 87] 9층탑 석축 : 부위별 단높이 개념

9층탑 석축이 잘생겼죠! 석축을 보시면 크게 상석축(2석축)과 하석축(1석축)으로 구분이 된답니다. 석축하부폭은 6.3m, 상석축 바닥에는 3.3m의 외부통로가 있답니다. 정가는 본적은 없지마는 눈에 훤하답니다? 참재미있는 석축구조랍니다. 하석축상부에도 사람이 다닐 수 있게 해 놓았답니다. 9층탑에는 내부석축단높이가 있으나 석굴암은 내부쪽이 벽부조 등으로 채워지니 내부석단높이는 필요가 없으며, 외부석단높이가 9층탑과 똑같이 적용될겁니다.

석굴암의 외부 석축단높이를 한번 보실까요.

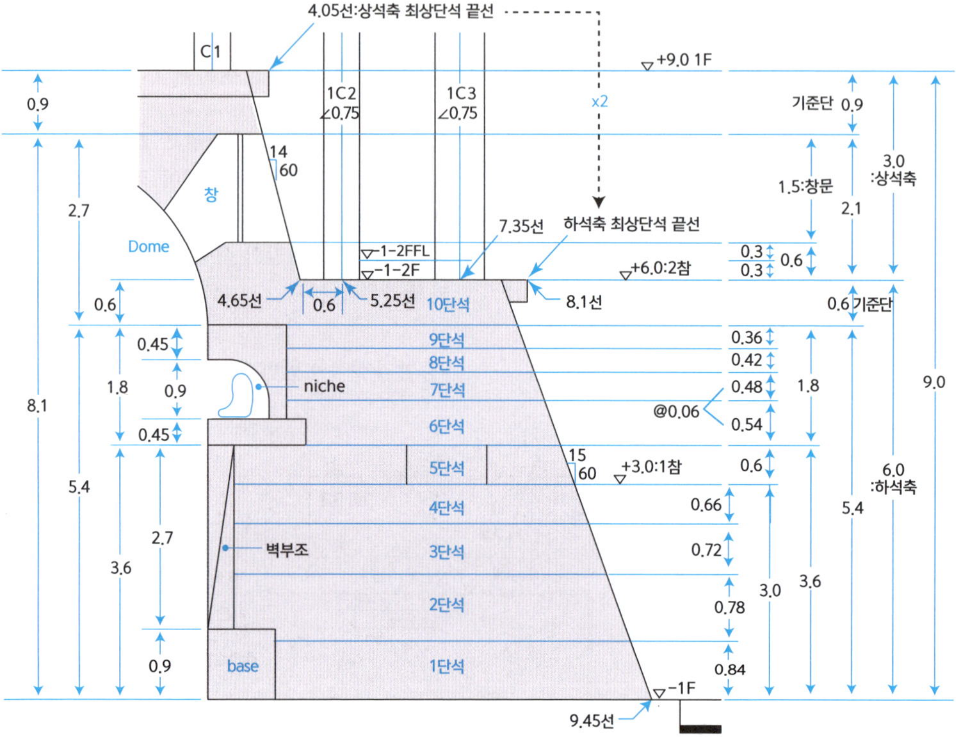

[그림 88] 반달탑 외부석축

제일 재미있는 것은 5단석이 niche를 아주 튼튼히 잘 받쳐주고 있네요. 9층탑석축에서는 잘 못느꼈는데, 이 반달탑에서는 외부석축단이 아주 정확히 잘 맞아 주네요.
아마도 우연의 일치이겠죠? C2와 C3기둥이 하석축 상부까지 내려오니 기둥기초판 개념이 필요할 겁니다. 즉, 기준단인 10단과 11단을 합쳐서 한 단(10단석)이 되면서 석단높이도 기초판두께에 어울리는 0.6이 될겁니다. 기초판은 약간 도톰한 것이 좋을 것 같네요. 상석축과 하석축 최상단석 끝을 보시면, 상석축 최상단석 끝선(4.05선)과 하석축최상단석 끝선(8.1선)이 보이실겁니다. 4.05선x 2배=8.1선 고고참 재미있는 치수배열이네요.

이 석축이 재미있는 것이 각 단두께가 밑에서 위로 갈수록 얇아진답니다. 저는 제일 처음에는 석축을 그냥 막돌쌓기식으로 막 쌓았겠지라고 생각을 했답니다. 누구든지 그렇게 생각하기 쉽답니다.

그런데, 첨성대 석축을 풀다보니 단두께가 밑으로 갈수록 두꺼워지더랍니다. 그래서 모든 일반목탑에도 동일하겠구나라고 생각하기 시작했겠죠. 맞습니다. 신라탑석축에는 막돌쌓기는 존재하지 않는답니다. 반드시 어떤 법칙에 따라 단높이가 밑으로 내려갈수록 두꺼워지게 되어 있답니다. 비록 석축일지라도 이렇게 정성을 많이 들였네요. 저희들이 배울점이 많죠.

제가 이 9층탑의 석축각단높이를 어떻게 알아내었을까요? 궁금하실겁니다.
처음에는 여기서 탑풀기가 막히는구나라고 생각을 하니 앞이 캄캄해지더랍니다. 정가가 누굽니까? 엄청난 시행착오끝에 천운이 따랐는지 알아내기는 알아내었는데, 신라시대에도 이렇게 시공했는지까지는 알 수는 없겠죠. 아마 똑같이 시공했을 가능성이 높을 겁니다.
이 석축 외부벽 단높이 법칙은 외부계단의 1계단참높이와 어떤 석축 단높이가 똑같아야 한다는 것이랍니다. 물론 2계단 참높이와 하석축 상부높이도 같아야겠죠.

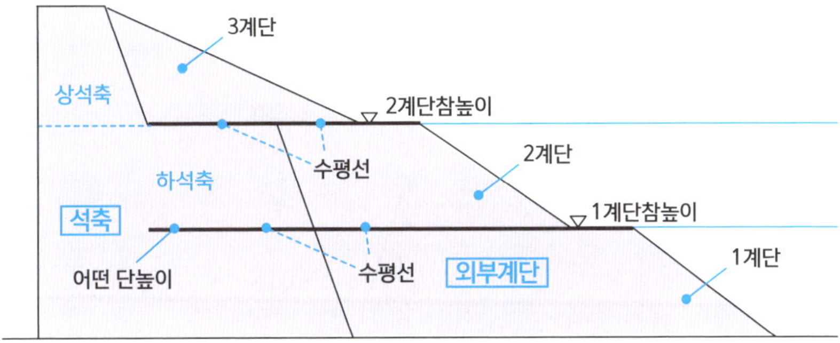

[그림 89] 석축외벽 단높이 법칙

그래야 외부석축의 어떤 단높이와 계단참 높이가 수평선이 되어서 보기가 쪼께 좋을 겁니다. 이 석굴암은 4단석 높이(+3.0)와 외부계단 1참높이(+3.0)가 딱 맞아 떨어지네요. 이것도 우연의 일치일까요? 어떤 법칙을 따라 풀다보면 지가 알아서 스스로 맞아 떨어지더랍니다. 제가 장난칠 공간은 없답니다? 야튼 제가 운이 무지 좋았나 보네요~ 그래서 탑풀기가 막히지 않고 지금도 풀고 있답니다. 근디, 언제까지 풀려나? 막힐때까지~ 아이고! 지켜워라~ㅋㅋ~

혹시 시간이 많으신 분은 석축의 각단 높이도 한번 구해 보세요. 진땀 쪼께 흘릴 각오는 하셔야겠죠. 세상에 그냥 뚝 떨어지는 것은 없을 겁니다.
10년 정도 드리면 충분할까요~ㅋㅋ~ 물론 일반목탑인 1~9층탑으로 5개탑이랍니다.
한 탑 석축단높이 푸는데 물경 2년씩이나? 이 5개탑의 각 석축단높이에 한번 도전해 보이소. 용기가 필요하실 겁니다~ 멋쟁이 소리 듣겠죠~ㅎㅎ~ 근디, 5개탑 석축의 석축높이 자체도 모르는디~ 안 됐네요! 스스로 계산해 내이소~ㅎㅎ~

이 석축단높이를 스스로 푸실 수 있으신 분은 신라탑을 해독할 수 있는 능력을 갖추신 분이랍니다!

② 공통수

이런저런 쓰잘데기 없는 이바구하다보니 엄청 중요한 석굴암의 공통수를 깜빡했네요.
제가 요즘 이렇게 와따리 가따리 한답니다. 이 석굴암의 공통수 구하기가 조금 애매하답니다. 1층탑이긴 한데 9층탑석축이 옮겨온 묘한 건축물이랍니다. 이럴 경우는 9층탑의 공통수를 따라야 할까요, 아님 1층탑의 공통수를 따라야 할까요? 저는 9층탑의 공통수를 따르겠습니다. 느낌이 9층탑 느낌이 쪼께 더 들거들랑요!

그런데, 이 9층탑의 공통수를 어떻게 구하죠. 9층탑을 보면 된다구요? 정가는 욕심이 많아 안 보여줄 낀데요. 보여주면 저하고 동급이 되잖아요~ㅋㅋ~
제가 9층탑을 보여 드리지도 않는데 우찌 알아낼까요? 걱정하지 마이소. 저희들은 이빨이 없으면 잇몸으로라도 풀어낼 겁니다.

방금전 석축을 보셨을 겁니다. 간단하게 한번 더 볼까요

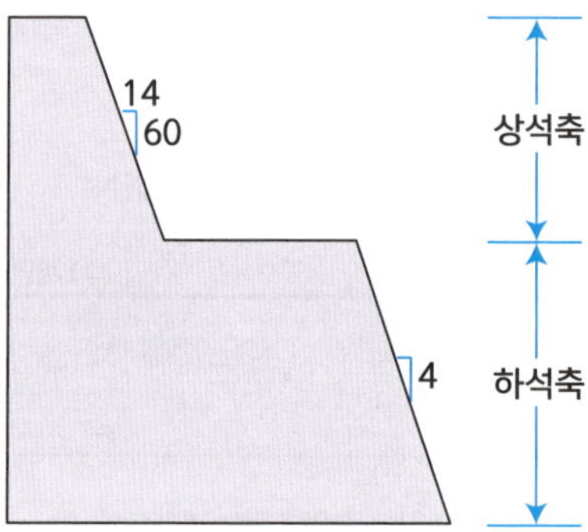

[그림 90] 석굴암 석축의 외부경사각(기울기)

보시면 석축외부경사면에 경사각(기울기)이 표기되어 있을 겁니다. 보신 기억나시나요? 숫자만 나오면 하도 헷갈려서 못 봤다구요! 그럼, 벌칙으로 앞장을 한번 더 보이소~
열심히 공부(?)하지 않으시면 벌칙도 내린답니다!

자세히 보시면 경사각(기울기)이 2개가 있을 겁니다. 4각(⊿4 하석축 외부각)과 이상하게 생긴 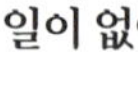 각(상석축 외부각)이 있을 겁니다. 제가 왜 이 경사각을 표기해 두었을까요? 제가 할 일이 없어서 써놓았을까요? 저도 알고보면 바쁜 놈이랍니다? 이유가 다 있을 겁니다.

그런데, 이 각이 무엇을 의미할까요.
바로 이 하석축각인 4각(⊿4)이 지붕의 처마각과 같은 각이랍니다.

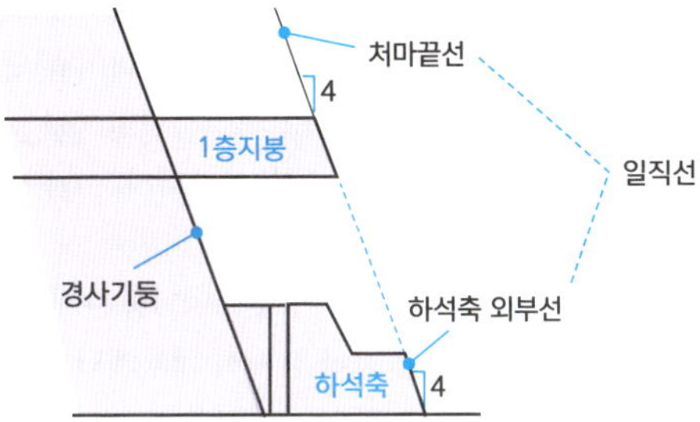

[그림 91] 처마끝선과 하석축외부선이 일직선 개념

그림에서 보시듯 지붕끝선을 연결한 선이 일직선으로 하석축외부선과 일치한답니다. 보시니 처마각이 4각(⊿4: 밑변(윗변)과 수직변 길이의 비가 1:4라는 의미임. 숫자각임. 정식표기는 ⊿60/15 임) 이네요.

그럼, 공통수는 금방 나올겁니다. { 기본수 B = 경사기등각 x 지붕각 / 공통수 C = 기본수 x 3 } 간단하죠

∴ 9층탑(석굴암)의 공통수는 { 기본수 B = ⊿5(경사기둥각) x ⊿4(처마각) = 20 / 공통수 C= 기본수 x 3 = 20 x 3 = 60 } 공통수가 60이네요

☆계산시 ⊿(경사각 표시기호)는 무시하세요.

묘하게도 석굴암은 경사기둥이 없답니다. 즉, 석굴암은 가상경사기둥각이 되겠죠. 이 공통수는 가상의 수로 단위가 없답니다. 필요에 따라 넣으시면 된답니다. cm를 넣어보면 60cm가 되겠죠. 60cm(C)÷4(나눔수)=15cm가 나오네요. 바로 이 석굴암의 계단단높이(R)는 R=15cm가 된답니다. 석축외부각도만 보고도 계단 단높이를 알아낼 수 있답니다~
귀신에 홀린 것 같다구요~ 정답이네요~ㅎㅎ~ 참고로, 경사기둥각(⊿5)은 처마각(⊿4)보다 1이 크답니다. 물론, 수학적으로(산수적인가?) 증명이 가능하답니다.
또한 상석축 외부각(14/60)도 계산으로 알아낼 수가 있답니다.

신라일반목탑은 이 경사각(기울기 각도)이 있어서 기본적으로 모든 치수계산이 가능하답니다. 신기하실겁니다~ 신라탑은 '개인생각 침투불가 건축물'이랍니다~ㅎㅎ~

경사기둥각이 왜 처마각보다 1이 더 크고, 상석축 외부각이 어떻게 나왔는지 궁금하신 분은 직접 풀어보시거나 그래도 잘 안 풀리시면 제가 펴낸 "탑의 신비를 찾아서"를 참조하십시오. 아주 상세하게 나와 있을겁니다~ 요때! 제 책 선전(?)도 좀 해야겠죠~ 부끄부끄~
그리고, 이 계단단높이(R)는 높이치수를 지배한다고 보시면 된답니다.

지하층의 각 높이들을 이 계단 단높이가 지배하고(R의 배수) 있는지도 한번쯤은 검토해 보셔야겠죠.

그런데, 공통수에 문제가 하나 있답니다. 지하층이 아닌 1층이겠죠.
실제론, 1층 일반목탑의 공통수는 C=⊿9x⊿8x3=216으로 R=0.18이 된답니다. 이 반달탑의 1층을 1층일반목탑으로 보느냐 아니면 지하층을 따라서 9층일반목탑을 따르느냐의 관점에 따라서 이 1층의 공통수(즉, 계단단높이)가 바뀔 수도 있답니다. 그래서. 1층의 단높이(R)는 R=0.15로 할 수도 R=0.18로도 할 수가 있답니다.
그런데, 다행인 것은 석굴암은 지하층은 내부계단이 없으며, 1층은 행운인지 1층에 내부계단이 있긴 있지만 hatch계단(꼭대기문 계단) 개념이 강해서 내부계단으로 분류하기도 조금 그렇네요. 그래서 석굴암의 1층내부계단도 기본적으로 지하층과 같이 R=0.15를 기본으로 접근을 할 겁니다. 그래도 모든 경우의 수를 고려해서 R=0.18로도 검토정도는 해야겠죠.

제가 공통수 얘기를 하니 눈치 9단이신 분은 벌써 눈치를 채셨을겁니다.
정가 놈이 계단 얘기를 할려나 보다~ㅎㅎ~

③ 외부 진입계단
지하층 출입구가 동쪽에 있다는 건 1층으로 올라가는 계단이 남쪽에 있다는 걸 의미하겠죠.
아잉가!~ 생각나름~

이 석굴암은 9층탑 석축의 축소판이다 보니 석축높이가 물경 9m가 되니 외부계단 길이가 무지 길답니다. 무려 20.7m나 되네요. 그나마 천운인지(?) 4방향진입계단이 아니라 1방향진입계단(외 외부계단)이랍니다. 그런데도 1층탑 개념으로 보면 아주 긴 외부계단이랍니다.
토함산 꼭대기에 와 이리 긴 외부계단이 필요하죠.
힘든 걸음으로 산꼭대기까지 올라오셨으니 조금 더 걸으시라고요~ 성깔 좋죠~ㅎㅎ~
물론, 지하층에서 모든 소원을 빈 뒤 1층에서 또 한번 더 빌고 휴식차 지붕까지 올라가서 동해를 바라보라고 아마 길게 외부계단을 만드신 것 같네요.
다행히도 요즘은 입구까지 차가 올라갈 수 있게 되어 있답니다.

이 외부 진입계단 구조는 9층탑과 동일하답니다. 계단 단높이(R)가 R=15cm이며 계단폭도 6.3m로 똑같답니다. 당연히 계단참 밑에도 굴(tunnel)을 낼 겁니다.

이 외부계단이 조금 특이하니 한번 보실까요.

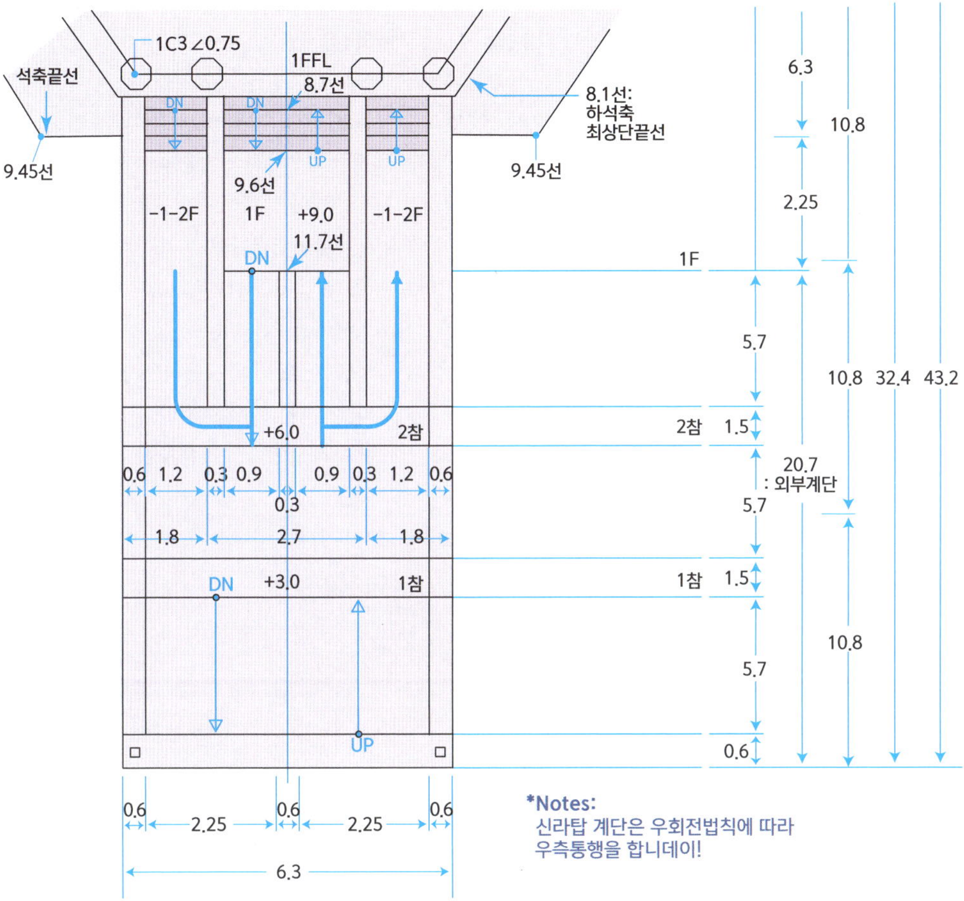

[그림 92] 반달탑 1층진입 외부계단

보시듯이 2참에서 -1-2F 가는 친구와 1F로 가는 친구가 갈라진답니다. 2참 윗쪽으로는 9층탑과 조금 다르네요(9층탑도 석굴암과 똑같이 할지도 모른답니다).

1F 가는 건 이해하겠는데 왜-1-2F(지하층의 2층)에 가는지는 잘 모르겠네요.

-1-2F에도 부처님을 모셔 놓았나. 부처님을 모실까요? -1-2F에도 최소한 통로는 있으니 내부면(상석축쪽)에는 뭔가를 모실 공간은 충분하답니다.

단, dome개구부(창문)가 있으니 주의하셔야 됩니데이.

✿ 정수 직각삼각형의 원리를 아시나요 ✿

혹시, 학교다니실 때 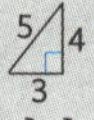 3:4:5가 직각삼각형이라는 말을 들어보셨는지요. 그걸 모르는 사람이 어디 있느냐꼬요? 맞습니다. 다들 알고 계실 겁니다. 선생님께서 3개는 외우라고 말씀을 하셨을 겁니다. 이 3개를 분명히 외웠었는데 3:4:5밖에 생각이 안나더랍니다. 세월이 날 바보로 만들어 버렸네요. 우여곡절 끝에 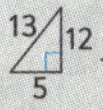 은 생각을 해내었는데 1개는 도통 생각이 나질 않더랍니다.

세월이 이렇게 흘렀나? 안타깝죠. 그래서, 이 생각나지 않는 한 놈을 알아내야겠다고 생각했답니다. 왜 알아내어야만 할까요? 간단하죠. 신라건축물과 관련이 있기 때문일 겁니다.

그런데, 어떻게 알아낼 수가 있을까요? 그래서 제가 신라건축물을 풀 때 가끔 사용하는 법칙(공법?)을 이용해서 풀면 되겠구나라고 생각했답니다. 세월이 날 바보로 만들기도 했지만, 한편으론 이 세월이 절 영악(?)하게 만들어도 주네요. 어떻든 흐르는 세월이 그리 밉지마는 않은가 봅니다? 두 눈을 똑바로 뜨시고 정신을 차리셔야 속지 않습니데이?

제가 좋아하는 법칙을 적용해 봐야겠죠. 방법은 단 한가지 뿐일 겁니다.

제가 알고 있는 두 직각삼각형의 숫자를 이용해야겠죠.

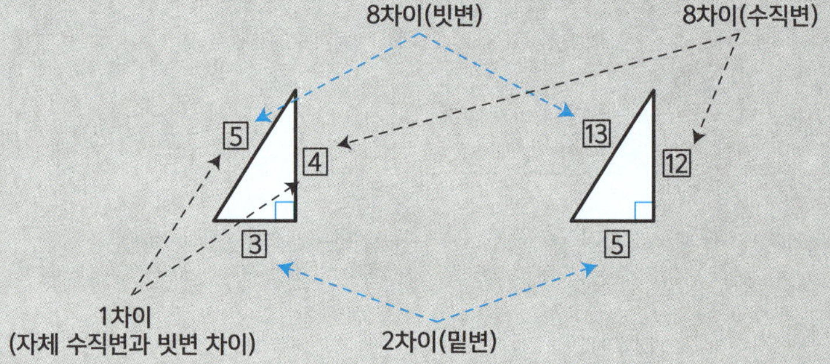

[그림 93] 3:4:5와 5:12:13의 각변의 숫자차이

두 직각삼각형을 유심히 보시면, 밑변의 숫자차이는 2랍니다. 수직변과 빗변의 숫자차이는 각각 8차이랍니다. 각각의 직각삼각형의 자체 수직변과 빗변의 숫자차이는 1차이랍니다.

2개의 정수직각삼각형으로 일단 어떤 법칙을 찾아내었답니다. 어떤 법칙이 있다는 걸 살짝 인지했으니 그다음 것 푸는 것은 눈 감고도 가능할 겁니다.

그래도 눈은 뜨이소.

그럼, 다음 또 다음의 정수 직각삼각형을 같은 법칙으로 풀어볼까요.

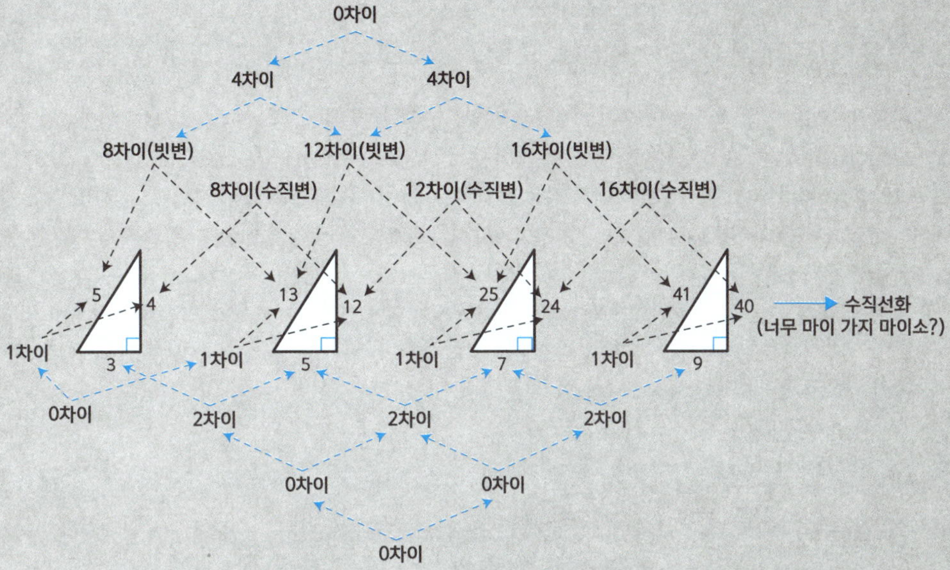

[그림 94] 정수 직각삼각형의 각변의 숫자차이

위를 보시면 각 숫자 차이의 차이를 계속하면 마지막에는 반드시 0의 차이가 난답니다. 원인과 이유는 알 수는 없습니다만 그렇게 나온답니다. 신라탑을 풀면서 어떤 숫자들이 나올 때 이 공법을 즐겨 사용하며, 하다보면 아주 재미있답니다. 근데, 이걸 공법이라고 해야하나?

이해가 되십니까. 그림이 너무 난해하답니다. 말로 표현하겠습니다.

(1) 각 직각삼각형들의 이웃간 밑변은 2차이로 고정불변입니다.

(2) 수직변

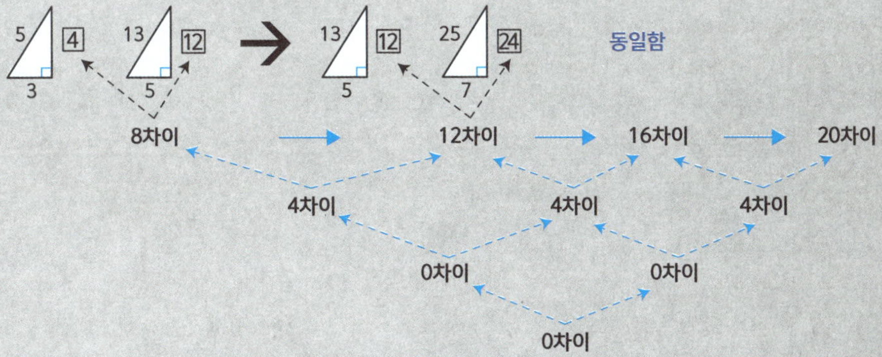

[그림 95] 4 차이씩 커지는 수직변

즉, 수직변은 4차이(@4)씩으로 점점 커진답니다. 예를 들면, 3:4:5와 5:12:13에서는

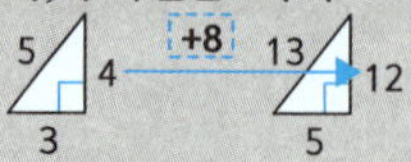

이웃한 수직변이 4에서 12로 8이 늘어난답니다.

5:12:13 직각삼각형과 7:24:25 직각삼각형에서는 이웃한 수직변이 12에서 24로 12가 늘어난답니다. 앞쪽 직각삼각형에서보다 4씩 증가한답니다.(점층공법?) 즉, 증감계수가 @4랍니다.

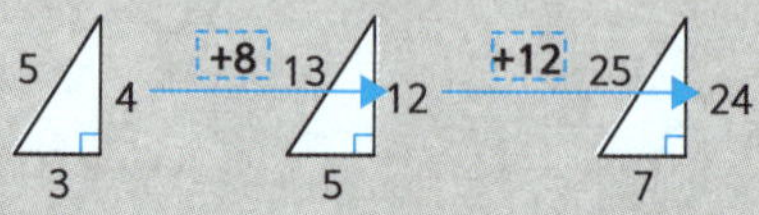

(3) 빗변

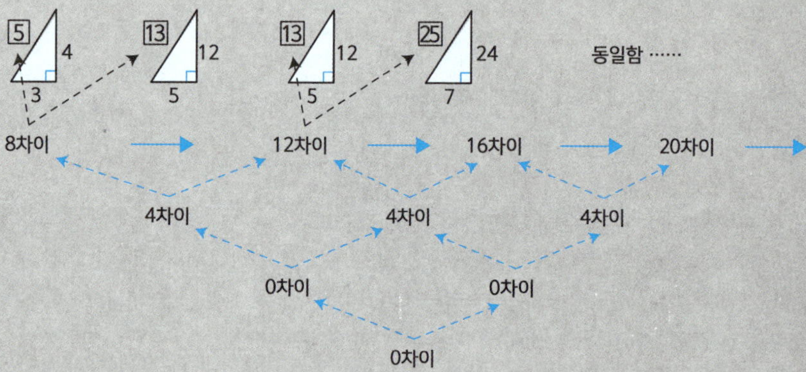

[그림 96] 4 차이씩 커지는 빗변

빗변도 수직변과 똑같이 4차이씩으로 점점 커지네요.

예를 들면, 3:4:5와 5:12:13에서는

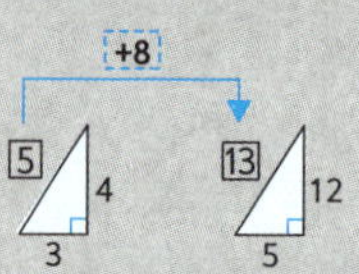

빗변이 5→13으로 8이 늘어난답니다.

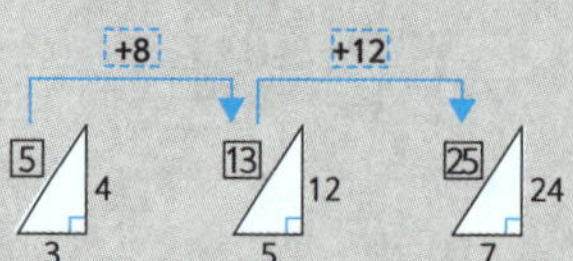

다음 단계인 5:12:13에서 또 다음 단계인 7:24:25가 될 때에는 빗변이 13→25로 12(8+4)가 늘어난답니다.

(4) 각각의 직각삼각형의 수직변과 빗변의 숫자차이는 자체적으로 1차이가 난답니다.

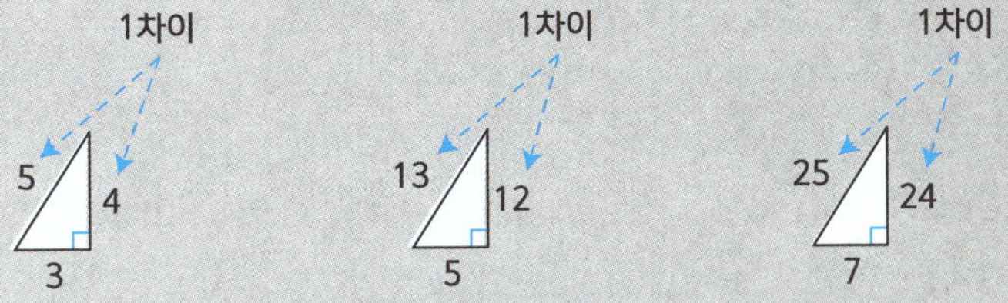

[그림 97] 직각삼각형의 수직변과 빗변의 숫자차이

희한한 정수 직각삼각형의 법칙이랍니다. 안 속으셨죠? 더 재미있는 것 한번 더 구경하실래요? 이건 500냥 받아야 되는디~ㅋ

앞에서는 3:4:5보다 큰 직각삼각형을 봤는데 더 작은 직각삼각형이 있는지 없는지는 모르겠지만 이 더 작은(?) 직각삼각형도 정수직각삼각형이 될 수도 있잖아요. 아닝가?

정신 똑바로 차리시지 않으시면 홀라당 속으실 수도 있답니다?

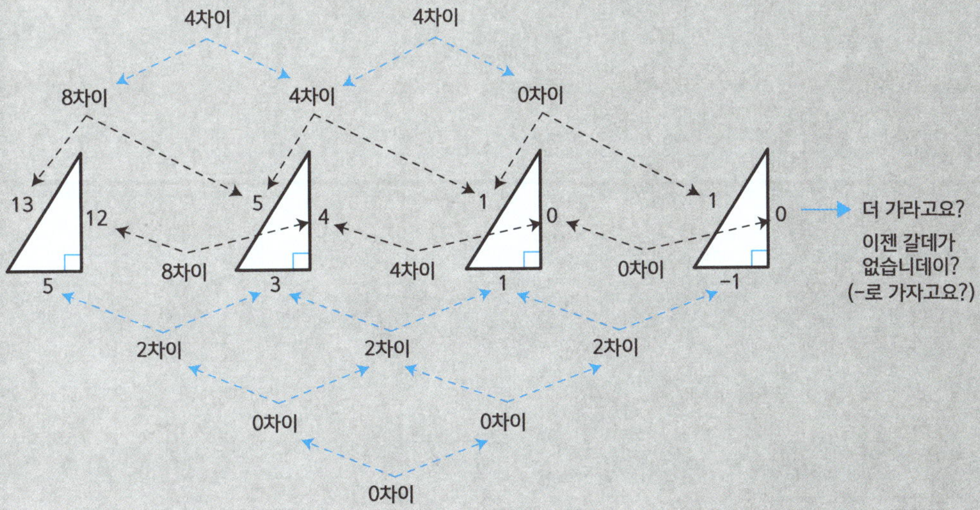

[그림 98] 3:4:5 보다도 작은 정수 직각삼각형의 숫자차이

3:4:5보다도 작은 정수직각삼각형도 다 있네요. 저도 대가리털나고 처음 보네요.

1:0:1과 -1:0:1 두 가지의 정수직각삼각형이 더 있답니다. 아마 이런 직각삼각형은 처음 보실 겁니다. 아니 이런 것도 다 있나? 과연 직각을 떠나서 삼각형으로 분류 자체가 될 수가 있을까요?

다만 저는 어떤 법칙을 똑같이 적용만 했답니다.

어떤 법칙에 따라서 나온 결과니까 분석을 해 보셔야죠?

1:0:1 삼각형을 분석해 봅시다.

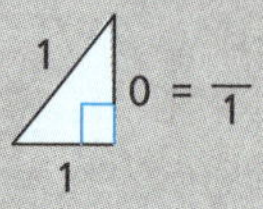

밑변이 1 이라는 치수를 갖고 있으며 빗변도 1이라는 치수를 갖고 있답니다.
다만 높이가 0으로 없네요. 즉, 빗변이 밑변과 겹친답니다.
결과적으로는 ⊤ 로 밑변만 1이 되는 수평선이랍니다. 지평선이 아입니데이?

그럼, -1:0:1의 삼각형은 또 어떻게 생긴 놈일까요?

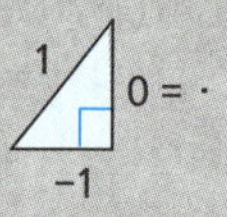

이놈이 아주 더 재미있는 놈이랍니다. 높이가 없으니 빗변 1이 땅바닥에 딱 달라붙는답니다. 그리고, 빗변 1 이라는 치수를 이 땅바닥에 딱 붙어있던 밑변 -1 이라는 놈이 싹 까먹어 버린답니다. 즉, 밑변도 0이되고 빗변도 0이 되고 높이도 0이 된답니다.

아무것도 없네요? 이놈의 정체가 뭘까요. 바로 0이라는 점이 된답니다? 사실은 0 이라는 점은 없을 겁니다. 점은 무차원이겠죠. 선도 면적도 부피도 아무것도 없는 그냥 가상의 점일 뿐이랍니다. 혹시 점을 보신 분이 계십니까? 혹시 보셨다면 귀신~ㅋ
즉, -1:0:1이라는 정수직각삼각형은 0이라는 점(?)이 된답니다. 바로 직각의 꼭지점인 점이 된답니다. 아무리 속지 않으려고 노력하셔도 속게되어 있답니다. 맞을까요. 속았을까요?
각자 판단하십시오.

한번 홀라당 속으셨으니(?) 역으로 점에서 정수 직각삼각형을 한번 만들어 보셔야겠죠. 볼까요.

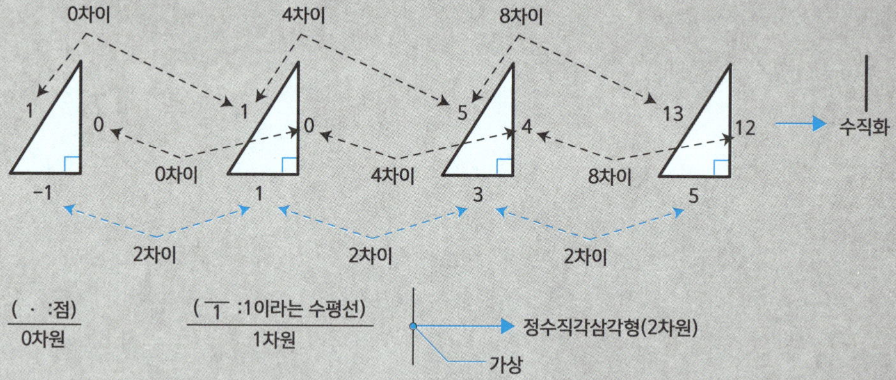

[그림 99] 점에서 정수 직각삼각형으로의 진화과정?

맞는 것 같나요? 제가 해 놓고도 헷갈리네요. 바로 0차원인 점이 big bang(?) 하여서(점은 질량(energy)이 없으므로 big bang 못합니데이) 정수 직각삼각형이 된거랍니다. 못 믿겠다고요. 믿든지 말든지? 즉, 차원으로 치면 0차원에서 1차원을 거쳐서 2차원화하여 정수 직각삼각형이 만들어 진거랍니다. 맞긴 맞나?
이제까지 요곤 몰랐을 겁니다. 근데 500냥 받아서는 본전치기도 안되는데? 확 올려서 1000냥을 받을까요? 샘요! 다음에는 외우라고만 하지 마시고 원리도 좀 알으켜주이소? 근데 다시 학교를 갈 일이 없는디 우짜죠. 이젠 어떤 분이라도 정수 직각삼각형의 원리를 알았으리라 믿습니다. 제가 이 정수 직각삼각형을 알아낼려고 했든 이유는 석굴암의 다양한 Arch를 풀기 위해서였답니다. 높이가 낮고 폭이 넓으면(납딱직사각형류) 5:12:13 정도의 Arch면 충분하답니다. 석굴암 출입구등 넓은 곳은 5:12:13이면 Arch 초점이 바닥에 잘 맞아 떨어진답니다.

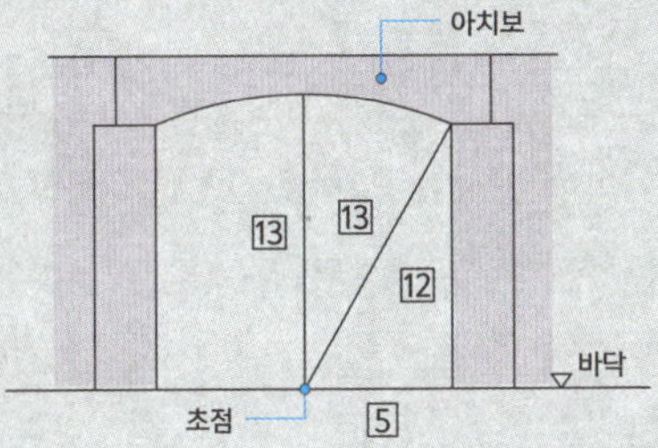

[그림 100] 석굴암 정면 Canopy Arch : 정수직각삼각형

그러고 보니 5:12:13은 일반 정사각형에 가깝네요. 3:4:5가 더 납작하네요.
이 3:4:5도 석굴암 어딘가에 있을 겁니다.

그런데 높이가 높고 폭이 좁은 통로(위로 길쭉 직사각형)같은 경우는 Arch 초점을 바닥에 맞추기가 너무 어렵답니다.(초점을 공중에 매달지 않는 이상)

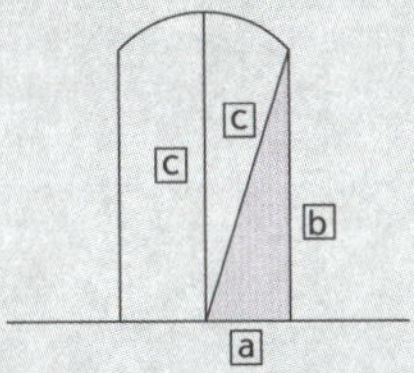

[그림 101] 좁은 통로의 경우

이럴 경우는 b와 c의 숫자가 크야만이 Arch 초점이 바닥에 맞게 떨어진답니다.
예를 들면 7:24:25 라든가 더 큰 9 :40:41의 정수 직각삼각형을 써야만 한답니다.

물론, 이 정수 직각삼각형의 법칙을 알고 계시는 분들도 계시겠지만, 제가 놀란 것은 신라인들이 이 법칙을 어떻게 알았는지는 모르겠으나 알고 있었으며, 실제로 건축물에 적용했다는 사실이랍니다. 정말 놀라운 신라인들이랍니다. 제가 신라인들 따라갈려다가 몇 번이나 가랑이가 찢어질뻔 했다니깐요. 정말이에요? 거짓말! 우와! 거짓말인지 우찌 알았지? 내가 귀신들하고 같이 놀고 있나?

5. 1층

(1) 석굴암 개념도와 배치도

① 개념도

1층을 보시기 전에 먼저 석굴암의 기본 개념을 살짝 봅시다.

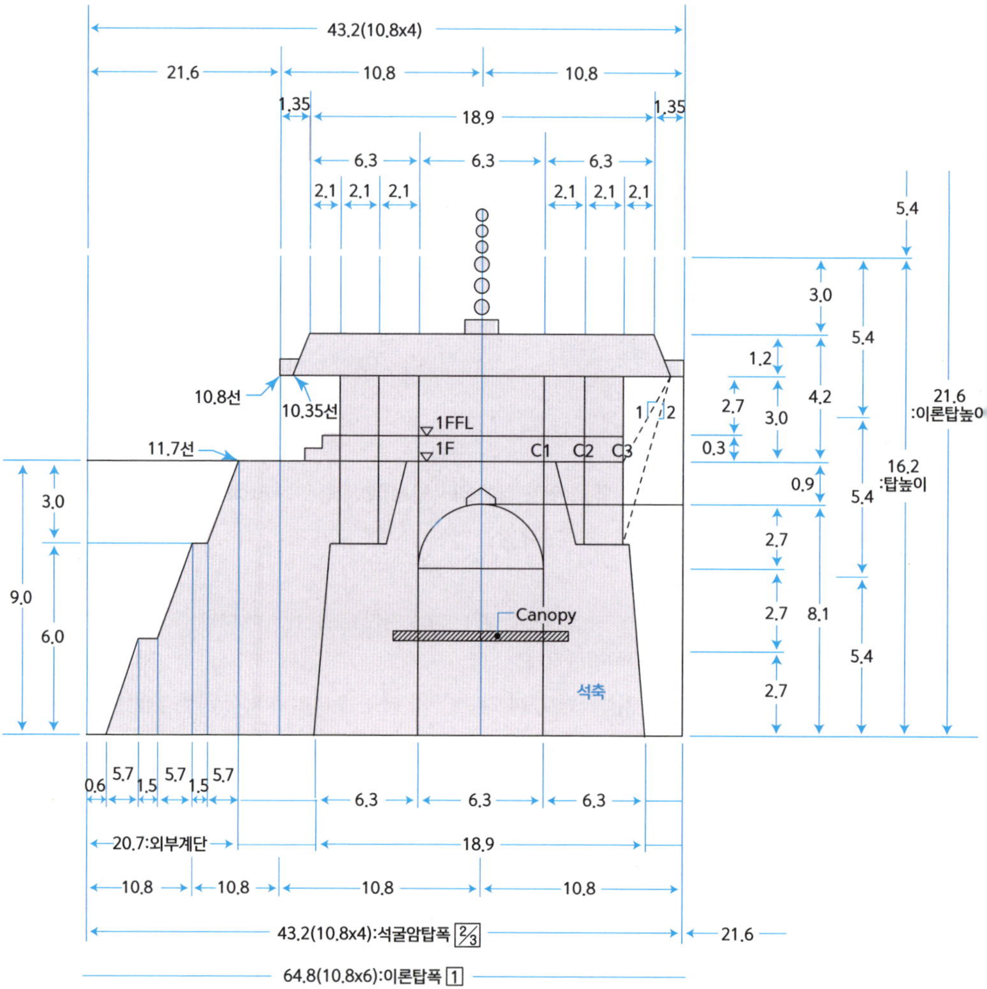

[그림 102] 석굴암 기본개념도

전에도 말씀드렸습니다만 한번 더 복습합시다. 눈에 익을수록 좋을 겁니다.
1층 일반목탑의 순수이론규격은 64.8x21.6이랍니다(규격은 폭이 먼저 나오고 높이가 뒤에 옴). 그런데, 반달탑은 외부계단이 1면에만 있으므로 반쪽인 32.4와 몸통 반쪽 10.8을 더하면 탑폭은 32.4+10.8=43.2가 된답니다. 높이는 21.6에서 5.4가 적은 16.2(반쪽폭 32.4÷2=16.2)가 된답니다. 당연하죠. 종교건물이라 관측소가 없기 때문이랍니다.

그래서 변형1층 일반목탑인 반달탑은 43.2x16.2가 된답니다.
앞 그림을 보시니 모양새가 좀 그렇죠? 폭을 줄이다보니 지멋대로라 볼품이 없네요. 그래서 수작업으로 그린 정식도면(?)도 한번 보셔야겠죠.
근디, 제가 그림 솜씨가 조금 그렇더라도 이쁘게 봐주이소.

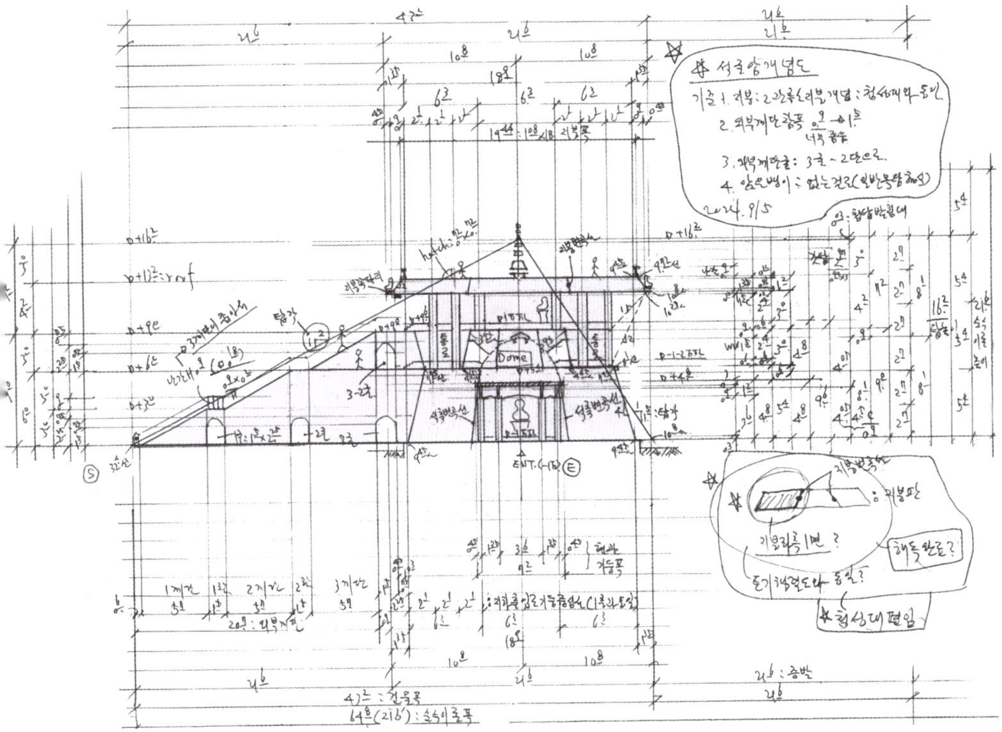

[그림 103] 석굴암 개념도

큰 도면은 책의 뒷부분 원본도면 No. 04(213page)를 보세요.

Notice 원본도면 No.04 석굴암 개념도

② 배치도

보는김에 배치도도 잠깐만 봅시다. 지하층과 1층기준으로 간단히 보겠습니다.

a. 지하층 기준 배치도

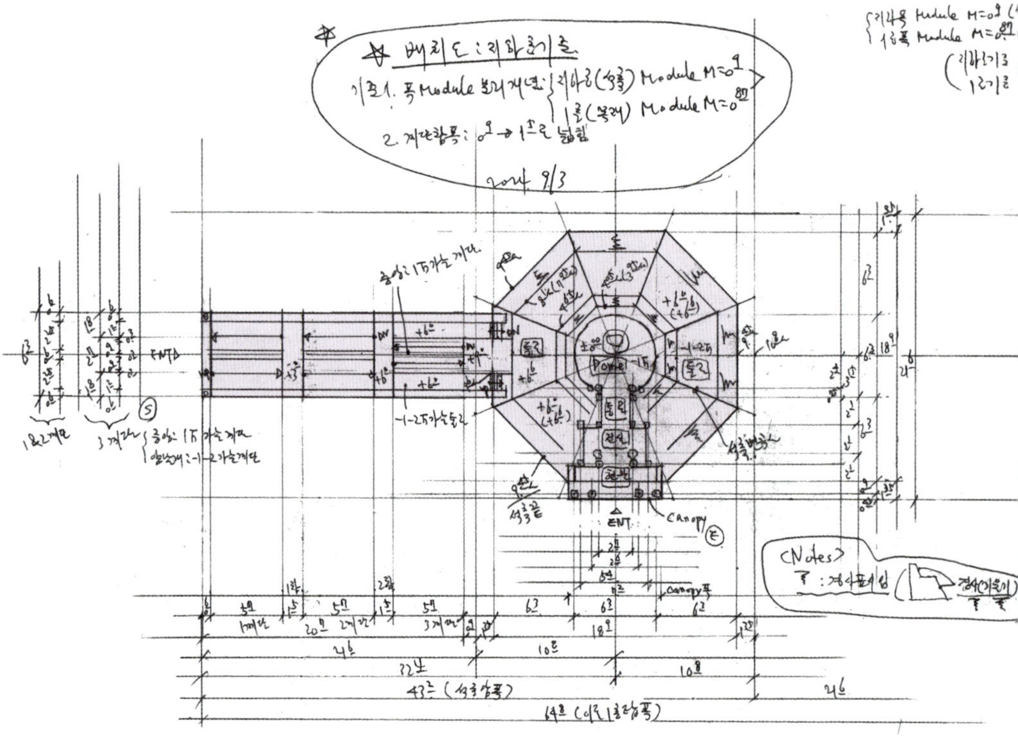

[그림 104] 배치도 : 지하층 기준

큰 도면은 책의 뒷부분 원본도면 No. 05(215page)를 보세요.

Notice 원본도면 No.05 배치도 : 지하층 기준

b. 1층 기준 배치도

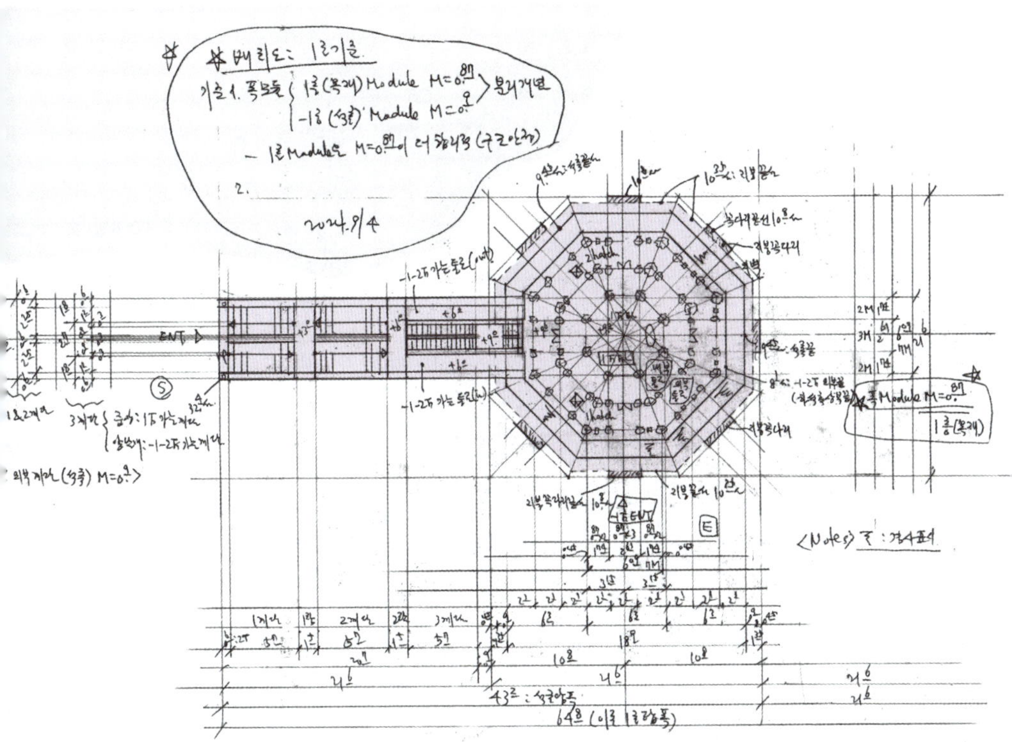

[그림 105] 배치도 : 1층 기준

큰 도면은 책의 뒷부분 원본도면 No. 06(217page)을 보세요.

Notice 원본도면 No.06 배치도 : 1층 기준

(2) 1층 단면도와 평면도

① 1층 단면도

1층 단면도를 한번 볼까요.

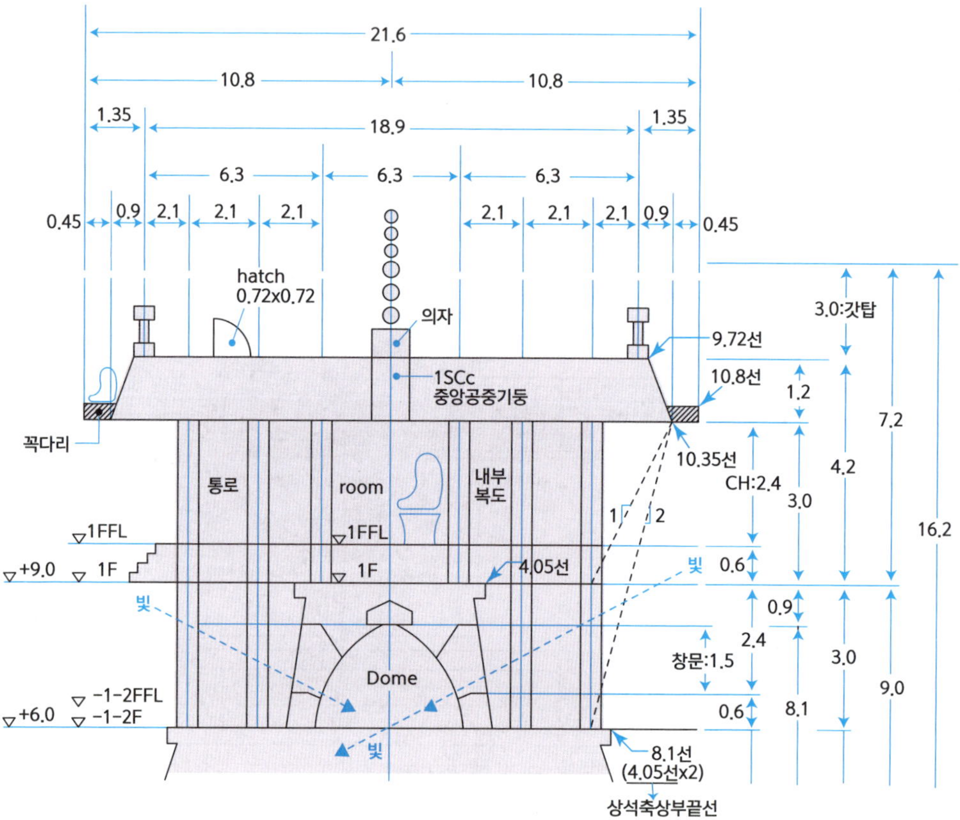

[그림 106] 반달탑 1층 단면도

1층의 실제 바닥은 1FFL로 1F에서 0.6(4단) 높은 곳에 있답니다. -1-2FFL도 같은 개념이랍니다. 1층 단면도를 보시면 C2, C3기둥이 -1-2F 바닥까지 내려오니 -1-2F도 같이 등장하네요. 1층을 보시면 지하층과 마찬가지로 중앙기둥(Cc)이 없으며 중간에 폭 6.3m의 8각 방이 하나 있으며, 그 주위를 복도와 통로가 2중으로 감싸고 있답니다. 갓탑을 세우려면 중앙기둥이 있어야 하므로 지붕 정중앙에 공중 중앙기둥(1sCc)을 만들겁니다. 이 공중 중앙기둥은 강한 보의 지원을 받을겁니다.

그림의 우측 1층 지붕끝을 보시면, 1·2우수선이 보이실 겁니다. 1우수선은 1층 외부기둥 중심선에 오며, 2우수선은 -1-2F 외부기둥 중심선에 온답니다. 저는 이 1·2우수선이 동시에 나오면 괜히 기분이 좋아진답니다. 다보탑에서도 1·2 동시우수선을 보실 수가 있을겁니다. 사실, 1층 기둥을 세울 때 석축폭과 잘 맞아야 할텐데 하고 고민을 많이 했었는데 희한하게도 귀신같이 위치를 잘 잡더랍니다. 아마 귀신이 기둥위치를 잡아도 이렇게 완벽하게 자리잡긴 힘들겁니다~ 가짜 귀신인가?~ㅋㅋ~

② 1층 평면도

1층 평면도도 잠깐 보고 가셔야죠.

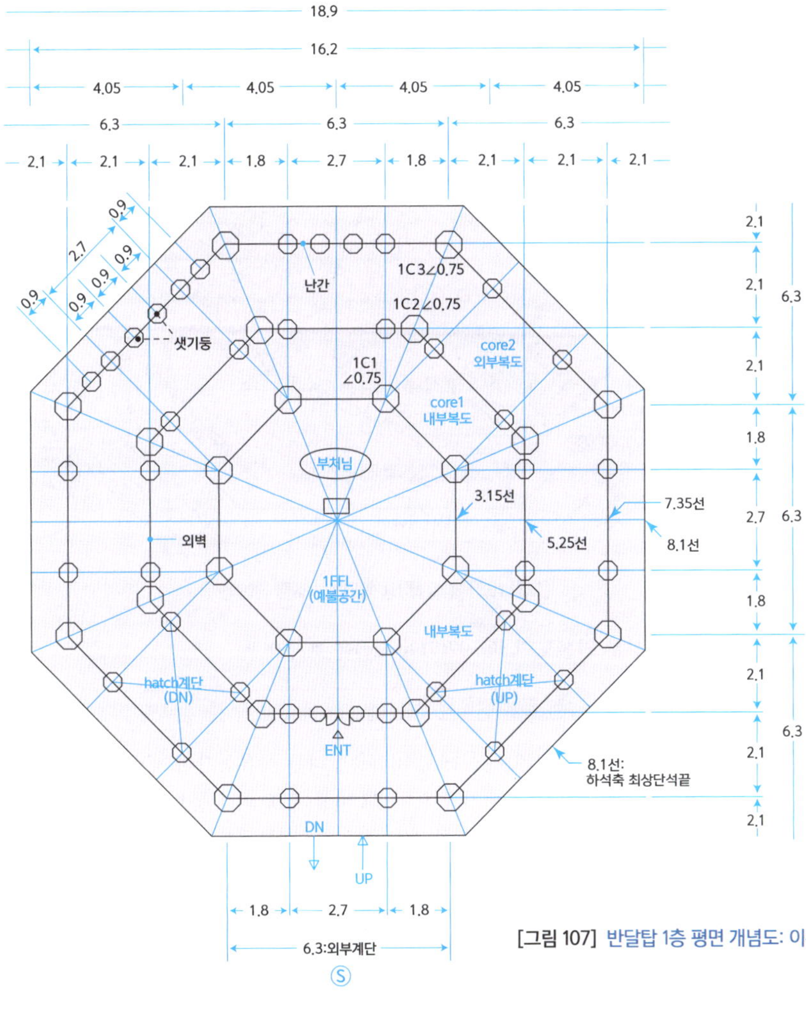

[그림 107] 반달탑 1층 평면 개념도: 이론안

CAD로 그리니 조금은 딱딱하게(?) 느껴지실 겁니다. 제가 조금 진화(?)시켜 손으로 한번 그려 봤답니다. 조금 부드럽게 느껴지시나요? 억수로 못 그렸다구요! 괜히 힘들게 그렸나~ㅋㅋ~

어찌되었건 손을 좀 본 1층 평면도도 봅시다.

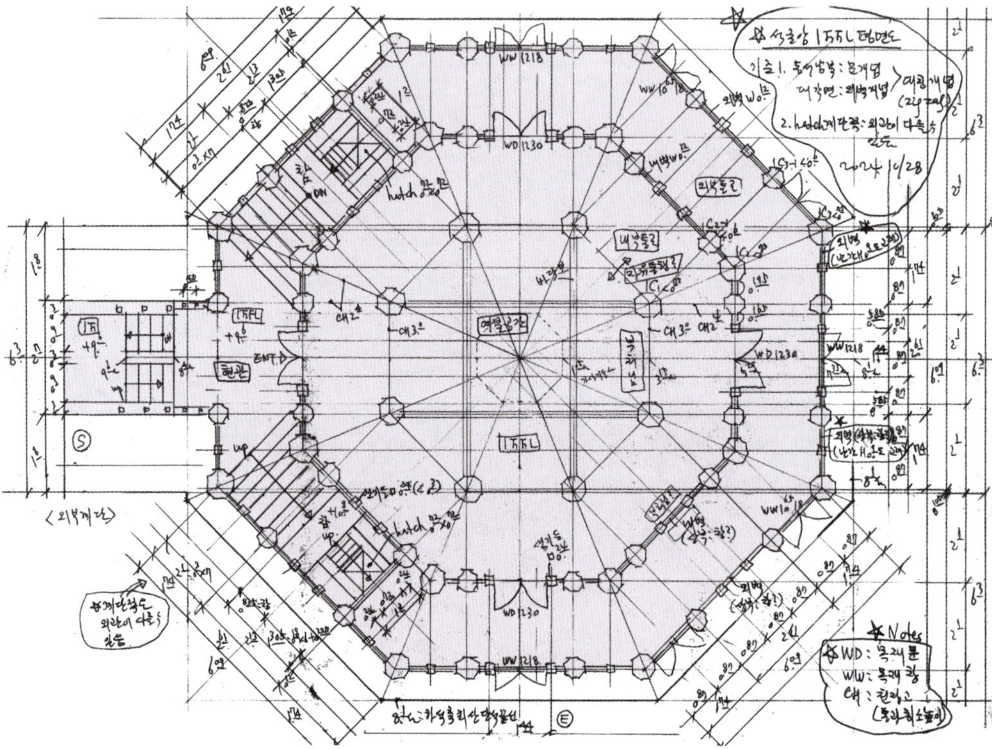

[그림 108] 반달탑 1층 평면도 : 조금 진화형(?)

큰 도면은 책의 뒷부분 원본도면 No. 07(219page)을 보세요.

Notice 원본도면 No.07 반달탑 1층 평면도

1층은 부처님이 남쪽을 보고 계시네요. 그래도 지하층보다는 여유공간이 제법 있답니다. 중앙은 예불공간이며 그 주위로 내부복도가 있으며, 그 바깥에 또 외부 통로가 있는 묘한 구조랍니다. 이런 2중복도구조에서 어느 것이 통로(passage)고 어느 것이 복도(corridor) 일까요?~

헷갈리게 되어 있네요~ 근데, 뭐가 복도고 뭐가 통로죠? 이것조차 헷갈리네 ~ㅋㅋ~

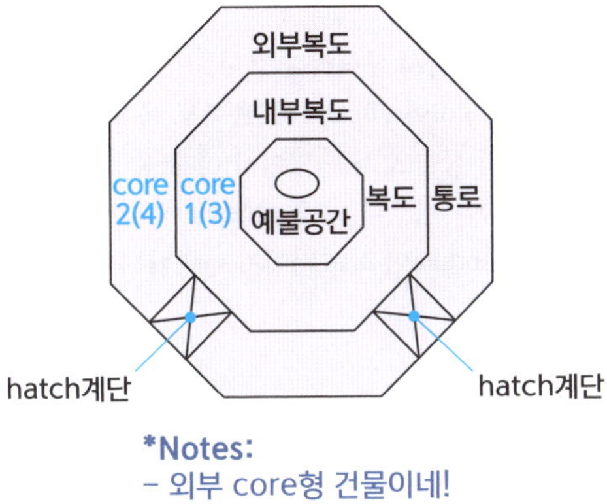

[그림 109] 1FFL 평면공간개념
: core1을 중앙에서부터 분류시 core3으로도 분류 가능함.

위 도면의 1층평면 공간개념이 아주 간단하죠. 근데, 실제 도면은 복잡하네요 ~ㅎㅎ~

두 통로중 한 통로 정도는 이용도 가능할 것도 같답니다. 복도와 통로에도 부처님을 모실까요? 지하층의 벽부조처럼! 저희들로서는 알 수 있는 방법이 별로 없네요~ 내불만 잔뜩 있노! 외불도 있어야지 ~ㅎㅎ~

그리고, 통로외부(제일 외부) 쪽에 난간 설치를 할려고 생각했었는데, 아무리 생각해봐도 외벽 (창문포함)으로 하는 것이 더 안전할 것 같네요.

③ 1층이 8각 3칸비례(2:3:2)

그리고 최근에 석굴암 1층평면도를 다시 분석하다 보니 묘한 것을 더 알게 되었답니다. 저는 석굴암 지하층의 폭 개념(폭 module)이 90cm라서 1층폭도 폭 module(기준이 되는 치수)이 90cm인 걸로 생각했답니다. 그리 심한 오차는 없어서 이게(폭 module 90cm) 맞는 걸로 생각을 했었는데, 다시 정밀분석(?)을 해보니 1층폭 module이 87cm가 맞겠다는 걸 인지하게 되었답니다. 지하층과 1층의 폭 module이 3cm 차이가 나더랍니다. 저도 처음 접해 보네요.

1층폭 개념을 한번 보실까요.

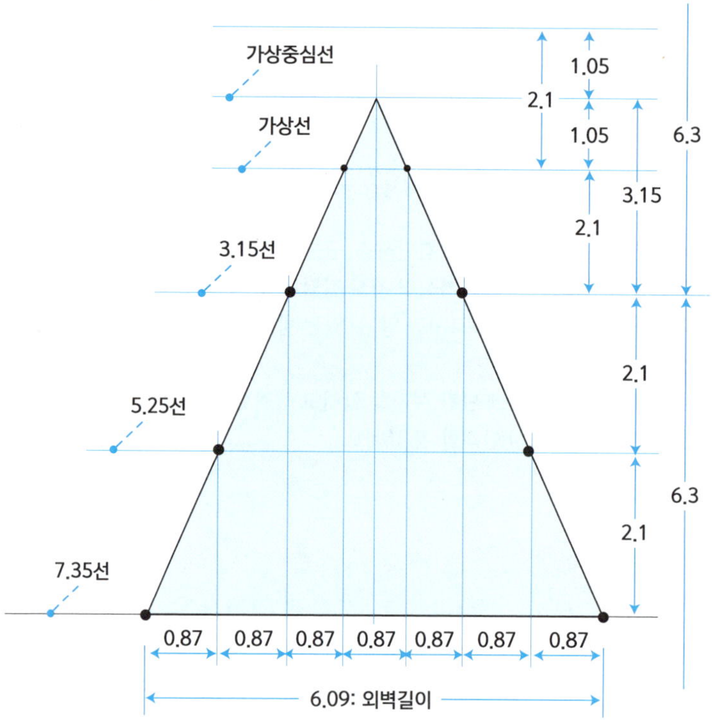

[그림 110] 1층: 1/8면 평면도(외벽: 7칸)

보시면 1층의 한변 외벽길이는 L=2tan 22.5 r=2x0.4142x7.35≒6.0889가 나온답니다. 간단히 외벽길이를 6.09로 하겠습니다. 도면을 자세히 보시면 횡렬폭 2.1m(core폭) 마다 기둥을 설치하면 외벽이 7칸이 나온답니다.

각 칸의 폭을 계산해보면 ℓ=tan22.5r=0.4142x2.1≒0.8698로 간단히 87cm로 하겠습니다.

즉, 외벽길이는 0.87x7칸=6.09가 나오네요(내부의 3.15는 2.1+1.05가 되며, 제일중앙칸도 1.05x2=2.1로 다 같이 2.1이 됨)

다시 기둥중심으로 그려볼까요.

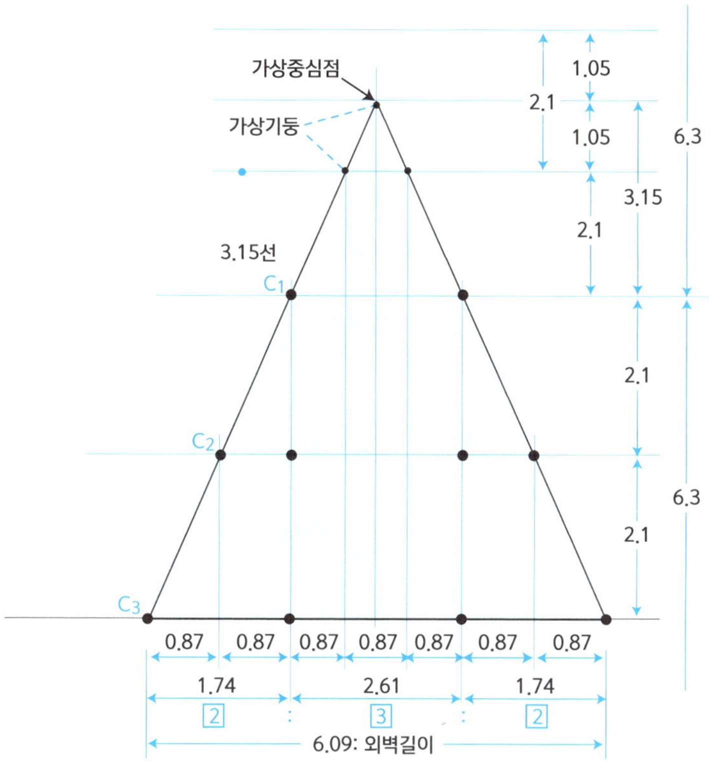

[그림 111] 8각 3칸 비례안(2:3:2)

보시니 희한하게도 3칸비례(2:3:2)가 나오네요(바깥외벽기둥 기준임). 즉, 석굴암의 1층은 8각 3칸 비례 건축물이 되네요.(여기서의 8각은 건물이 8각형을 의미함) 너무나도 완벽한 3칸비례 공법을 사용했네요.

참고로, 많은 분들이 알고 계시겠지만 한번쯤은 생각해봅시다. 절에 가시면 이 대웅전은 다포식 정면7칸건물이라고 들어보셨을 겁니다. 7칸을 모르시는 분은 안계시겠죠. 말 그대로 칸이 7개니까 당연히 7칸 건물이랍니다. 그런데, 이 칸의 개념도 크게는 2가지로 나누어 생각해 볼 수도 있답니다. 저희들이 흔히 알고 있는 등간격공법과 조금은 생소하게 들리시겠지만 비례공법이라는 것도 있답니다.

그림을 그려서 보실까요. 칸 폭을 제일 간단한 정수 m로 표기해 보겠습니다.
(칸폭기준은 외부주기둥 중심간 폭임)

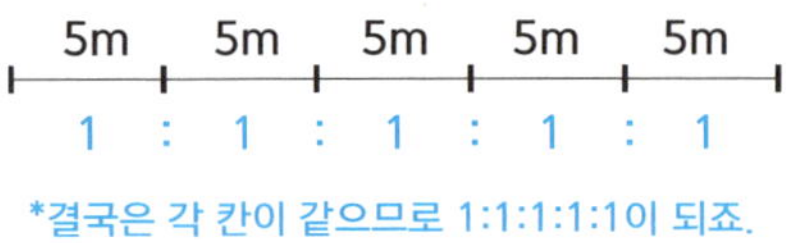

[그림 112] 칸의 등간격공법

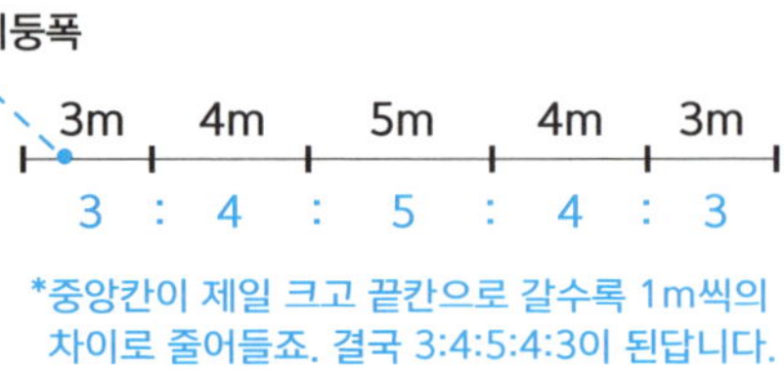

[그림 113] 칸의 비례공법

이 등간격공법은 대웅전이나 일반건물에 제일 많이 사용될겁니다.
그런데, 신라일반목탑은 비례공법을 사용하며, 신라사찰목탑도 사용할 확률이 높겠죠. 보셨듯 칸의 개념도 2개 정도 있다는 것을 알고계시면 유식(?)하다는 말을 들을 수도 있답니다!

(3) 공중중앙기둥

별 희한한 기둥이름도 다있죠. 말 그대로 공중에 매달린 기둥이랍니다? 매달린 기둥이 떨어지면 머리가 쪼께 아프겠죠!
이 반달탑의 지붕에 꼭다리(갓탑과 첨탑)를 달려면 이제야말로 중앙기둥(Cc)이 필요하답니다. 바로 갓탑의 기초판격인 기초기둥인 1SCc가 필요할 겁니다. 즉, 뜬 공중기둥을 매달아야겠지요. 한번 매달아볼까요. 튼튼해야 될낀데~ 1층 바닥으로 쏙 빠져버리면?~ㅋㅋ~
　공중기둥을 잠깐 봅시다.

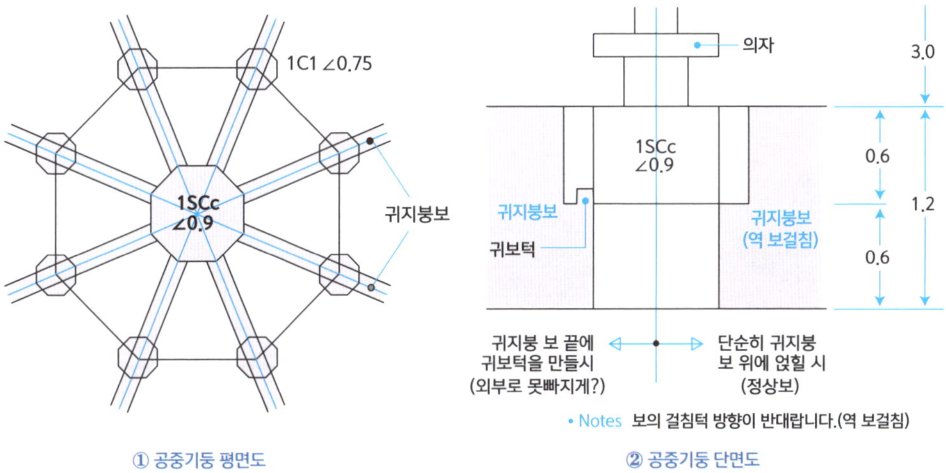

[그림 114] 공중중앙기둥

　8개의 귀지붕보가 이 공중에 떠 있는 갓탑 기초판격인 공중중앙기둥을 강력하게 발쳐줄 겁니다. 보의 걸침턱이 반대(역 보걸침)로 되어야 중앙기둥이 밑으로 쏙 빠지지 않겠죠!
조금 불안해 보이신다구요. 그리 불안한 것 같지가 않은데요! 8개의 귀지붕보가 벌어만지지 않는다면 아무런 문제가 없을 것 같네요. 아예 귀지붕보에 턱을 내어 중앙기둥밑에 걸어서 빠지지 않게 해버릴까요.
　각 기둥들이 귀지붕보가 바깥쪽으로 벌어지지 않게 서로 잘 잡아줘야 되는 것은 확실하답니다(수직기둥만 있을 경우는 모두 다 해당됨).
일반목탑에서는 귀경사기둥이 있어서 어느 정도 임무(벌어짐 방지)를 수행하는데 비해서 이 반달탑은 묘하게도 경사기둥이 보이지가 않네요.

(4) 내부계단겸 hatch(꼭대기문) 계단

이 1층의 내부계단이 조금 애매하답니다. 정식으로 몇단 올라가다가 막바로 hatch 계단이 된답니다. 물론 정식 계단단높이는 지하층과 같이 R=0.15로 할겁니다. 그래서 이 둘을 묶어서 봅시다. 층고가 4.2(1FFL에서는 3.6) 밖에 안되네요. 지붕판이 넓적하니 지붕에 올라갈 수 있는 hatch 계단을 2개소에 만들겁니다. 하나는 올라가는 계단이고 하나는 내려오는 계단일 겁니다. 토함산 꼭대기까지 걸어 올라오셨는데(요즈음은 차로도 올라갈 수 있음) 갓탑 구경도 하고 동해도 한번 바라보셔야죠 ~ 손님 관리 차원에서 ~ㅎㅎ~

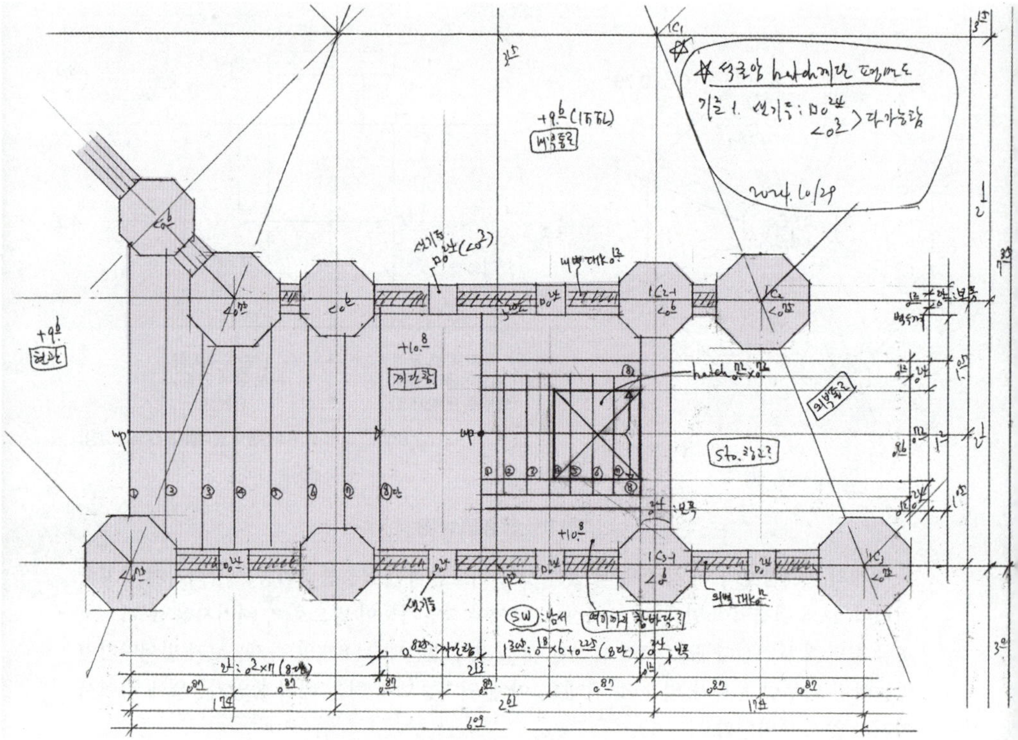

[그림 115] hatch 계단평면도

큰 도면은 책의 뒷부분 원본도면 No. 08(221page)을 보세요.

Notice 원본도면 No.08 hatch 계단 평면도

아주 간단하네요. 참고로, 지하층에서 지붕까지 총계단 단수는 80단이랍니다. 총계단 단수는 일반목탑은 기본적으로 끝수가 0으로 떨어져야 한답니다. 80단: 끝수가 0이 맞네요~ 그럼, 맞는 모양입니다. 검산이 필요없답니다 ~ㅎㅎ~

6. 지붕

지붕 뭐 볼 것 있나요? 그래도 올라오셨으니 구경이나 하고 갑시다.

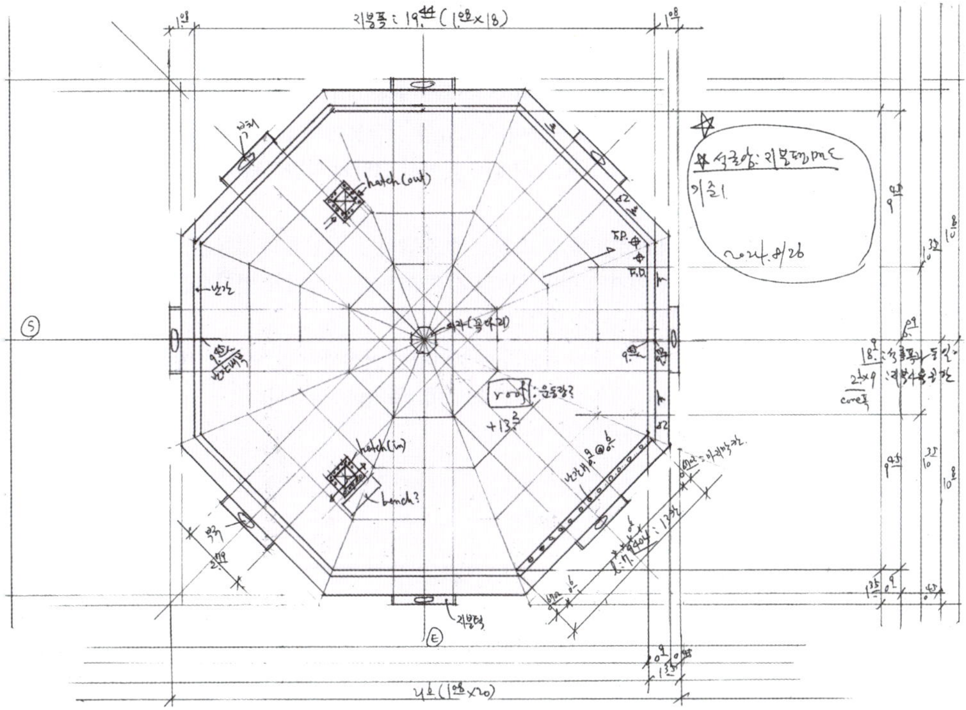

[그림 116] 지붕평면도

큰 도면은 책의 뒷부분 원본도면 No. 09(223page)를 보세요.

Notice 원본도면 No.09 지붕평면도

이 석굴암지붕판은 일반목탑의 관측소바닥판과 같이 평지붕개념이랍니다. 지붕폭과 순수 지붕폭이 재미가 있어서 한번 보실까요.

- 지붕폭: 9.72선(난간 외부끝선) x 2 = 19.44(1.08 x 18)
  - 지붕폭은 1.08의 정배수가 되는 것이 기본원칙임.
- 순수 지붕폭: 9.45선(난간 내부끝선) x 2 = 18.9(1.08 x 17.5)
  - 석축총폭(18.9)과 똑같네요. 고고참 희한하네!

지붕에는 hatch 2개와 중앙에 우뚝 솟은 꼭다리(갓탑과 첨탑)가 있답니다. 이게 다랍니다~ 와! 이리 싱겁노~ 물론 지붕난간도 있으며, 첨성대식으로 부처님을 모실 수 있는 지붕꼭다리 판도 있답니다. 의자도 만들까요? 너무 싱거우니 한잔 걸치면서 동해를 바라보며 쉴 수 있는 카페하나 만들어 볼까요?~ 반달 까페~ㅎㅎ~

7. 갓탑과 첨탑

석굴암 1층지붕이 평평한 바닥만 있으면 밋밋하겠죠. 지붕중앙에 무엇인지는 모르겠지만 상징성구조물을 만들겁니다. 그것이 바로 꼭다리(갓탑과 첨탑)라는 거랍니다. 사실, 모든 탑류에는 기본적으로 이 갓탑과 첨탑이 들어간답니다.

일반목탑·사찰목탑 나아가 석탑류까지도 다 이 건물의 상징성인 꼭다리가 있답니다. 일반목탑이 가장 수수한 편이랍니다. 앞에서 보셨듯이 석굴암의 갓탑높이는 3m가 나온답니다. 여기에 3개의 갓(?)을 씌울겁니다. 토함산 꼭대기쪽에 있어서 그런지 일반목탑중 제일 갓탑이 낮네요~ 바람이 무섭긴 무서운가 보네요?~

이 일반목탑 갓탑의 갓은 어떤 부피를 갖고 있는 것 같답니다. 석탑류의 갓들은 호떡인지 찐빵인지는 모르지만 납딱한 편이지만 일반목탑의 갓은 어느정도 높이가 있어서인지 어떤 부피를 갖고 있으며 어떤 형태가 있는 것 같답니다.

근데, 어떻게 생겨 묵었는지 또한 각 갓의 용도가 무엇인지는 아직까지 알 수 있는 방법이 없답니다. 갓탑 위에는 탑높이에는 포함되지 않지만 첨탑이라는 놈도 있답니다.

석굴암의 갓탑과 첨탑의 생김새를 대충 보실까요.

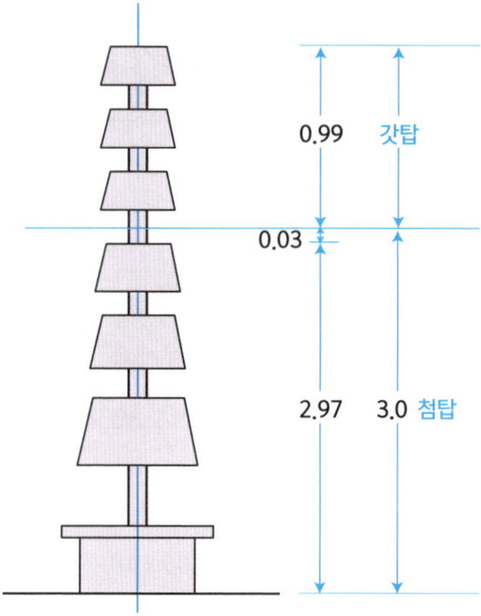

[그림 117] 석굴암의 갓탑과 첨탑 대충개념

첨탑 높이는 정확하게 알 수는 없으나 갓탑높이의 1/3 정도가 아닐까 하는 생각이 드네요. 기둥에 어떤 갓이 걸려있는 느낌이 들어서 제가 갓탑이라고 이름지어 봤답니다~ 마음에 안 드시면(?) 어울리는 이쁜이름 지어 주이소!~

이 석굴암의 갓탑에서 제일 헷갈리는 것이 하나 있답니다. 이 석굴암 건물자체는 1층 일반목탑이긴 하지만 탑의 용도가 종교건물이랍니다. 종교 건축물인 사찰목탑이나 석탑류의 갓탑을 보시면 의자(관측요원이 다리 아프시면 앉아 쉬시라고 의자라 명명했답니다) 위에 앉은뱅이라는 놈이 앉아 있답니다(의자 위에 앉아 있다고 앉은뱅이라 이름지었겠죠. 너무 쉽답니다~ㅎㅎ~). 한번 보실래요.

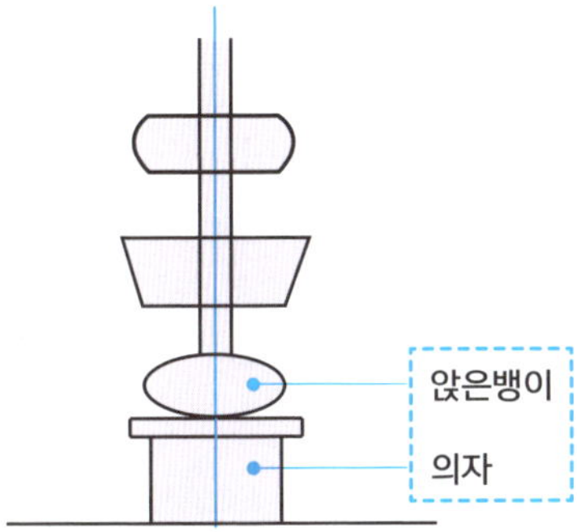

[그림 118] 종교건축물: 의자위에 앉은뱅이

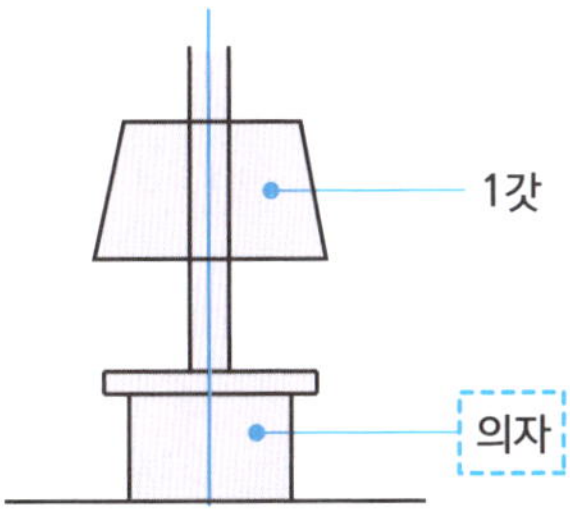

[그림 119] 일반목탑: 의자만 있음

종교건축물에는 의자위에 앉은뱅이라는 종교개념을 가진 것으로 보이는 앉은뱅이가 동그스럼하게 앉아있답니다. 그런데, 일반목탑은 그냥 의자만 달랑 있답니다.(의자를 사찰목탑에서는 철반(철로 만든 밥상? 기록물 기준)이라고 한다네요. 그럼, 석탑에서는 석반(돌로 만든 밥상?) 인가~ㅋㅋ~)

이 석굴암을 종교건축물로 분류하면 의자 위에 앉은뱅이를 얹어야 맞을겁니다.
그런데, 이 석굴암건물 자체는 일반목탑이랍니다. 앉은뱅이를 앉힐까요, 일반목탑식으로 의자만 달랑 둘까요? 풀어야 할 숙제랍니다. 앉은뱅이를 억지로 낑가 넣으면 된다구요~
Good idea ~ㅋㅋ~

이제 갓탑의 기본형태를 먼저 보실까요.

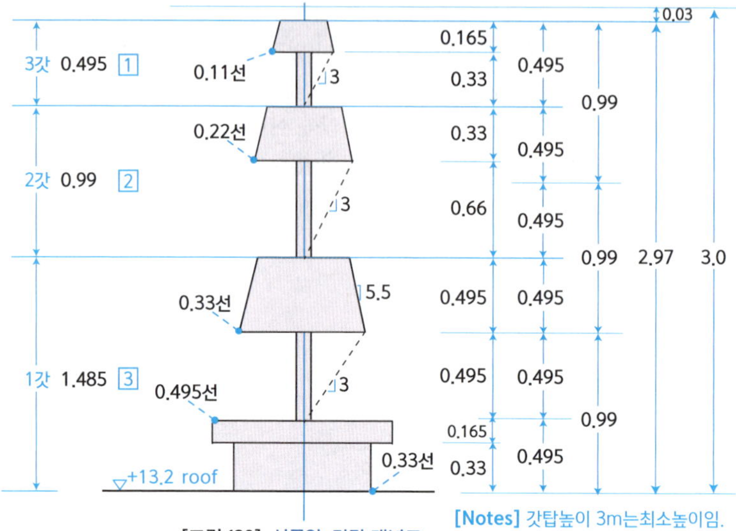

[그림 120] 석굴암: 갓탑 개념도

[Notes] 갓탑높이 3m는최소높이임.
더 낮으면 성립이 힘듬

너무 단조로워 못난이 같이 생겼네요. 간단히 1갓만 봅시다. 일반목탑을 따라서 앉은뱅이는 빼겠습니다. 몹시 넣고 싶으신 분은 억지로라도 낑가넣으세요?

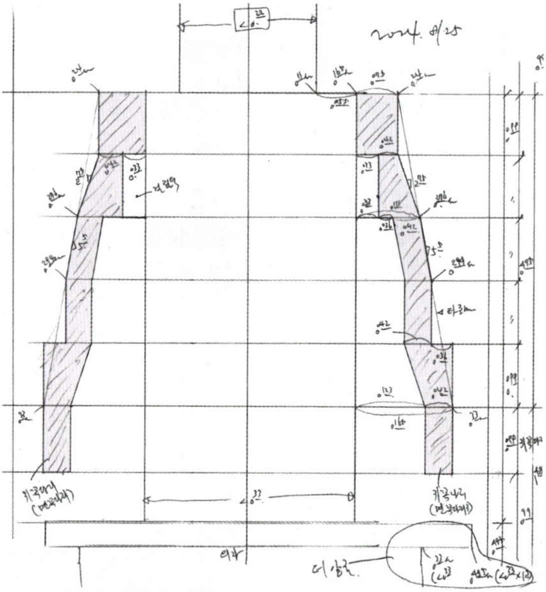

[그림 121] 석굴암: 갓탑의 1갓 단면도

큰 도면은 책의 뒷부분 원본도면 No. 10(225page)을 보세요.

Notice 원본도면 No.10 석굴암: 갓탑의 1갓 단면도 쪼께 멋있어 진것 같나요. 우수선은 3우수선(⊿3)을 적용했답니다. 또한 갓각(갓의 기울기)은 계산해 보시면(?) 5.5각(⊿5.5)이 나올겁니다.(5.5각만이 모든 치수가 맞게 떨어진답니다)
첨탑은 규모(크기)만 작을 뿐 생김새가 같아서 생략하겠습니다. 첨탑의 우수선은 4우수선(4각)이 될 겁니다.

우리들이 알고 있는 석굴암은 변형1층 일반목탑으로서 종교용도로 지어졌답니다. 앞으로 어떤 이름의 탑으로 남을지는 모르겠으나 dome으로 구성된 아주 훌륭한 건축물이랍니다. 물론 조각품들은 세계 최고의 수준급이겠죠. 제가 재미삼아(?) dome 생김새가 반달형태라 반달탑이라는 표현을 가끔 해 봤지만 정확한 명칭은 1층 dome탑이랍니다. 이제 이쁜 이름을 잘 지으시어 후세에 멋진 이름으로 남기를 바란답니다.

이제는 돌삐만 달랑 남아있는 석굴암이 왜 일반목탑인지를 이해하셨으리라 믿습니다. 그래도 헷갈리신다구요! 맞으신 말씀이랍니다. 헷갈리지 않으시면 그 또한 문제가 크게 있으실 듯~ㅎㅎ~

이제 이 훌륭하고 멋진 dome탑을 한번 지어 보셔야죠. 운이 따른다면(?) 아마 목조로도 지을 수 있을 것 같답니다.

☆ 목구조물의 서글픔(?) ☆

이 신라일반목탑을 지을려면 어마어마한 목재(굵고 곧은 목재류)들이 필요했을 겁니다. 저 개인생각으로는, 어찌되었건 7C 중반까지는 일반목탑을 지을 수 있는 초대형 목재 (1,000~3,000년 묵은나무, 큰 구경은 1.8~2m 정도로 아주 곧아야 됨)가 그때까지도 어느 곳이었는지는 모르겠으나 있었던 것 같은데(미국의 현재 Sequoia처럼), 그 뒤로는 나무의 고갈로 아마 일반목탑시대(약 200년 정도)는 막을 내린걸로 보인답니다. 목재만 풍부했더라면 아마 더 오래 지속되었겠죠. 일반목탑이 자원(목재) 고갈에 기여(?)를 쪼께 한건 맞을것 같네요?

아마 다시 일반목탑을 목구조물로 지을려면 방금 얘기드린 미국의 Sequoia(세콰이어, 수령이 3,000~15,000년 정도로 구경이 굵고 높이는 백 몇십미터 정도는 된답니다. 물론 아주 곧답니다) 나무를 빌려와야 지을 수 있답니다.(안 빌려주면 사야겠죠. 근디, 미국에서 안팔 것 같은데요?)

이렇듯, 목구조물은 기본적으로 필요한 규격의 나무들이 있어야만 지을 수 있겠죠(물론 필요 목재의 2~3배수의 나무가 필요할 겁니다. 뒤틀림이나 가공실수까지 고려해야겠죠). 그런데, 신라시대의 일반목탑을 지을만한 나무들이 안타깝게도 주위에서는 잘 보이지가 않네요. 그나마도 다행인 것은 석굴암에는 그렇게 초대형목재까지는 아니어도 될 것 같네요.

여담으로, 이 Sequoia 나무에 대해 제가 어릴때 본책에, 기억은 희미하지만 대충 이런 얘기가 있었던 것 같네요. 한 친구가 이 나무를 보고 놀라서 친구들에게 '야! 이렇게 큰 나무가 다 있더라'라고 하니, 친구들이 '야 임마! 사기치지마'라고 얘기하더랍니다. 졸지에 사기꾼이 되어 버렸답니다~ㅋㅋ~ 열이 받은 이 친구가 톱을 들고(?) Sequoia 나무에 tunnel을 뚫은 뒤 자기 차를 집어 넣은 후 본인까지 집어넣고 사진을 찍어 친구들에게 보여주니 그제서야 믿더랍니다~ 카더라 방송중에서~ㅋㅋ~ 얼마나 큰 나무인지를 아시겠죠! 우리에게는 그리 큰 것까지는 아니더라도 일반목탑을 다시 지을려면 새끼 Sequoia(몇천년 묵은?) 정도는 필요할 겁니다.

Sequoia가 부럽죠!

Part 2. 다보1층 석탑(다보탑, 불국사1층석탑)

I. 다보탑 이해하기

1. 다보탑은 하늘에서 떨어졌을까요?

석탑중 제일 특이하고 조금은 신기하기도 한 탑이랍니다. 도대체 이 다보탑이라는 탑의 정체는 무엇일까요? 3층석탑도 아닌 것이 그렇다고 4층석탑도 아닌 것이? 어디서 많이 들어본 말 같죠!(나무도 아닌 것이 풀도 아닌것이~ㅋㅋ~)

이제 이 다보탑의 정체를 속속들이 파헤쳐 봅시다.

저희들이 일반적으로 알고 있는 다보탑(왜 층이 없죠?)을 제가 왜 다보1층 석탑이라고 탑명까지 바꾸어가면서 층을 부여했을까요? 불국사안에 또 다른 어떤 꼬맹이 다보사라는 절이 있었나? 불국사1층석탑이라고 해도 되지만, 다보라는 말이 웬지 조금 더 친숙하게 들리네요. 다 이유가 있을 겁니다. 감은사3층석탑식으로 석탑에는 일반적으로 사찰명 뒤에 층수가 들어간답니다. 제가 잘못 알고 있나? 근데, 묘하게도 다보탑(그냥 줄여서 일반적으로 알고 있는 다보탑이라 부르겠습니다)은 층수가 없네요? 무층탑인가? 다보1층석탑이라고 하면 다보사라는 사찰에 있는 1층석탑이 되겠죠~ 이건 더 헷갈리네? 불국사 내에 또 다른 절이?~

저희들이 잘 몰라서 그렇지 다보탑에도 분명히 층수가 있을겁니다. 3층석탑같이 눈에 확 띄지가 않으니 인지를 잘 못할 뿐이랍니다. 눈을 똑바로 뜨고 보셔야 층수가 보이실 겁니다. 아무리 똑바로 뜨고 봐도 잘 안빈다꼬요~ 정답이네요. 개념을 아셔야죠.
눈도 한번 더 씻으시고요!~
우찌타! 우리들은 탑의 층수 개념마져 이자뿠을까요? 우리 할배 할매들이 아시면 땅을 치고 통곡할 겁니다?~ 그만큼 신라탑은 개념이 아주 중요하답니다.

왜 1층 석탑인지를 알아봐야겠죠. 제가 석굴암편에서 9층탑에서 파생된 건축물군에 이 다보탑을 잠깐 말씀드렸을 겁니다. 다보탑의 형태를 대충 보실까요.

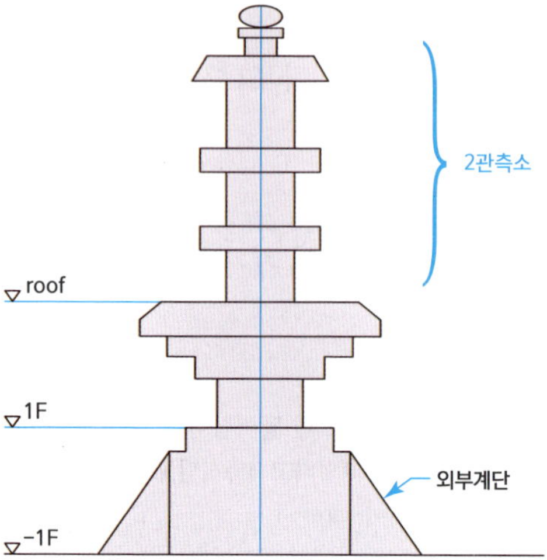

[그림 122] 다보탑 대충도

지하층을 보시면, 묘하게도 1층진입계단이 있답니다. 그것도 4면에서 진입하네요. 신라 일반목탑의 전형적인 4방향 1층진입계단과 같답니다. 그리고, 1층 위의 제일 윗쪽은 지붕같기도 하고 그 밑에 뭔가가 2개가 더 있답니다. 이 놈들은 또 뭐죠?

9층탑의 2관측소를 대충 그려볼까요.

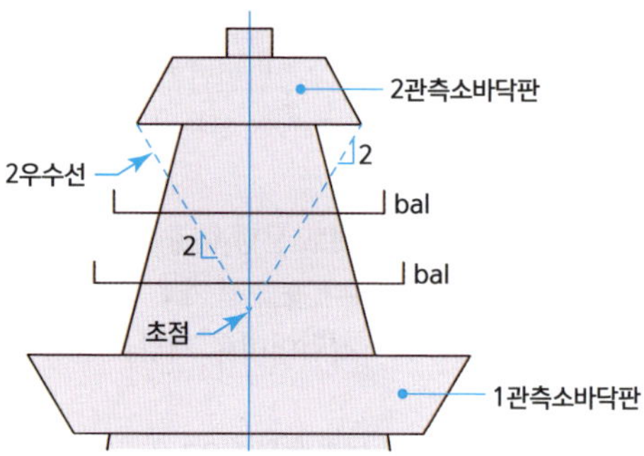

[그림 123] 9층탑의 2관측소

처음 보신다구요? 궁금하신 분은 제 책 "탑의 신비를 찾아서"를 참조하세요. 제 책 선전은 자동으로 되네!

9층탑의 2관측소에는 2관측소바닥판(실제로는 지붕판)이 있으며 그 밑에 2개의 발코니(bal)가 있답니다. 물론 2관측소우수선은 건물중심선 2우수선일겁니다.

다보탑 1층 상부와 비교해 보시면 9층탑의 2관측소와 구조적으로 똑 같답니다.

즉, 다보탑의 1층 상부는 2관측소라는 걸 의미한답니다.

석탑에 희한하게도 9층탑에만 있는 2관측소가 있네요(1~9층탑의 5개탑 중에서 유일하게 9층탑에만 2관측소가 있음). 관측소는 층과는 아무런 관련이 없답니다.
즉, 이 다보탑은 1층석탑으로 2관측소를 갖고 있는 아주 재미있는 석탑이랍니다. 또한 지하층은 온지하이면서 외부계단까지 있답니다. 바로 다보탑은 9층탑의 축소판이랍니다. 석굴암이 뭐였죠. 바로 9층탑의 석축이 좁아지면서 지하층이 만들어졌다고 말씀드렸을겁니다.

다보탑이 1층석탑이지만 수학적으로는 정확히 2층석탑이랍니다. 계산해 볼까요.
0층(지하층)+1층(그냥 부르는 1층)=2개층. 산수가 맞는 것 같나요~ 요즈음은 산수만 나와도 제가 더 헷갈린답니다~ㅋㅋ~ 신라인들은 짝수를 더 선호한답니다. 보시니 떨어지긴 떨어졌는데, 하늘에서 떨어진 게 아니라 9층탑에서 뚝 떨어졌네요~
야튼 하늘쪽에서 떨어진 건 확실히 맞긴 맞나 보네요! ~

불국사쪽에는 전에도 말씀드렸듯이 9층탑의 흔적이 다보탑·석굴암·불국사 외부계단에 나타나 있네요. 불국사쪽에 가시거들랑 9층탑을 떠 올리세요(이 9층탑은 황룡사 9층탑과는 아무런 관련이 없습니데이!).
보셨듯이 개념만 정확히 이해하시면 다보탑이 1층석탑이라는 걸 금방 아실 수 있답니다.

이제 눈 안 씻고 보셔도 됩니데이! 개념을 아시면 거의 다 알아낸거나 진배없답니다.

2. 석탑의 구조 및 높이 개념

신라의 일반적인 석탑(신라석탑은 3층석탑이 기본임)의 구조 및 높이개념을 만나봅시다.

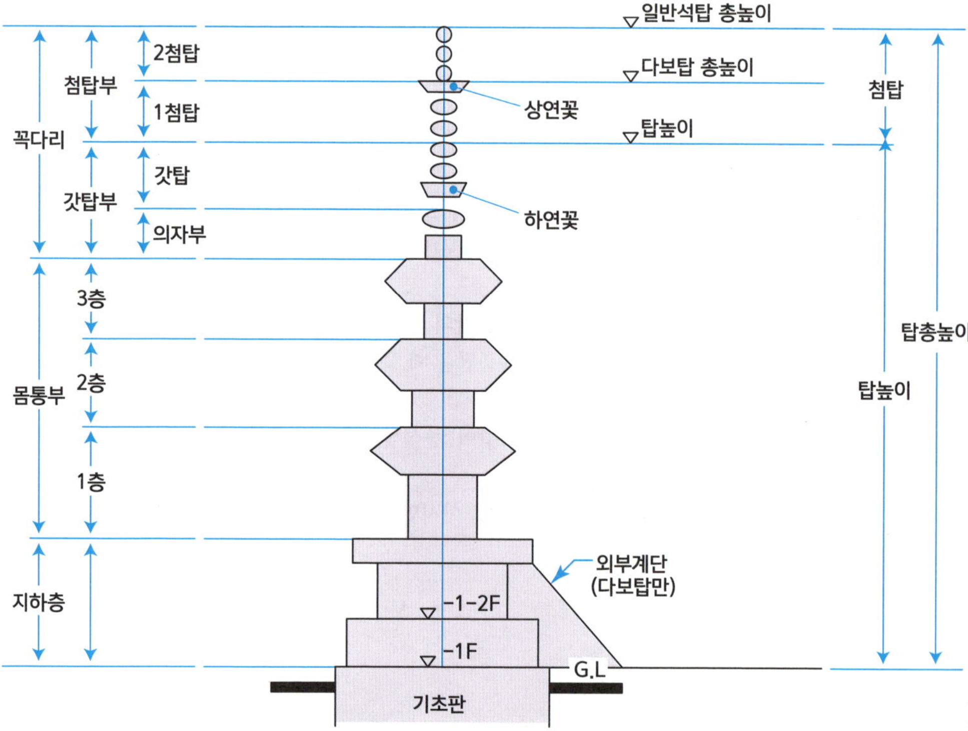

[그림 124] 신라일반석탑 개념도:3층 석탑기준 - 1갓탑 2첨탑

그리고 다보1층석탑 개념도도 봅시다.

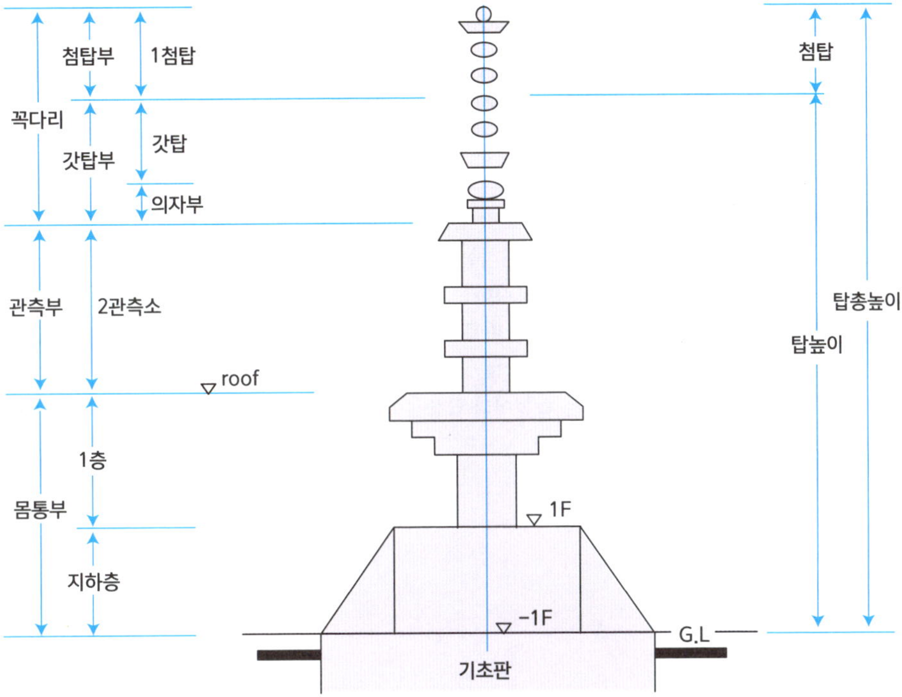

[그림 125] 다보1층석탑 개념도 - 1갓탑 1첨탑

탑이 무지 뾰족하네요. 일반목탑의 탑높이와 동일하게 지하층에서 갓탑(하부 3개의 찐빵)까지가 탑높이랍니다. 첨탑높이까지 더하면 탑 총높이가 되겠죠.
이것만 아셔도 석탑을 꿰뚫고 계신 분이랍니다. 그런데, 서글프게도 현재의 저희들은 그냥 현상태의 탑높이를 자로 잰 높이를 탑높이라고 알고 있답니다~
모든 탑은 어떤 법칙에 따라 탑높이 계산이 가능하답니다(물론 정통파탑이겠죠. 흉내탑(모방탑)은 해당이 없답니다).

갓탑위 첨탑을 보시면, 일반목탑에서는 첨탑이 3개의 찐빵(?)으로 되어있어 1첨탑(1개 첨탑)으로 끝이랍니다. 석탑에서는 유일하게(?) 다보탑만이 1 첨탑인 3개의 찐빵만 갖고 있으며, 일반석탑에서는 제2첨탑인 상부로 길쭉한 3개의 찐빵(봉오리 찐빵?)이 더 있답니다.
이 2첨탑이 아마 석탑의 백미로 석탑을 더 우아하게 표출해 준답니다. 일반목탑에 아주 충실한(?) 다보탑만이 1개 첨탑(1첨탑)으로 꼿꼿이 제 자리를 지키고 있네요. 자존심이 무지 센 듯? 더 웃기는 것은 사찰목탑은 첨탑이 무려 3첨탑까지 있답니다.

첨탑자랑 하나 보네요!

제가 왜 이 2첨탑이 생겼는지를 곰곰이 생각을 해 봤는데, 일반목탑에서는 갓탑의 갓과 첨탑이 금속류로 구성이 되어 있는데, 일반목탑이 석탑화되면서 갓탑의 갓과 첨탑이 금속류에서 돌로 바뀌다보니, 무엇인지는 모르겠으나 조금은 허전한(?) 느낌이 들어서 돌찐빵 6개 위에 우아하고 품위있는 금속성의 길쭉한 찐빵인지 꽃봉오리인지는 모르겠으나 3개를 더 얹어놓지 않았나 하는 생각이 든답니다.

바로 이 2첨탑까지의 높이가 탑총높이가 된답니다.
일반목탑에서는 첨탑 높이 자체가 차지하는 비중이 너무나 미미하여 높이 자체에 낑기지도 못하는데, 석탑에서는 첨탑 높이가 차지하는 비중이 워낙 커서 탑총높이에는 포함시키기로 했답니다. 누가요? 누구는 누구겠어요. 바로 정가겠죠~ㅋㅋ~

즉, 석탑류와 사찰목탑에서는 탑높이와 탑총높이를 동시에 인지하셔야 할 겁니다.

3. 석탑의 폭 개념

탑높이는 확실히 정의가 되는데, 이 탑폭이 쪼께 헷갈리기도 하답니다. 그런데 큰 걱정은 안하셔도 될겁니다. 탑높이든 탑총높이이든 아님 탑폭이 되었든 모두 다 108의 배수로 제가 다 맹글어 놓았거들랑요. 정가가 누굽니까? 동행자잖아요.
동행자를 잘 만나는 것도 아주 큰 복(?)이랍니다?

탑폭에서 어디서 어디까지가 탑폭일까요? 크게 생각해보면 1층지붕폭일 수도 있고, 1층몸통폭일수도 아님 지하 -1-2F폭, 지하 -1F폭, 아니면 기초판 상부끝 등등 여러가지를 생각해 볼수가 있답니다. 그럼, 탑폭을 어느 것으로 기준하면 좋을까요?

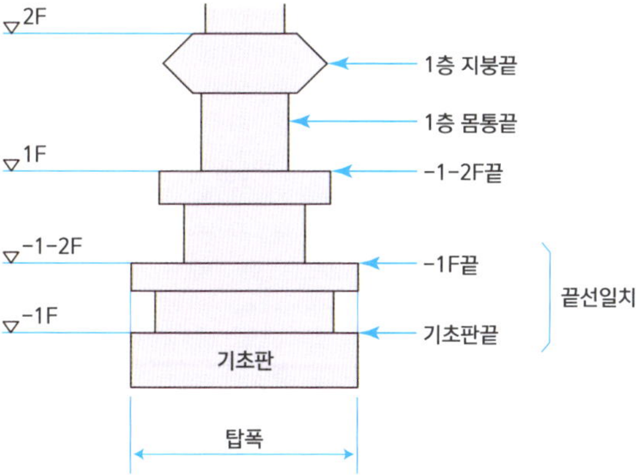

[그림 126] 석탑폭의 개념

-1F 끝과 기초판 끝은 동일선이 될겁니다. 여러 많은 경우의 수를 다 검토해 본 결과는 -1F 끝선을 석탑의 폭으로 보는 것이 가장 적합하더랍니다. 이제 석탑폭의 정의도 싱겁게 끝나 버리네요. 물론, 다보탑은 외부계단이 있으므로 외부계단 끝선까지가 탑폭이 될겁니다.

석탑에서 가장 헷갈리는 폭이 바로 지붕판이랍니다. 이것은 아직까지도 잘 풀리지 않는 놈이랍니다. 지붕판이 간단하면 아무런 문제가 없답니다.

[그림 127] 이상적인 지붕판

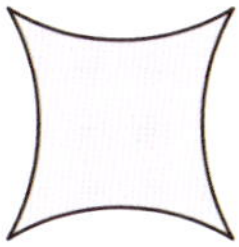

[그림 128] 지멋대로 지붕판

[그림 129] 지멋대로 지붕판 끝의 상부 벌어짐

지붕판이 정사각형이면 그냥 그 자체가 치수가 된답니다. 문제는 귀쪽으로 지붕판이 커지고 있으며, 그것도 모자라 귀끝쪽으로 가면 지붕날개 두께도 두꺼워지기도 하지만 이 놈이 또 옆으로 더 벌어진답니다. 어디서 어디까지가 지붕폭이고 어디서 어디까지가 지붕날개 두께일까요? 제 대가리로는 도통 알 수가 없답니다. 그런데, 언젠가는 명확한 정의를 누구신지는 모르겠지만 내리셔야 할 겁니다.

제가 도면에 표기한 지붕치수들은 그 순간 이것이 아닐까 해서 직감적으로 표기한 치수들이니 믿지는 마시고 대충 이 정도가 되는구나라고 생각해 주시면 된답니다.

이제 석탑높이와 석탑폭의 기본개념을 이해하셨으리라 믿습니다. 별거 아이네!

4. 석탑의 흉내계단

신라석탑에서는 지하층이 온지하로 완전히 살아있으며 상하 2개층으로 분류가 되며, 하부 지하층높이가 많이 낮네요. 재미있는 것은 일반목탑에서는 1층에서 2단 올라가서 1FFL(실제 1층바닥)이 있는데, 석탑에서는 계단인지조차 헷갈리게 쪼그만 하기도 하지만 코(계단코)도 동글방하게 생긴 형태를 유지한 2단이 있답니다.

물론 소속도 1층 소속이 아니라 지하층 소속이랍니다. 그래도 다보탑은 비록 지하층 소속이지만 1단이 완전한 계단형태를 유지하고 있네요. 멋쟁이네요.

한번 그려서 봅시다.

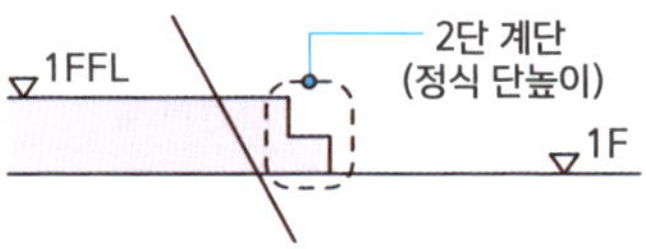

[그림 130] 목탑의 1F와 1FFL

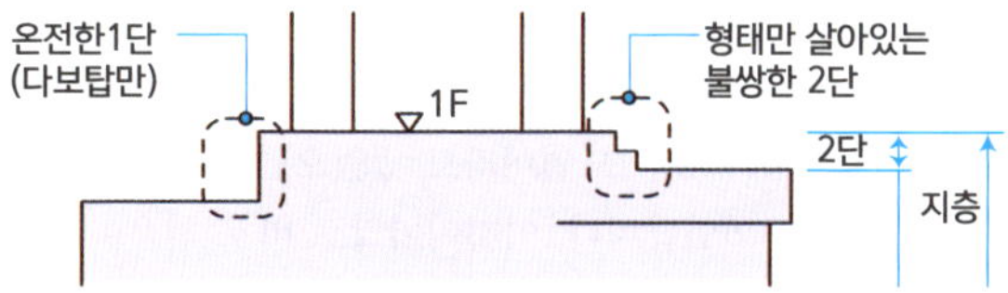

[그림 131] 석탑에서는 1층 밑에 간신히 흉내만 낸 2단의 흉내계단

제일 처음, 지하층에 소속되어 있는 이 2단의 형태만 갖추고 있는 이 놈을 1층 층고에 넣을까 말까 무지 고민도 했었는데 여러 정황을 고려하여 1층층고에서 퇴출시켰답니다.
~하! 제가 보통 간이 큰 놈이 아닌가봅니다. 무조건(?) 제 맴에 일단은 들어야 하거들랑요 ~ㅋㅋ~

그런데, 이 흉내계단은 1층 입구에만 있는 것이 아니라 각 층마다 다 있는 것 같답니다~
층구분개념인가?~ 어쩌면 석탑에서는 층기초판(?) 개념으로 볼 수도 있답니다. 각 층 밑부분에 있거들랑요. 층구분 개념으로 이 흉내계단을 넣은 것으로 볼 수도 있으나, 어쩌면 문양턱 개념(멋내기)도 약간은 갖고 있는 것도 같답니다.

생긴건 조금 불쌍(?)하게 보이기도 하지만 재미있는 개념을 갖고 있는 듯한 흉내계단이네요.

5. 실측치수의 중요성

처음 석탑에 손을 대었을 때는 아무런 치수도 알지 못하는 상태에서 우연히 석가탑의 1층 몸통폭이 157cm이며, 1층 몸통부 높이가 139cm라는 걸 인터넷에서 간신히 찾아내어서 이 두 치수를 근거로 석가탑을 풀어봤으며 다보탑·감은사동탑 등은 아무런 근거도 없이 하여튼 나름대로 풀어봤답니다. 열심히 풀어본 결과는 석가탑과 다보탑 탑높이가 8.1m이며, 감은사동탑은 10.8m가 나오더랍니다.

그런데 나중에 보니 신나게 틀렸더랍니다. 우찌 이런 일이? 제가 틀렸다는 걸 어떻게 알아내었을까요? 궁금하시면 천냥? 2018년 다시 석탑에 손을 대다가 제가 여태껏 보지도 듣지도 못했던 희한한 것을 보았답니다. 무엇이었을까요? 바로 석탑에 실측치수가 들어가 있는 도면을 보았기 때문이랍니다. 이건 넝쿨을 통째로 공짜로 주운 것이랍니다. 그렇게도 실측치수가 들어가 있는 도면이라도 있었으면 하는 바램이었는데, 인터넷의 블로그에서 희한하게 발견하게 되었답니다. 이것이야말로 바로 천운이란 거랍니다. 실측치수를 찾아내고는 석탑 풀기가 급물살을 타기 시작했답니다. 좀 웃기게 얘기드리면 초스피드로 풀기 시작했겠죠.
더 웃기게 얘기 드리면 별로 풀어볼 것도 없이 술술 풀리더랍니다. 어떤 근거만 있으면 푸는 것은 눕어 떡먹기보다 더 쉬운 일이랍니다. 실측치수가 없을 때에는 일일이 인터넷에 있는 사진을 실측하여 감으로 치수를 집어넣었답니다. 실제로 사진을 보시면 촬영 각도마다 촬영 위치마다 다 달라서 자 질을 해도 맞는지 틀렸는지조차 모르면서 힘이 들게 치수작업을 했었는데, 실측치수가 있으니 잔머리 굴릴 일이 전혀 없게 되었답니다. 실측치수가 있어도 어떤 부분은 판단하기가 어려운 점이 있기는 있지만, 그 정도는 감으로 때리면 된답니다.

앞으로 보시게 될 석탑에 실측치수가 표기되 있는 모든 도면은 인터넷 블로그의 닉네임이 자하미(우리 문화유산에 대해 아주 광범위하게 자세히 알고계시며, 또한 엄청 연구를 많이 하시는 분임. 이 분의 blog는 꼭 읽어보세요!)란 분에게서 얻은 것들이랍니다.

자하미님께 깊이 감사드립니다.

6. 다보탑 개념도

이제 다보탑의 개념도를 잠깐 보실까요.

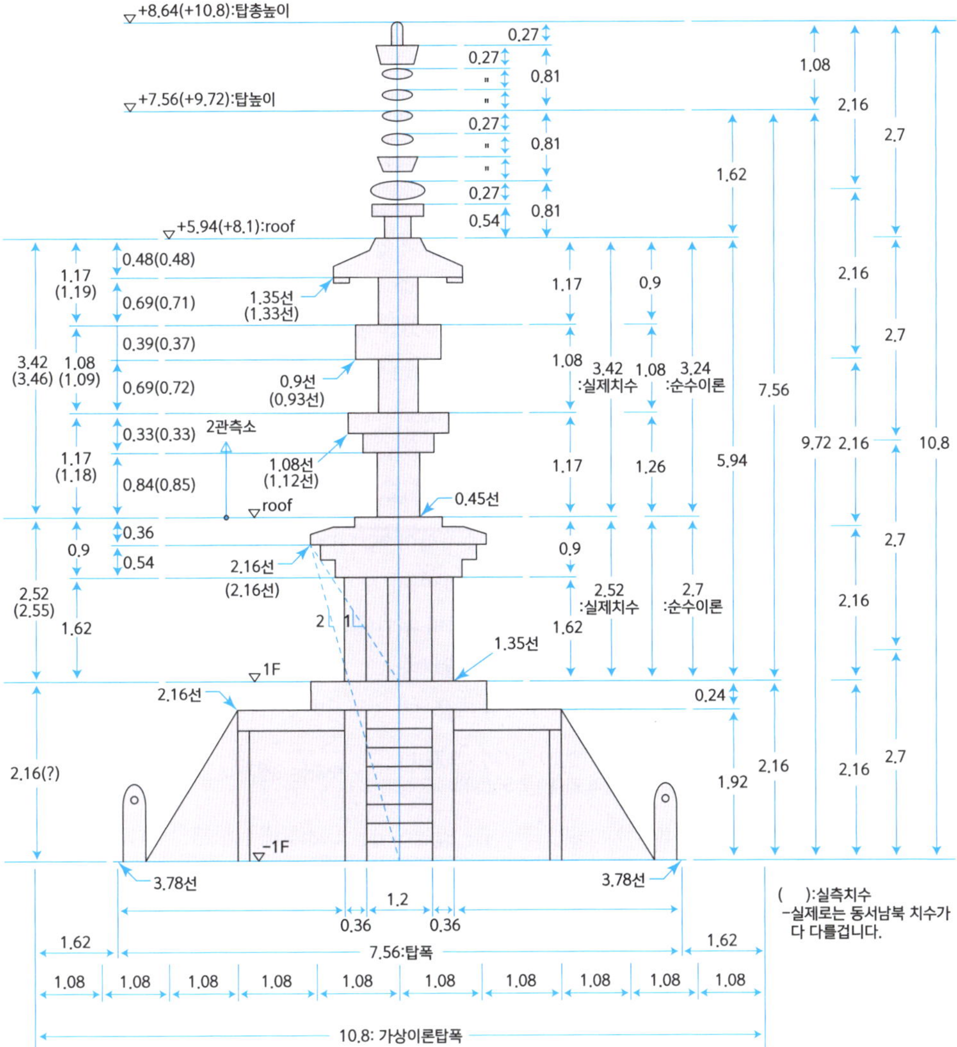

[그림 132] 다보탑 대충 개념도

좀 더 자세히 보셔야죠. 227page를 보세요.

Notice 원본도면 No.11 다보탑 개념도

다보탑은 구조가 너무 복잡하기도 하지마는 도면을 그리기는 너무 어려워 다 그릴 수 조차 없는 복잡한 구조물이랍니다. 그냥 이렇게 생겼구나 하고 보시면 마음 편하실 겁니다. 실측치수는 조금 애매한 부분도 있어서 잔수(mm)를 뺀 치수를 임의로 넣어 보았답니다. 판단하기가 너무 애매한 치수는 아예 넣지 않았답니다. 아주 자세한 실측치수는 자하미 blog에 들어가시면 보실 수가 있답니다.(인터넷에 들어가셔서 다보탑이든 석가탑이든 석탑류에 들어가셔서 blog를 보시면 찾으실 수 있답니다) 또한, 다보탑 실측치수는 솔뫼(경주 향토사학자 중 솔뫼선생이란 분이 계시는데 동일인인지는 확실치 않음)라는 분의 blog에도 있답니다.

제가 제시한 치수는 실측치수에 최대로 근접해서 제일 맞을 확률이 높다고 판단되는 치수를 채택했으므로 경우에 따라서는 3~6cm정도의 오차는 발생될 수도 있답니다. 치수를 유심히 보시면, 1.08, 2.16(1.08x2), 2.7(1.08x2.5), 3.78(1.08x3.5) 등이 큰 치수가 되며, 큰 치수 중 가장 작은 1.08은 0.03x36=1.08, 0.06x18=1.08, 0.09x12=1.08, 0.18x6=1.08, 0.27x4=1.08, 0.36x3=1.08, 0.54x2=1.08 등으로 0.03, 0.06, 0.09, 0.18, 0.27, 0.36, 0.54같은 새끼 치수를 자체적으로 품고 있답니다. 기본적으로 석탑류는 이 기본 Module인 1.08의 치수와 연관이 있다고 생각하시면 거의 맞답니다. 1.08=1+0+8=9로 숫자합이 9랍니다. 1.08÷0.3=3.6′네요.
3+6=9 자로 환산한 숫자의 합도 9랍니다. 27x4=1.08이니 27이라는 숫자와 개념이 똑같답니다. 9층탑 높이인 108과는 크게 연관은 없답니다. 아마 우연의 일치일 듯. 아니! 신라석탑이든 신라목탑이든 모두가 어떤 치수의 지배를 받고 있답니다.

전에도 말씀드렸듯이 신라탑은 어떤 숫자의 조합이라고 보시면 된답니다.

다보탑의 규모는
- 탑높이 기준 : 7.56(w) x 9.72(h)
- 총탑높이 기준 : 7.56(w) x 10.8(h)

숫자는 3개가 나오네요.

7.56=1.08x7, 9.72=1.08x9, 10.8=1.08x10, 탑폭이든 탑높이이든 1.08의 배수가 된답니다. 당연히 목탑도 2.7의 배수이기도 하지만 1.08의 배수랍니다.
그런데, 제가 목탑을 풀 때는 10진법이 확실하다고 인지했는데, 이 석탑을 풀기 시작하면서 12진법이 아닐까하고 한때 홀라당 빠진 적도 있답니다. 여러 많은 생각을 해보니 12진법이라기보다 9cm라는 숫자가 석탑을 지배하다보니 그런 착각을 일으킨 것 같답니다. 아니, 나오는 숫자들을 보면 꼭 12진법의 숫자들로 보인답니다.

예를 들면, 다보탑폭이 7.56이죠. 7.56÷0.36(12진법시 1자길이)=21, 탑높이 9.72=0.36x27, 탑총높이 10.8=0.36x30. 이 숫자들을 보고 12진법이라고 생각하지 않는 분이 사실은 더 이상할 겁니다. 그런데, 냉정하게 생각해보니 단순히 숫자의 유희일 뿐이라는 걸 인지하고부터는 12진법*이라는 진법은 조용히 사라져 버렸답니다.

* 근데 간지(干支)를 보면, 天干(10干: 甲乙丙丁...)과 地支(12支: 子丑寅卯...)의 조합으로, 예전에는 10진법과 12진법을 동시에 사용했나 보네요.

II. 층별 개념

7. 지하층

(1) 공통수

지하층에 묘하게 외부계단이 있답니다. 근데 석축은 보이지를 않네요? 석탑에는 석탑 자체가 돌이라서 그런지는 모르겠으나 석축은 없답니다. 그런데, 석탑에도 공통수 C가 있을까요? 일반목탑같이 경사기둥이 있고 처마끝각이 있어야 되는데, 석탑은 처마끝각은 있기는 있으나 경사기둥 자체가 없으니 공통수가 성립이 잘 안된답니다. 또한, 석탑은 내·외부에서 올라가는 계단 자체가 없으므로 특별히 공통수는 필요치는 않답니다. 그런데, 1층석탑인 다보탑은 외부계단이 있답니다. 계단이 있다는 것은 계단단높이 R이 존재한다는 거랍니다. 즉, 단높이 R이 있다는 것은 가상이 되었든 무엇이 되었건 공통수가 존재할 수 있다는 걸 의미할 수도 있답니다. 근데, 이 공통수를 어디서 어떻게 구하죠? 참 난감하답니다. 1층석탑이라 처마각조차도 가상적으로는 설정할 수는 있으나, 실제로는 일반목탑식으로 석축 끝면조차 없으므로 처마각 조차도 존재하지 않는답니다. 이 일을 우짜죠? 그래도 부딪혀는 봐야죠. 가만히 있으면 아무것도 얻을 수가 없거들랑요. 그래서, 제일 만만한(?) 1층일반목탑의 공통수를 공동으로 이용하면 되겠죠. 이유는 아주 간단하겠죠. 바로 다보탑이 목탑형석탑(엄밀하게는 일반목탑형석탑)이면서 1층석탑이거든요. 제가 잘못 생각한 건가요? 사실 저도 잘은 모르겠답니다? 어쨌든 1층일반목탑의 공통수를 구해 볼까요. 예전에 어디선가에서 많이 본 것일 겁니다.

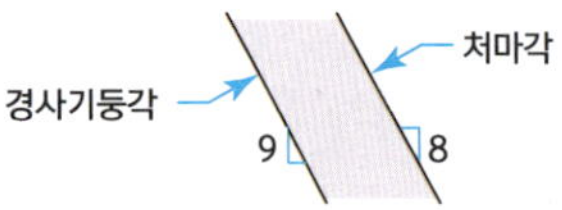

- 기본수 : ⊿9 x ⊿8 = 72
- 공통수 C = 72 x 3 = 216

이랍니다.

계단 단높이R을 구해 봅시다
- R = 2.16÷12=0.18
- R = 2.16÷9=0.24

두 개 정도의 단높이가 나오네요.

기본적으로 나눔수가 짝수인 12로 나누면 R=0.18이 계단단높이가 된답니다. 당연히 1층일반목탑의 단높이 R=0.18일 겁니다. 그런데, 이 다보탑은 희한하게도 거꾸로 공법을 사용했답니다. 무슨 말인고하니 계단 단높이는 R=0.24로 하고 디딤판폭을 T=0.18로 했답니다. 상식적으로 생각해보면 디딤판 폭이 단높이보다 큰 디딤판폭 T=0.24이고 단높이가 R=0.18이 맞을 것 같은데, 이 다보탑을 설계하신 분은 거꾸로 공법을 사용했답니다? 아마도, 탑폭 등 여러 가지를 고려하여 그렇게 결정한 것으로 보인답니다. 그리고, 아주 간단하게 1층일반목탑의 처마각인 ⊿8만으로도 단높이를 구할 수도 있답니다.

다보탑은 경사기둥 자체가 없으므로 경사기둥각인 ⊿9 자체를 생각할 필요가 없답니다. 그러면 너무도 간단하게 계단단높이는 ⊿8x3=0.24로 R=0.24가 된답니다. 방법이 맞는지는 모르겠으나 하여튼 R=0.24가 된답니다. 어쨌든 계단은 애럽네요.

(2) 1층 진입 외부계단

지하층 외부계단을 보실까요.

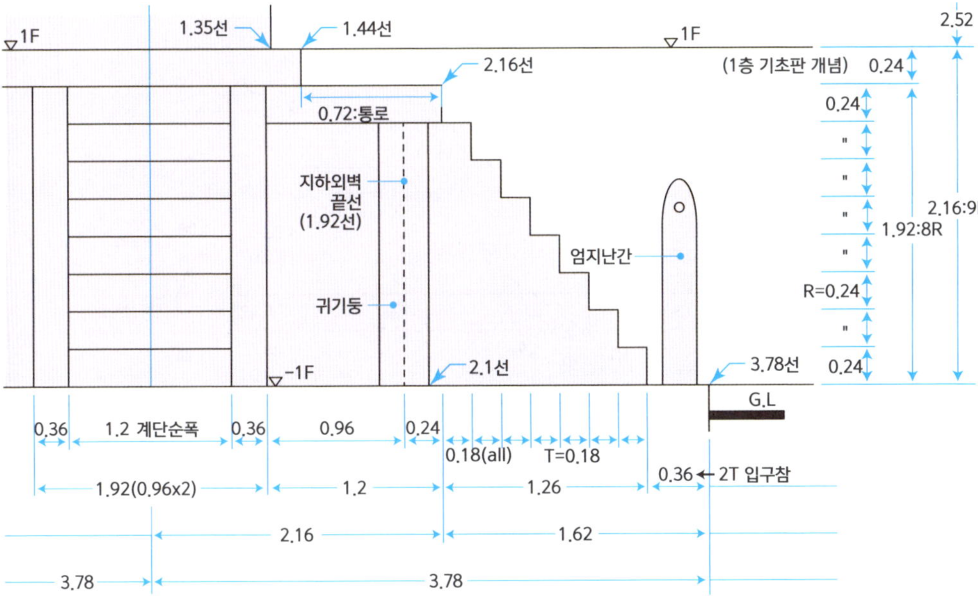

[그림 133] 다보탑 1층 진입 외부계단 개념

계단은 총 9단이며, 8단을 올라가서 0.72의 통로를 지나서 1단을 더 올라가면 1층에 도착한답니다. 어! 1FFL이 없네요? 외부통로에서 1층으로 올라갈 때 2단이 아니고 묘하게도 1단만 올라간답니다. 계단입구의 입구참폭이 0.36으로 2T(T: 디딤판폭)랍니다. 이 다보탑의 입구참을 보고서야 일반목탑의 입구참도 2T라는 걸 알았답니다. 그 전에는 일반목탑의 입구참이 1T인줄 알았거든요. 계단폭은 1.92이며 계단순폭은 1.2m랍니다. 이 1.2m 폭은 1층의 기둥순폭과 동일한 치수랍니다. 지하층층고는 2.16으로 이웃한 쌍둥이탑(?)인 석가탑의 지하층층고와 같답니다.

8. 1층

(1) 층고 치수이동공법(층간 층고 이동공법)

이제 1층으로 가볼까요. 아니 벌써? 외부계단을 올라오니 1층에 와 있네요. 1층을 보시기 전에 먼저 1층층고와 관측소층고에 어떤 치수 변화가 있는지 보실까요. 신라석탑은 희한하게도 각 층의 층고가 순수이론층고에서 치수변화를 거치면서 각 층 간에 층고이동(층고 주고받기)이 있답니다. 다보탑은 그래도 비교적 양반이랍니다.

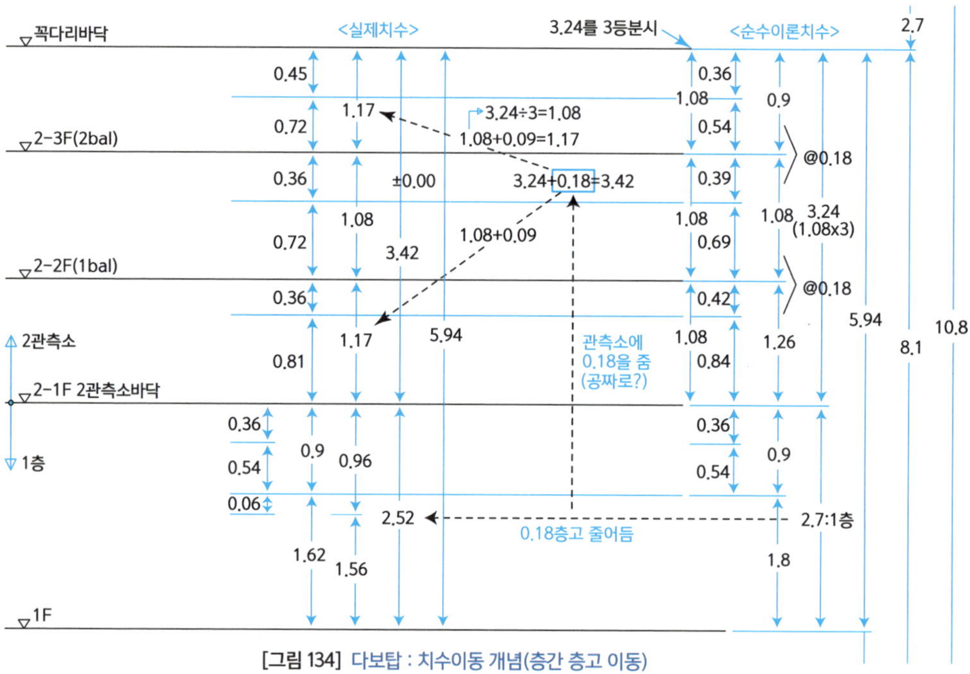

[그림 134] 다보탑 : 치수이동 개념(층간 층고 이동)

층고치수를 유심히 보시면, 1층이론층고는 2.7m인데 18cm를 떼어서 관측소에 공짜로(?) 준답니다. 마음씨 고운 1층 아저씨네요. 싸워서 뺏겼나. 관측소는 이 18cm를 가지고 이론높이인 3.24를 3등분한 1.08높이의 2곳에다 9cm씩 보태준답니다. 즉, 2-1F는 9cm를 받아서 1.17(1.08+0.09), 2-2F는 밉보였는지 아무것도 못받고 그대로 1.08, 2-3F도 9cm를 받아서 1.17(1.08+0.09)이랍니다. 이런 식으로 자기들끼리 층고를 주고받으면서 층고를 조정한답니다.

왜 층고치수이동공법을 하는지는 정확히는 알 수는 없지만, 석탑같은 경우를 보면 아마도 지붕판이 두꺼워지면서 모양과 비례를 고려하다 보니 치수조정이 발생되지 않았나라고 조심스레 추정을 해 본답니다.

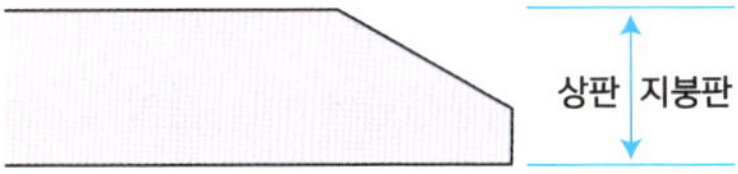

[그림 135] 목탑지붕: 상판만 있음

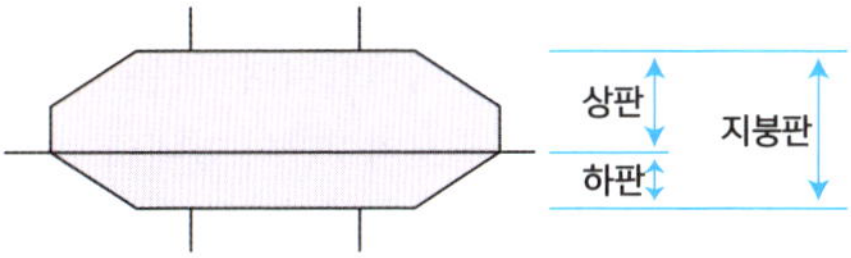

[그림 136] 석탑지붕판: 상·하판이 있음

목탑은 지붕판이 상판만 있답니다. 그런데 석탑은 묘하게도 지붕판이 상판과 하판으로 분리되면서 지붕판이 상대적으로 두꺼워지니 비례관계를 맞추기 위해서 각층의 층고치수 조정이 발생되지 않았나 추정을 해 보지만 확실치는 않답니다. 제가 순수이론 치수라고 하는 것은 숫자 개념상 이 치수가 정상적인 치수가 아닐까 생각하는 치수로 어떤 근거가 있는 것은 아니랍니다. 저라면 상식적으로 이 순수이론 치수를 적용하지 않을까하는 치수랍니다.

(2) 1층 개념도

① 1층 단면도

다보탑의 이 1층이 아주 재미있는 층이랍니다. 단면도를 한번 보실까요.

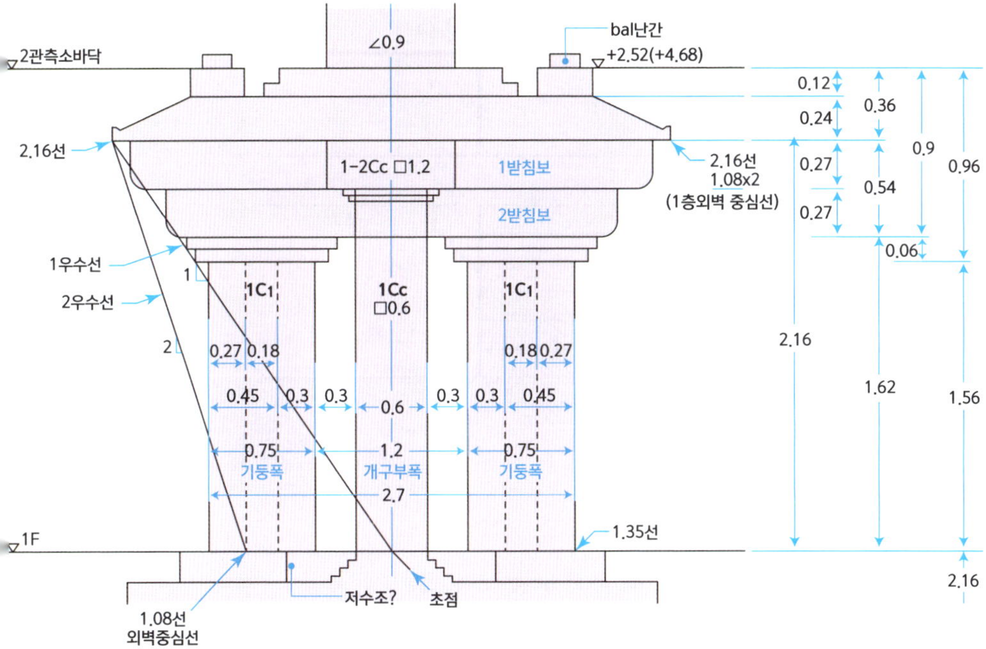

[그림 137] 다보탑 1층 단면도(1·2우수선이 보이네요!)

1층을 보시면 중앙에 중앙기둥 1Cc□0.6이 있으며 네 귀에 1C1기둥 □0.75가 있답니다. 이 C1기둥은 ㄱ자기둥이더랍니다. 저는 처음에는 정사각기둥으로 인지했답니다. 지붕을 보시면 하지붕판인 받침보가 2단이 있네요. 그 위에 지붕상판이 있으며 지붕상판에 bal난간이 있답니다. 중앙기둥 1Cc상부에는 1-2Cc□1.2가 있는 것으로 추정된답니다. 제가 내부 곳곳을 본 적이 없으므로 사진으로 추정하거나 사진조차 없는 경우는 그럴거라고 상상해서 가정한답니다.

이 다보탑 1층지붕은 묘하게도 1우수선과 2우수선이 완벽하게 살아있답니다. 1우수선은 1층바닥 정중앙에 오며, 2우수선은 외벽중심선(1.08선, 외벽중심선이 기둥이 ㄱ자라 쪼께는 애매는 하지만 1.08선으로 정했답니다.)에 온답니다. 이 2우수선이 재미있는 건 계속 지하층까지 가면 지하층바닥 정중앙에 온답니다. 한마디로 완벽한 1·2우수선을 갖고 있는 훌륭한 건축물이랍니다. 석굴암 1층지붕도 유심히 보시면 외부쪽에 1·2우수선이 완벽하게 존재한답니다. 앞으로 가셔서 한번 보이소.

지하층에서 잠깐 말씀드렸듯이 이 1층 외부기둥사이 순폭(1층 개구부폭)과 외부계단의 순폭이 1.2m로 같답니다. 아래위 순폭이 같으니 참 멋있죠!

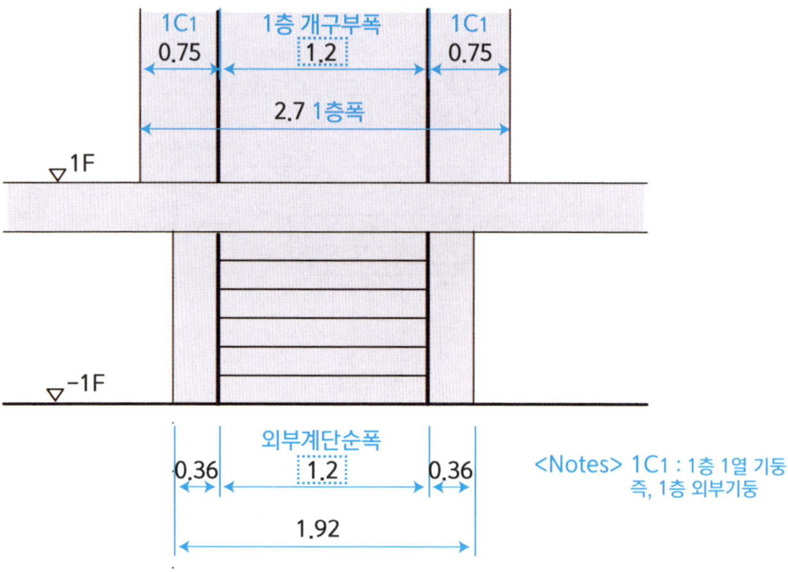

[그림 138] 1층 기둥사이 순폭과 외부계단 순폭 : 1.2로 동일

② 1층 평면도

그냥 가면 섭섭하니 1층 평면도(229page)도 한번 보셔야죠.

Notice 원본도면 No.12 다보탑 1층 평면도

평면이 너무 간단하네요. 1C1기둥이 ㄱ자기둥이며, 기둥이라고 해야 하는지 외벽이라고 해야하는지 헷갈리게 되어 있답니다. 일단 기둥번호는 부여하되 외벽이라고 가정하면 가상 외벽중심선은 1.08선이 된답니다. 사실은 외벽중심선이 어디인지도 애매는 하지만 1.08선이 숫자상 가장 적당할 것 같답니다. 그래야 지붕우수선이 ⊿2가 맞아 떨어진답니다.
자세히 보시면 1Cc 주위에 용도가 무엇인지는 모르겠으나 물웅덩이(?) 비슷한 것이 있답니다. 저수조(?)라고 하기에는 너무 얕고 도통 이 놈이 무엇인지를 알 수가 없네요. 물고기를 키웠나? 1층바닥 외부에는 폭 72cm의 외부통로가 있답니다. 다보탑은 희한하게도 1층까지 걸어올라갈 수 있는 석탑이랍니다. 실제로 일반인들이 올라갔는지 못 올라갔는지는 알 수는 없지만 올라는 갈 수가 있답니다. 다보탑 1층이 희한한 것은 일반 외벽이 존재하지 않고 뻥 뚫려있답니다. 1층 안에 들어가서 내부구경을 해도 된다는 의미인지, 설사 들어가도 그 안에서 뭘 할 수가 있을까요? 들어가도 밑을 잘 보고 들어가야 발이 삐끗하지 않을 듯? 1층에 외벽이 없다는 건 다보탑이 자기 근육(?)에 대해 대단한 자부심이 있는 듯? 즉, 나는 남자다라고 외치고 있는 모습이랍니다. 쌍탑 중 다보탑은 남성을 상징하며 석가탑은 여성을 표현한 것일 수도 있답니다. 저희들이 어릴 때부터 들어왔던것과는 정반대일 겁니다. 제가 문제가 쪼께 있는 놈인가 봅니다. 항상 반대로 가거들랑요. 청개구리 성깔인가?

근데, 문제가 하나 있답니다. 감은사지 쌍탑은 어느 것이 남성이고 어느 것이 여성이죠? 저한테 물으신다면 동쪽에 있는 탑이 남성이라고 밖에 말씀드릴 수가 없네요. 남성·여성탑이 뭐 그리 중요합니까. 헷갈리기만 하는데?

1층 내부(외벽 내부)를 유심히 보시면 1층 내부면적이 6'x6'=1평(坪)이 나온답니다.
희한하죠! 1층 내부면적을 1평에 맞추었네요. 제가 이걸 보고는 너무 놀라서(?) 이 다보1층석탑의 별명(애칭?)을 1평탑으로도 부를까 생각 중에 있답니다. 근데, 그 시대에도 평(坪) 개념이 있긴 있었나?

만인이 원하신다면 한평탑이라는 별칭도 얻게 된답니다~ㅎㅎ~

9. 2관측소

이제 2관측소를 보셔야죠. 2관측소가 다보탑의 백미이지만 여러 많은 분들을 헷갈리게 하는 놈이랍니다~ㅋㅋ~ 9층탑(안압지(동궁과 월지) 동북쪽에 있음.) 옆에 있으면 어떻게 해서라도 인지할지는 모르겠지만, 삼십리나 멀리 떨어져 있는 불국사내에 독립석탑위에 달랑 붙어(?)있으니 2관측소라고 인지하시기가 너무너무 어렵답니다.
인지하시는 분이 쪼께 문제가 있다고 봐야겠죠? 그래도 저희들이 누굽니까?
귀신잡는 공병(?)이잖아요. 아닝가? 야튼 잡긴 잡아냈잖아요~ㅎㅎ~

0F도 가능하지만 편의상 2F로 표기하겠습니다. 2층 건물로 착각하지 말아주이소.
0bal(0층 발코니)부터 봅시다. 정확한 bal(발코니, balcony 약자) 표기는 2-0bal(2관측소의 제일 밑에 있는 발코니)가 맞답니다. 1관측소같은 경우는 1-2bal(1관측소에 있는 밑에서 3번째 발코니)처럼 표기하겠지만, 다보탑은 2관측소만 있으므로 간단히 0bal(2-1F)로 표기하겠습니다. 2관측소의 개념을 쪼께 아셔야 이해가 쉬우실 겁니다.

(1) 2관측소 개념

이 2관측소는 일반목탑(관공서 계통)인 9층탑에만 있는 관측소랍니다. 1~7층탑은 1관측소만 있고(외관측소군. 1단관측소), 9층탑에는 1&2 관측소(쌍관측소. 2단관측소)가 다 있답니다.
그런데, 묘한 것은 이 2관측소가 다보탑과 첨성대에도 있답니다.

2관측소군을 보실까요.

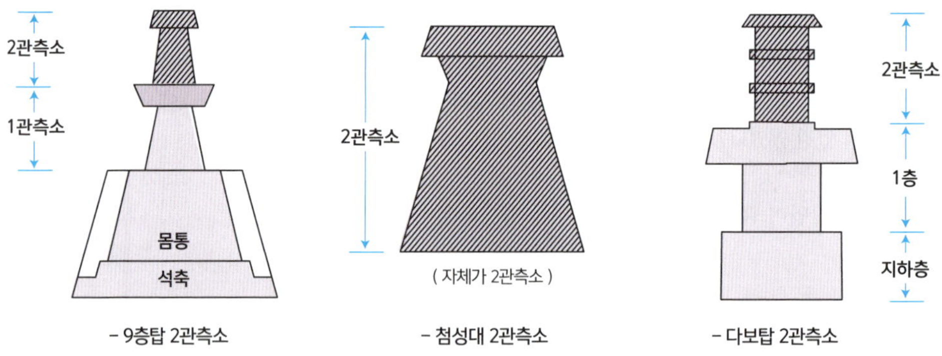

[그림 139] 신라탑의 2관측소군

이 2관측소군의 가장 큰 특징을 보실까요.

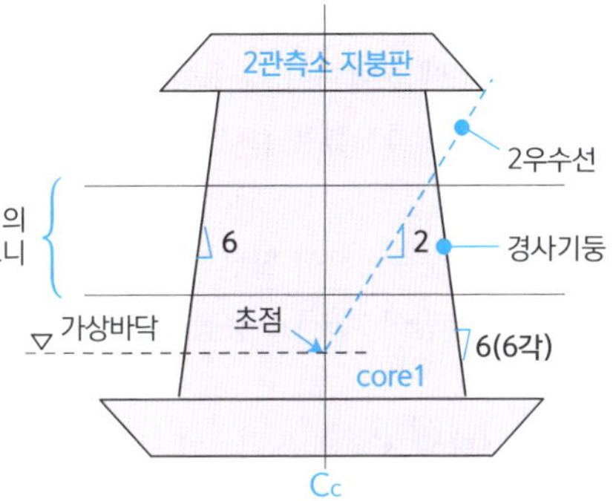

[그림 140] 9층탑에만 있는 2관측소
- 다보탑에도 있겠죠 -

전에도 잠깐 2관측소의 특징을 말씀드렸지만 다시한번 더 봅시다. 눈에 익고 또 익어야 한답니다. 보시면 크게 세 가지의 특징이 있답니다.

첫째, 2우수선의 초점이 건물 중심선에 온답니다.

둘째, 발코니가 2개랍니다.(첨성대는 증발(?)됨)

셋째, 경사기둥각이 6각(⊿6)이랍니다.(다보탑은 경사기둥 자체가 없음)

그럼, 다보탑 2관측소의 2우수선(건물중심선 2우수선) 형상만 한번 봅시다.

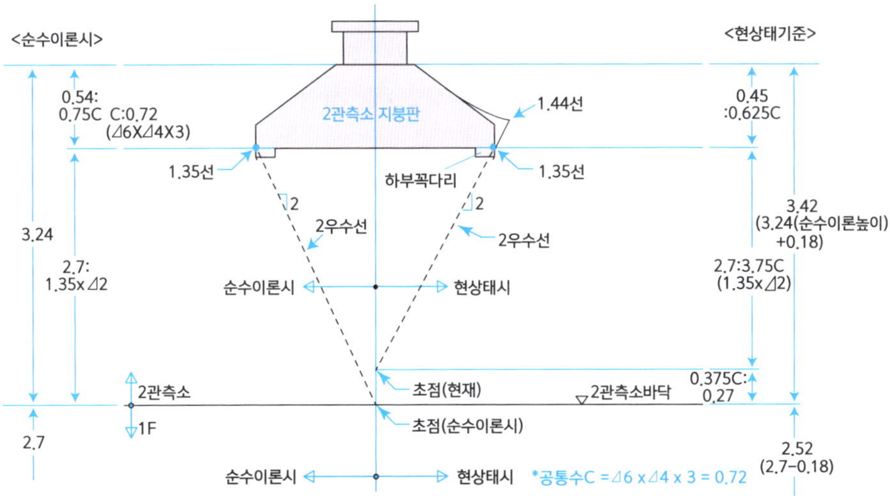

[그림 141] 다보탑 2관측소의 2우수선 개념

다보탑 2관측소의 2우수선 초점찾기가 그리 만만치가 않답니다. 2우수선 시작점도 조금은 애매하답니다. 현 상태의 2우수선 바닥초점은 지붕판 하부꼭다리를 제외한 지붕판두께를 0.45로 보면 관측소바닥에서 27cm 위에 온답니다. 순수이론일 경우를 한번 보실까요. 순수이론 2관측소높이는 3.24(1.08x3)라고 말씀드렸을 겁니다. 1층에서 18cm를 받아서 3.42가 되었답니다. 이 순수이론 높이3.24에서 지붕판두께를 54cm로 보면 2우수선초점이 정확하게 2관측소바닥 정중앙에 오게 된답니다. 순수이론이 훨씬 낫답니다. 첨성대는 묘하게 2우수선의 초점이 바닥정중앙에 온답니다. 9층탑의 2관측소 공통수가 C = Δ6x Δ4x3=0.72라고 했을 겁니다.

9층탑 2관측소의 공통수를 다보탑에 적용해도 되는지 알 수는 없지만 일단 동일하다고 보고 공통수 C도 도면에 표기해 놓았으니 참조하시기 바랍니다.

(2) 0bal(2-1F) : 술잔 발코니(?)

0발코니라! 말이 좀 이상하죠. 맞습니다. 신라탑에서 제일 헷갈리는 것 중 하나가 바로 이 층개념이랍니다. 제가 지하층(-1F)이라고 얘기(표기)하는 것이 엄밀히는(수학적으로?) 0층 개념이랍니다. 왜 0층이 수학적으로(?) 맞는지를 한번 생각해 보세요.
생각할 때마다 헷갈리실 겁니다~ 아니! 헷갈리시는게 정상적이랍니다?~ 그래서, 관측소의 발코니 제일 밑층을 0층 (0bal)이라고 표현한 겁니다. 참고로 이 발코니 갯수는 본 건물의 층수와 동일하답니다(대칭개념임).

즉, 다보탑이 -1층(0층)과 1층이 있으므로 발코니 갯수도 2개가 된답니다. 어! 다보탑이 2개층이네~ㅎㅎ~ 수학적으로 정확하게 다보탑은 2층석탑이랍니다~ 더 헷갈리시죠?~ 제가 이리 짓궂답니다!~

이제 0발코니를 보셔야죠(이해하기 쉽도록 간단히 2-1F로 표기하겠습니다).

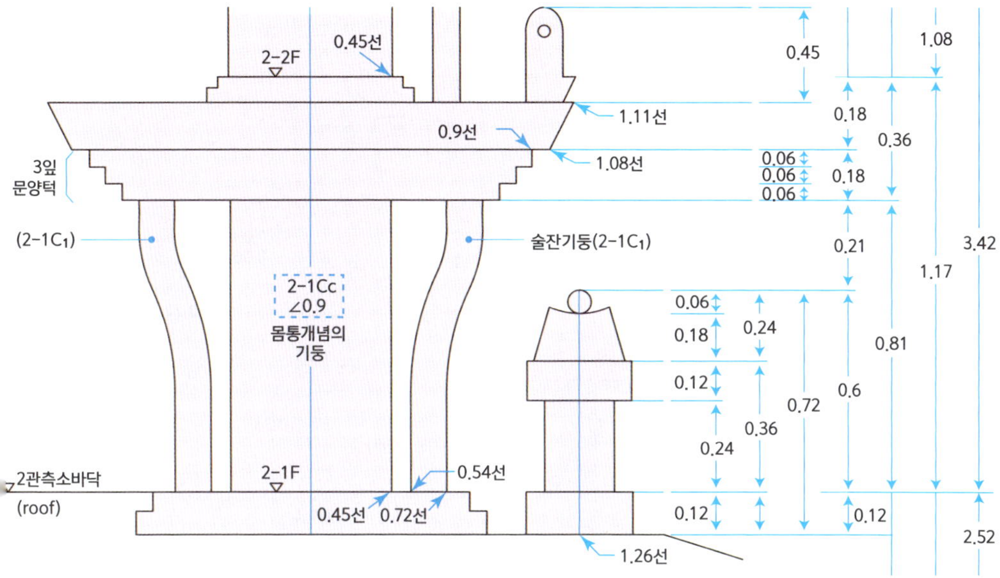

[그림 142] 다보탑 2관측소 2-1F 단면도

다보탑은 곡선 등이 하도 많아서 그림 그리기가 저한테는 쪼께 버겁네요? 중앙기둥인 2-1Cc가 ∠0.9로 1층 중심기둥인 1Cc□0.6보다 큰 이상한 기둥형태를 갖고 있답니다. 아마도 발코니난간이 있으니 비록 기둥이지만 몸통개념이 있는 것 같답니다. 일반적으로 밑기둥이 더 커야 되는데 이 다보탑은 거꾸로 되어 있답니다. 다행인 것은 1Cc는 작아도 주변의 4개 기둥인 1C1이 받쳐주니 구조적으로는 크게 문제가 될 것 같지는 않네요. 2-1F 주변에는 4각난간이 있답니다. 그리고, 2-1C1기둥 8개는 위로 벌어진 형상을 하고 있으며 재미있는 건 꼭 술잔 같이 생겨서 2-1C1기둥을 술잔기둥으로 명명했답니다. 높이에서 잔치수들이 많이 발생이 되는데 이 잔치수들은 이 정도가 아닐까해서 제가 임의로 넣은 치수들로서 너무 믿지는 마세요. 그리고 지붕판은 8각형이며 지붕판 하부에는 약간 안으로 들어와서 3잎문양턱이 있네요.

제가 우스개로 술잔기둥이라고 말씀드렸지만, 윗 발코니(1bal)의 외부기둥이 대나무기둥인걸 보면, 어떤 나무인지는 모르겠으나 어쩌면 어떤 나무를 상징하는 기둥으로 보는 것이 더 맞을 것도 같네요?

(3) 1 bal(2-2F) : 죽주 발코니

1 bal도 잠깐 봅시다.

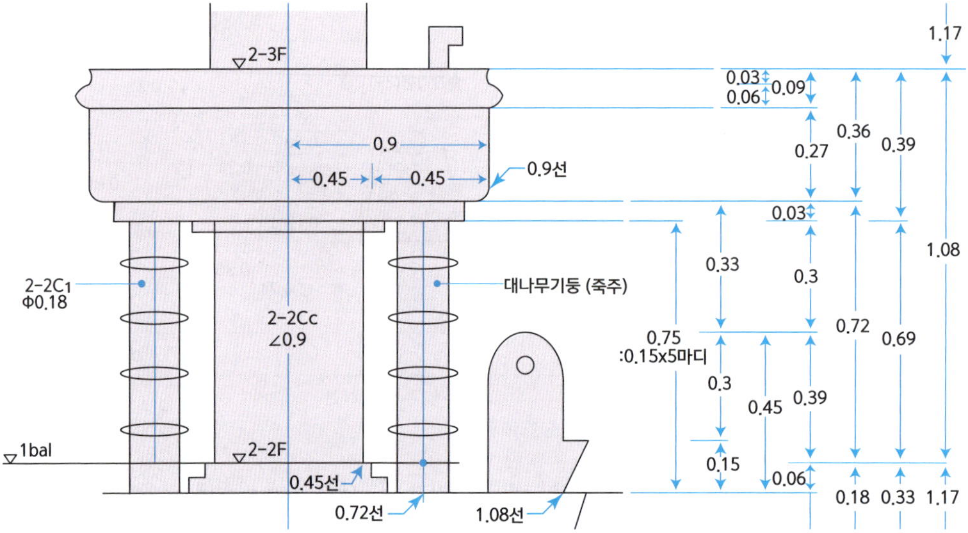

[그림 143] 다보탑 2-2F 단면도

2-2C1 ϕ0.18기둥이 재미있는 놈이랍니다. 묘하게도 원형기둥이네요. 5개의 대나무 마디로 이루어져 있으며, 높이는 0.15x5마디=0.75랍니다. 그래서, 이 기둥을 대나무기둥(죽주)으로 명명했답니다. 어! 죽주네. 대나무통술? 그렇다면 밑(2-1F)에 있는 고급술잔으로 한잔 마시면 술술 잘 넘어갈 듯~ㅋ~ 이 죽주가 대나무같이 아주 곧고 강한 기둥이 되기를 바란답니다.

bal지붕이 아주 특이한 형태랍니다. 8각형같기도 하고 원형같기도 하고 무지 헷갈리네요. 물론 바닥 외부에는 묘하게 생긴 8각난간이 있답니다.

(4) 2bal(2-3F) : 봉사기둥 발코니(날개기둥 발코니)

조금전 2관측소의 발코니가 2개(0bal, 1bal)라고 했는데 제목이 웬 2bal?
예! 맞습니다. 2bal는 없답니다. 다만 bal가 연속되다 보니 편의상 2bal라고 한 거랍니다. 이 임의의 2bal라고 하는 층은 이제까지 제가 이름을 붙여주지 못했답니다~ 밉보였나?~
곰곰히 생각해보니 지붕판(2관측소 바닥판) 받침층이나 날개기둥층(지붕판보강 기둥층)이라고 부르는게 어떨까 생각중이랍니다~ 여러분들도 한번 같이 생각해 보이소!~
아마도 날개기둥층(날개기둥 발코니층)이라고 부를 것 같답니다. 헷갈리시죠! 제가 헷갈리니 아마 더 헷갈리셨을 겁니다?

이제 2-3F를 봅시다. 아주 재미있는 날개기둥층이랍니다.

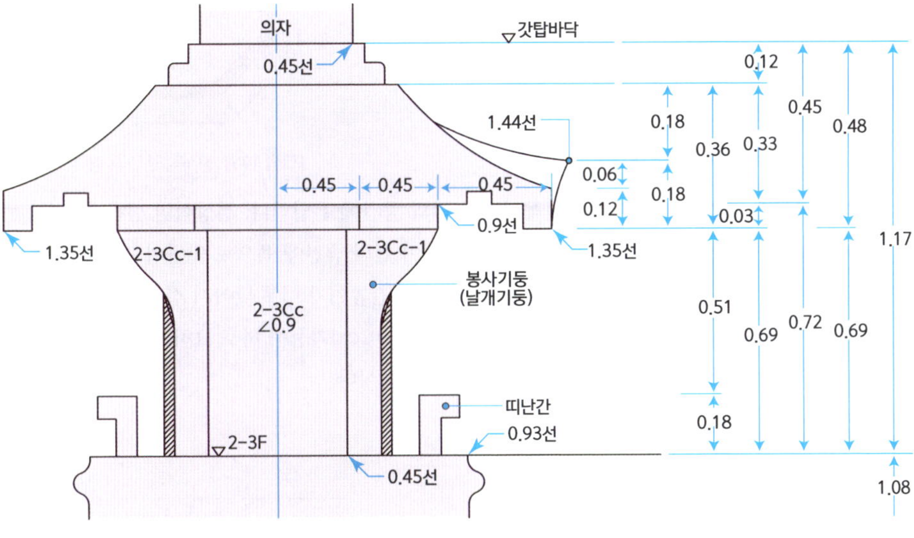

[그림 144] 다보탑 2-3F 단면도

2관측소의 2-3F에서 2-3Cc-1기둥은 상부날개가 2관측소바닥판을 받치기 위해 날개를 많이 벌리고 있답니다. 기둥 개념은 날개기둥 개념의 기둥이지만 손을 뻗쳐서 뭔가에게 봉사하는 느낌이 들어서 봉사기둥이라고 이름지었답니다. 그런데, 기둥이라고 표현은 했지마는 정식기둥은 아니랍니다. 정식기둥이라면 주기둥과 어느 정도 떨어져 있어야 한답니다.

다만 지붕판이 넓어서 받쳐주기 위한 중앙기둥 Cc에 부속된 보강기둥이라고 보시면 된답니다. 기둥표기도 2-3Cc-1이라고 표기했답니다. 2-3F지붕판(2관측소바닥판)끝 하부의 턱이 아주 멋이 있답니다. 아주 특이한 턱이 끝에는 꼭다리식으로 있고 내부쪽에는 위쪽으로 턱이 있답니다. 2단 턱이긴 하나 무슨 의미인지는 알 수가 없네요. 2-3F에서 제일 재미있는 것은 바로 bal난간이랍니다. 한번 보실까요.

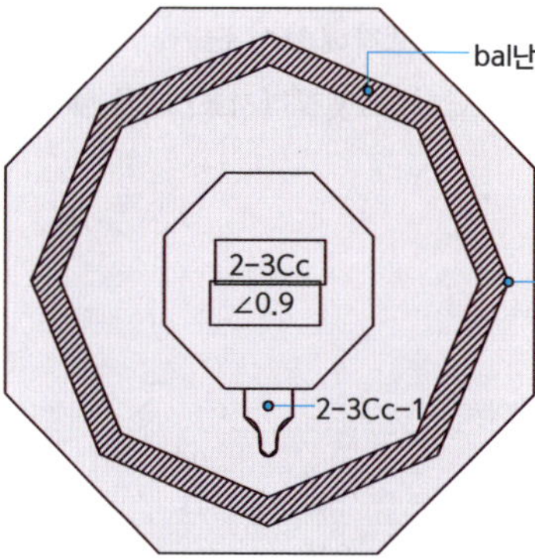

[그림 145] 2-3F 띠난간 형태

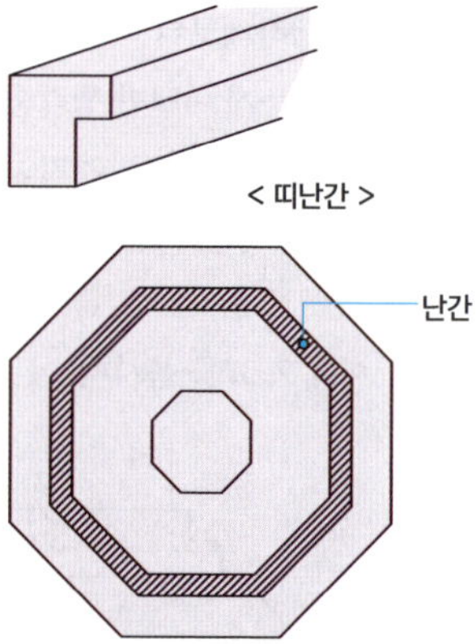

[그림 146] 상식적인 난간 형태

희한하게 생긴 띠난간으로 난간꼭지점이 면의 중간에 온답니다. 정상적인 난간과는 묘하게 zigzag로 되어 있네요. 아마도 2-3Cc-1기둥이 면의 중간에 옴으로 인하여 자연스럽게 난간꼭지점이 면 중간에 온 것으로 생각이 드네요. 난간높이가 너무 낮아서 정상적인 난간처리가 힘이 들므로 띠난간으로 처리한 것 같답니다. 2-3Cc-1기둥이 하도 묘하게 생겨서 제가 임의로 작도법을 한번 생각해 봤답니다. 하부 기준이랍니다.

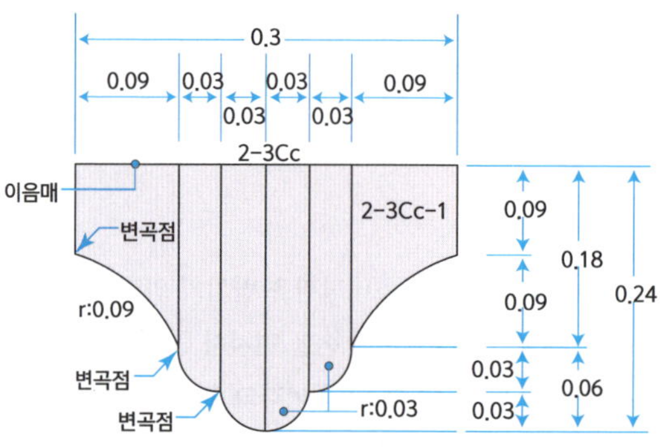

[그림 147] 2-3Cc-1(봉사기둥) 하부평면도

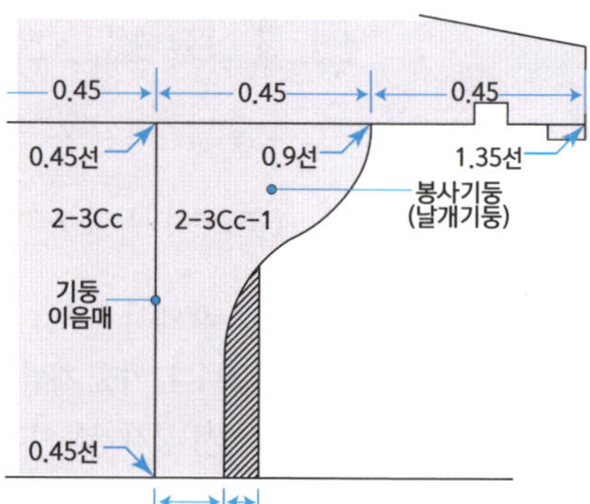

[그림 148] 봉사기둥 : 측면도

이 희한하게 생긴 기둥을 어떻게 그리지 하다가 고민고민 끝에 작도법을 생각은 해 봤는데 맞을지는 미지수랍니다. 한 번 정도 생각을 해볼 필요는 있잖아요.

이 다보탑의 날개기둥형태가 아주 특이하죠. 일반목탑과 첨성대의 날개기둥형태도 한번 볼까요. 재질과 상황에 따라 날개기둥의 형태가 조금씩 다른 걸 느끼실 겁니다.

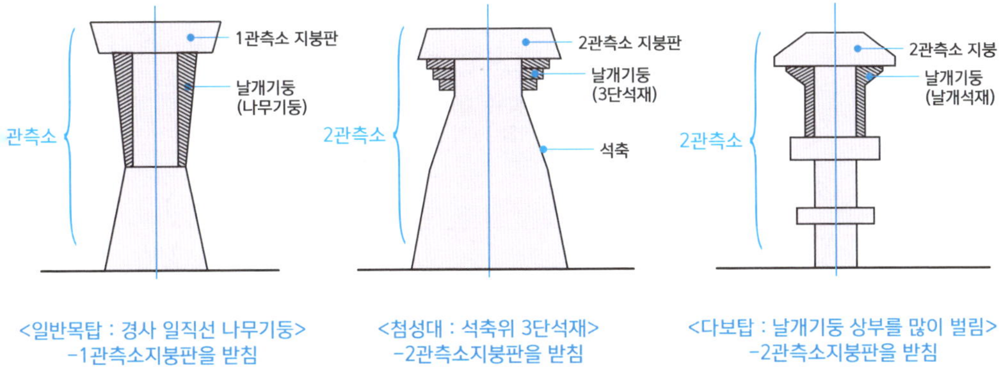

[그림 149] 날개 기둥형태들

보시니 형태가 서로 다르죠. 재미있는 날개기둥 해결법이네요. 특이한 것은 일반목탑(1~9층탑)은 1관측소바닥판을 받치는데 비해서, 첨성대와 다보탑은 2관측소바닥판을 받친답니다(위가 벌어진 날개형상이라 날개기둥이라 이름을 붙여주었답니다).

10. 갓탑과 첨탑

이제 제일 꼭대기에 있는 꼭다리(갓탑과 첨탑)를 한번 봅시다.

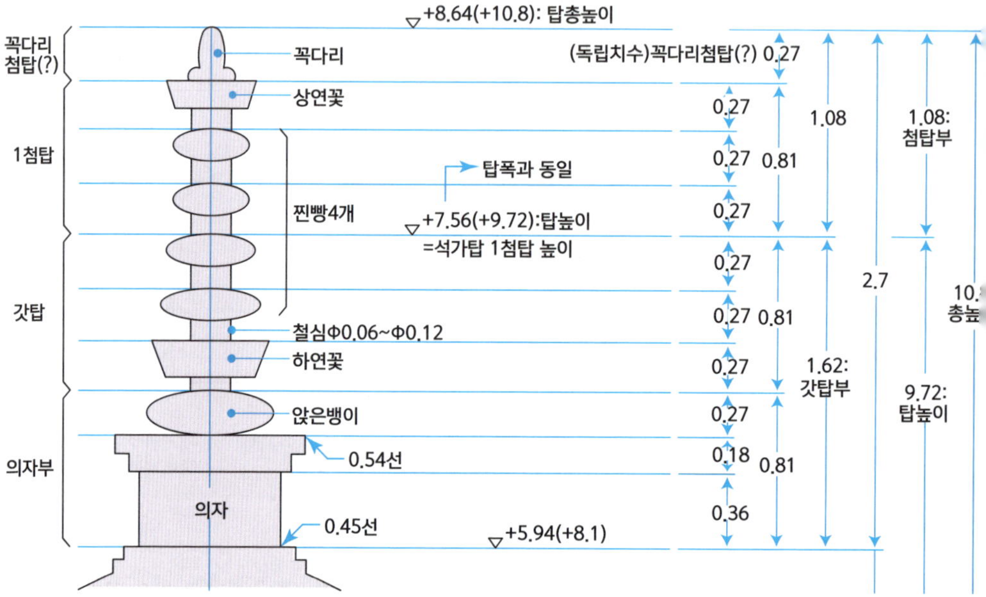

[그림 150] 다보탑 꼭다리 개념: 1갓탑 1첨탑(일반목탑형)

다보탑은 석탑 중 유일하게 첨탑이 한 개 첨탑만 있답니다. 이유는 석가탑의 총높이인 10.8과 일치시키기 위함일 겁니다. 의자는 목탑과 석탑에 다 있네요. 의자 위에 앉아 있는 앉은뱅이는 아마도 종교개념을 갖고 있는 것 같답니다. 그러고, 찐빵류인 하연꽃과 상연꽃은 연꽃모양으로 멋을 좀 낸 것 같답니다. 중간에 찐빵처럼 생긴 것이 4개가 있네요. 의자를 제외한 형상은 정확히 어떻게 생겼는지를 알 수도 없을 뿐더러 그리기도 힘이 들어 대충 형태만 잡아보았답니다. 이 찐빵이든 연꽃이든 어떤 의미인지도 모르겠지만 형태도 도통 알 수 있는 방법이 없기 때문이랍니다.

다만, 찐빵폭 등은 어느 정도 추정은 가능하지만 확실치가 않답니다. 현재의 다보탑을 보시면 찐빵같은 것이 3개만 남아 있답니다. 또한, 갓탑과 첨탑의 이론높이는 2.7m인데, 실측치수는 약 2.24m밖에 안되네요. 즉, 어느 시대인지는 모르겠지만 어떤 한 분(?)이 이 찐빵 1개를 팔아먹어 버려서 3개밖에 안 남았네요. 얼마 받고 팔아먹었는지는 아무도 모른답니다.

엿 바꿔먹었나? 참 아쉬운 일이랍니다. 다보탑의 옥의 티랍니다.
다보탑꼭대기에는 찐빵이 반드시 4개가 있어야 됩니데이. 다보탑의 높이는 9.72m이며, 탑 총 높이는 10.8m랍니다.

이 다보탑은 약간의 변형은 있었을지는 모르지만, 보존 상태가 아주 양호한 훌륭한 건축물이랍니다. 일반 3층석탑과는 게임 자체가 아예 되지가 않는답니다. 다보탑을 보시다가 일반석탑을 보시면 꼭 장난감 보는 느낌이 드실겁니다.

이제 이 다보탑이 왜 1층석탑이며 더 나아가 목탑형석탑으로서 9층일반목탑의 축소판이라는 걸 인지하셨으리라 믿습니다. 잘 보존해야겠다는 생각이 드셨을 겁니다.

Part 3. 석가3층 석탑(석가탑, 불국사 3층석탑)

I. 석가탑의 기본개념

다보1층석탑과 쌍탑개념(?)을 갖고 있는 석가3층 석탑을 봅시다. 탑이름이 쪼께 재미있죠. 다보1층석탑이라 쓰다 보니 대칭개념(?)으로 써본거랍니다. 불국사에는 다보·석가라는 좋은 이름은 다 갖다 쓰네요~ 욕심쟁이?~ 정확하게는 불국사3층석탑이며, 다보1층석탑은 불국사1층석탑이 맞겠죠(불국사에 다보사와 석가사라는 꼬맹이 사찰이 없다면). 오래 오래 기억하시라고 한번 써본거랍니다.

간단히 석가탑이라 부르겠습니다. 탑의 수준은 석탑전성기인 감은사탑 등 보다는 한수 아래(?)이지만(웅장미,수수미·규모 등), 불국사라는 아주 명당자리에 딱 위치하고 있어서 알아볼 겁니다.

1. 최초에 생각했던 석가탑

처음에는 인터넷에서 1층몸통폭이 1.57이며, 1층몸통높이가 1.39라는 치수 정보를 알아낸 후 인터넷 사진을 보면서 오로지 자질로만 나름대로 석가탑을 그려 봤답니다.

한번 보실래요.

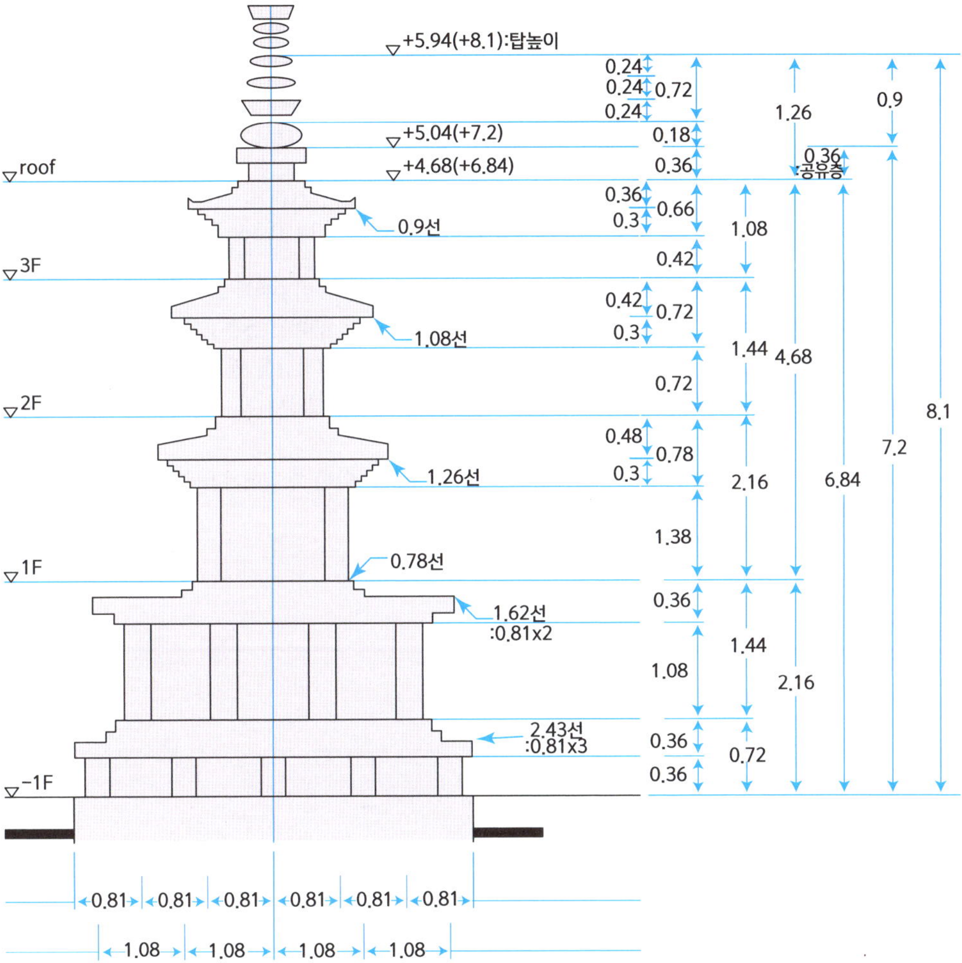

[그림 151] 2013년 최초로 생각한 석가탑

제가 주안점을 둔 것은 바로 목탑과 동일한 1·2·3층 층고비례공법이랍니다. 이 1·2·3층비례공법 자체의 비례가 너무 이상적이라 신라석탑은 기본적으로 3층석탑이 기본이랍니다. 비록 층고이동공법을 사용하기는 했지마는 비례자체가 너무나 이상적이랍니다. 그리고 신라석탑은 지하층이 일반목탑과 동일하게 온지하랍니다. 석가탑의 이론 1·2·3층비례공법을 보실까요.

보시다시피, 1층층고-3층층고=2.16-1.08=1.08, 1·3층층고 차이를 3으로 나누면 1.08÷3=0.36

- 3층 층고 : 1.08 〉 0.36
- 2층 층고 : 1.44
- 1층 층고 : 2.16 〉 0.72

1·3층 층고차이
1.08 차이÷3= 0.36

3층층고에 층고 차이의 1/3인 0.36을 더해주면 1.08+0.36=1.44로 이 1.44가 2층층고가 되며, 2층층고에 1·3층 층고 차이의 2/3인 0.72를 더해주면 1.44+0.72= 2.16이 바로 1층층고가 된답니다. 물론, 가상의 공유층높이 0.36까지도 만들어서 석가탑높이가 8.1m(첨탑을 뺀 높이임)라는 걸 알아내었으며 너무나 완벽하여 입이 쫙 벌어지더랍니다. 실제로 그랬답니다.

그런데, 2018년 실측치수가 있는 도면을 인터넷에서 보고는 입이 쑥 들어가 버렸답니다. 차라리 보지 말았어야 할걸? 그래야 우길 수가 있는디?

2. 신라석탑의 특징

신라일반석탑은 독특한 특징을 갖고 있는 것 같네요. 방금전 보셨듯이 1·2·3층 층고비례공법이 너무나도 층고비례가 어울린답니다. 즉, 1층→2층→3층으로 층고가 줄어드는 과정에서 급작스럽게 줄어들지가 않고 서서히 어떤 비례를 갖고 줄어드니 탑의 층고균형이 잘 맞아 떨어지니 3층석탑으로도 충분하답니다. 그래서 대부분의 신라일반석탑은 3층석탑이 기본이랍니다. 물론 층고치수이동공법으로 1·2·3층 비례공법을 약간은 벗어나긴 하지만 그래도 기본원칙은 지킨답니다. 주로 2층 아지아가 다른 층에 잘 주더랍니다.
마음이 좋은 아저씨인지 오줄없는 아저씨인지?~호구인가?~

그런데, 백제탑류는 어떤 법칙이 있긴 있는데 신라탑과는 층고접근방법이 약간 다르답니다. 1·2층 층고비례공법을 사용한답니다. 무슨말인고 하니, 2층층고가 1층층고의 반이랍니다(반공법). 갑자기 2층층고가 1층층고의 반으로 급격히 줄어드니 3층석탑으로는 층고비례가 어울리지 않으니 2개층을 더 올려서 5층석탑이 된 거랍니다. 백제석탑은 기본적으로 5층석탑이 기본이 된답니다. 가끔 신라석탑도 5층 등이 있을겁니다. 이건 다 문화교류의 산물인 것 같네요.

신라석탑이 3층석탑인 특징도 있지만 크게 또 한가지 특징이 더 있답니다.
바로 지하층이 온지하(완전한 1개층)랍니다. 신라일반목탑이 온지하인 것과 똑같은 개념이랍니다. 기본적으로 신라일반목탑과 일반석탑은 온지하랍니다. 신라탑이라도 사찰목탑과 석판탑류(석판탑·전탑 등)는 반지하보다도 더 낮은 지하층을 갖고 있답니다. 지하층이라 해봐야 계단단높이로 6단(6R) 밖에 안되네요. 사실 지하층이라고 분류하기도 그렇답니다. 그래도 층고는 갖고 있으므로 지하층에는 낑가줄겁니다. 탑높이에 포함된다는 의미이겠죠~ 꼬맹이 지하층!~
근디, 백제탑류는 사찰목탑이든 석탑이든 지하층이 다 계단 6단높이(6R)로 되어 있답니다. 이 높이도 다 지하층으로 낑가줄겁니다~ 제가 마음씨 좋은(?) 아저씨거들랑요. 호궁가~ㅋㅋ~
보셨듯 신라와 백제의 탑접근방식이 조금 다르답니다. 정리해 볼까요.

신라일반석탑의 큰 특징은 3층이며 온지하다. 이자뿌지 마이소!

3. 석탑의 지붕하부 문양턱 개념

신라석탑 지붕의 하부(지붕하판, 하지붕판)를 보시면 문양턱이 있을겁니다. 볼까요.

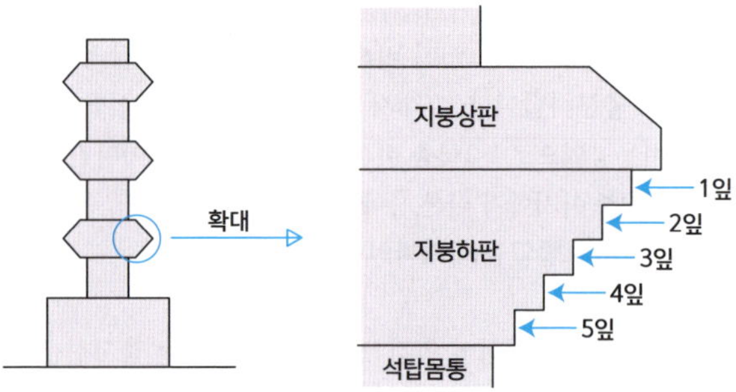

[그림 152] 신라석탑지붕하부의 5잎

보니 5잎으로 되어있네요. 원래는 계단식으로 5단턱이라 불러도 되지만 단이라는 말 자체가 계단느낌이 들어서, 간단히 잎(이파리)으로 부르겠습니다. 석가탑은 그림과 같이 5잎으로 되어 있네요.

이 5잎 문양턱은 어디서 왔을까요? 생각이 안나신다구요? 정답이네요. 생각나시는 분은 문제가 심각한 정도가 아닐 겁니다? 바로 신라일반목탑 지붕끝에 있는 홈통보(서까래를 잡아주는 처마끝 횡보)에 있는 5잎이 그대로 옮겨온 것이랍니다.
홈통보 자체를 보신 적이 없으시다구요~ 안 됐군요! 제 책 "탑의 신비를 찾아서"를 한번 보는 것도 괜찮겠네요!~

홈통보의 5잎형태를 보실까요.

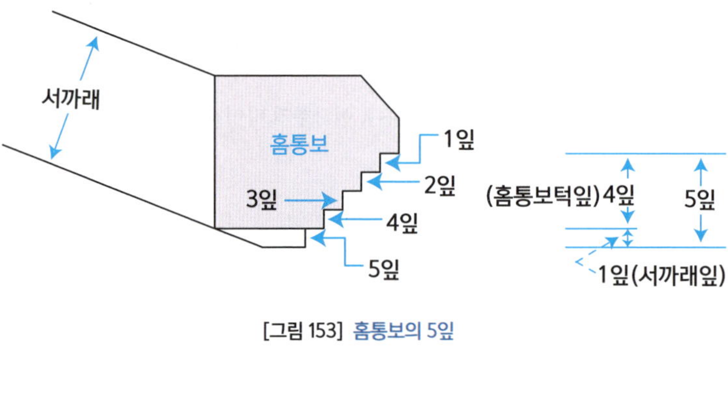

[그림 153] 홈통보의 5잎

5잎중 4잎은 홈통보 자체의 잎이며 제일 밑의 잎은 노출서까래잎이랍니다. 이 지붕하부의 이파리는 석탑에서는 무지 중요하답니다. 이 문양턱인 잎들은 신라석탑(석판탑 포함)에만 있답니다(백제석탑은 보형식임. 묘하게도 다보탑의 1층 지붕하부는 잎형태가 아니고 2단보형태랍니다. 백제석탑은 기본적으로 3단보 형태임).

석탑들을 보시다 보면 이파리 숫자가 다른 경우가 있을겁니다. 3·4·5잎 등이 있을 겁니다. 석가탑의 5잎은 석탑전성기의 전형적인 잎수랍니다.

석탑의 각기 다른 이파리 갯수들을 보실까요.

3잎	목탑에도 3잎이 있답니다. 관측소 bal끝이 3잎임.
4잎	4잎이 제일 헷갈린답니다. 4잎으로 하신 석공은 홈통보 제일 밑 서까래잎을 인정하지 않은 분일 듯
5잎	가장 많은 탑에 해당되며, 정통적인 잎수임.
2~10잎	석판탑과 전탑등에서 발생되는 잎들로 석탑과는 다른 형태임. 특히, 6잎은 석탑에도 보임.

[표 5] 석탑의 이파리 숫자 분석하기

보시듯 여러 종류의 이파리들이 있네요.

4. 석가탑의 이론치수와 실적용치수 비교표

이론치수와 실적용치수 비교표를 만들어 봅시다. 몸통부 기준이랍니다.

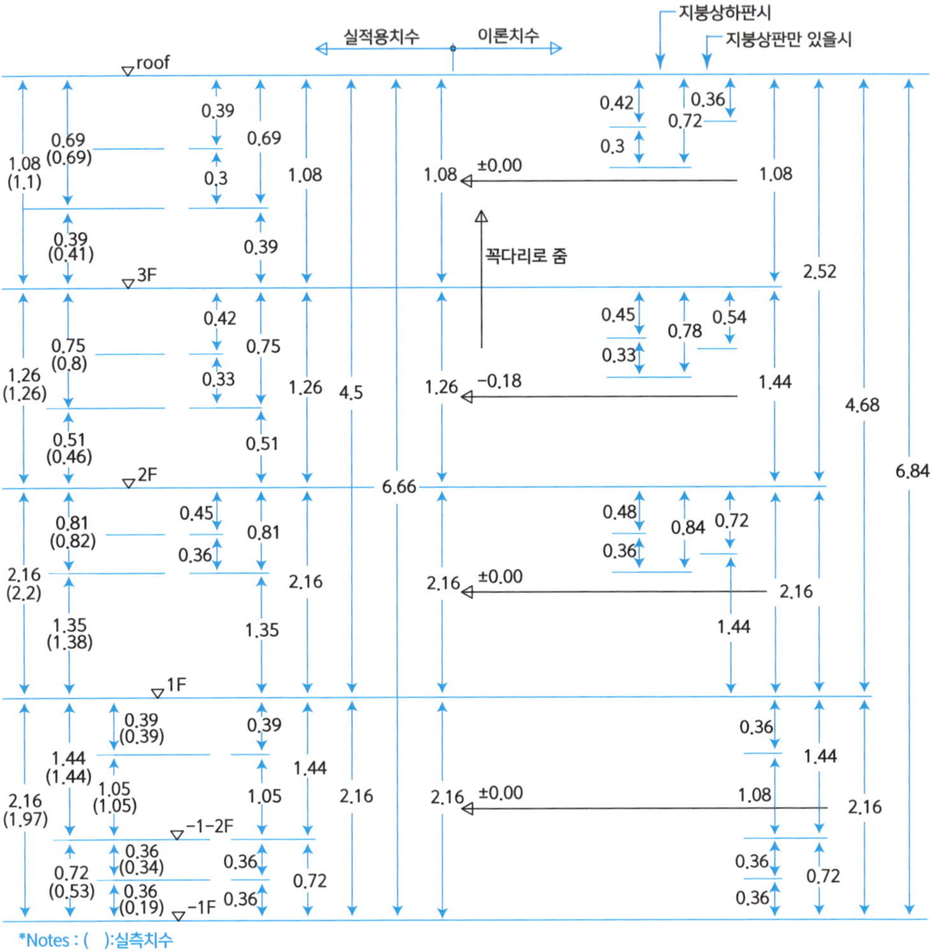

[그림 154] 석가탑 몸통부 실적용예정 치수와 이론 치수

순수이론치수와 실적용예정치수가 층고이동으로 차이가 난답니다. 문제는 적용치수와 실측치수가 많은 차이가 난답니다. 1~3cm정도 차이면 그렇겠구나라고 생각할 수도 있는데, 5~7cm이상의 차이가 나면 제가 적용예정치수 설정을 잘못했거나 아니면 현 석가탑 자체에 문제가 심각할 수도 있답니다. 제가 적용예정치수 가정을 잘못했을까요 아니면 현재의 석가탑

자체에 심각한 문제가 있을까요? 판단은 이 글을 읽으시는 분이 스스로 해주시기 바랍니다?

제가 석탑층고를 판단하는 방법은 너무너무 간단하답니다. 3의 배수공법 중 9가 제일 좋다고 말씀드렸을 겁니다. 그래서 모든 석탑류의 층고는 반드시 9의 배수로 한답니다. 모든 석탑치수를 비교 분석해 보시면 어떤 누구도 아실 수 있답니다. 그러다 보니 석탑 실측치수가 굉장히 애매한 치수가 나오더라도 9의 배수에 가까운 층고를 설정한답니다. 그런데, 유독 석가탑의 실측치수는 판단하기가 너무 어렵더랍니다. 보실까요. 1층층고는 실측치수가 2.2m랍니다. 2.2에 제일 가까운 9의 배수숫자는 2.16과 2.25가 될 겁니다. 1층층고는 이론치수인 2.16에 더 가깝답니다. 2.16과는 4cm차이이며, 2.25는 5cm차이랍니다. 여기다가 신라 1자는 30cm보다 약간 더 크답니다. 그러면 더더욱 1층 층고는 2.16에 가까워진답니다. 3층층고 실측치수는 1.1이랍니다. 어떤 누구가 보셔도 이론3층층고인 1.08에 가깝지 1.17이라고 우기는 놈은 없을 겁니다. 그래서 몸통층고를 여러 가지의 경우의 수로 실측치수와 서로 비교해 보았답니다. 석가탑 몸통이론높이는 4.68이랍니다. 그런데, 실측치수를 비교해 보시면 1·3층 층고는 어쨌든 이론층고와 비슷하답니다.

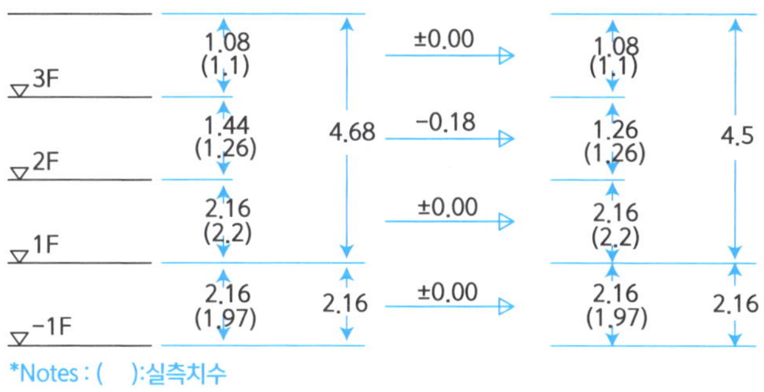

[그림 155] 이론치수 [그림 156] 실제적용치수

그런데, 2층층고만이 이론치수보다 실측치수가 18cm가 줄어들었답니다. 그래서 이 줄어든 18cm를 1층에 주어서 1층층고를 2.16+0.18=2.34로 해서 총몸통높이이론치수를 그대로 유지할려고 했었답니다. 그런데 2층치수 18cm를 받은 1층층고가 실측치수와 너무 많은 차이가 나서 고민고민하다가 결국 2층층고에서 줄어든 18cm를 만만한(?) 꼭다리에 주기로 했답니다. 꼭다리도 공짜라 그런지 그리 싫어하는 눈치가 아니네요? 그래서 총순수몸통이론치수를 4.68에서 18cm줄어든 4.5m로 하기로 했답니다. 가능한한 총몸통높이를 이론높이에 맞추려고 했었는데, 실측치수도 존중해야겠죠. 그래도 아직까지 헷갈리고는 있답니다.

근데 한 가지 확실한 것은 현 석가탑이 쪼께 문제가 심각한 상태랍니다. 조금만 더 읽으시면 이유를 아실 수가 있을 겁니다.

저는 처음에는 현재의 석가탑실측치수 자체에 문제가 심각한 걸로 생각하고 실측치수를 무시할려고도 생각해 보았는데 감은사지탑치수도 똑같은 현상이 나타나더랍니다. 그때까지만 해도 층고치수이동공법 자체를 모르는 상태였답니다.

그래서 엄청난 장고 끝에 현 실측치수를 따르는 게 맞다는 결론을 내렸답니다. 이유는 이렇답니다. 전에도 잠깐 말씀드렸습니다만 지붕판 자체가 두꺼워지면서 치수변동이 발생된 것으로 보인답니다.

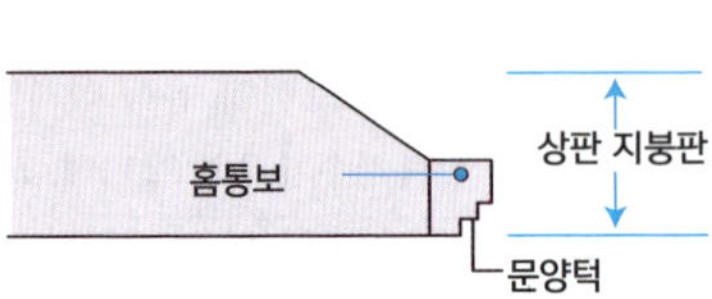

[그림 157] 일반목탑 지붕판 : 상판만 있음

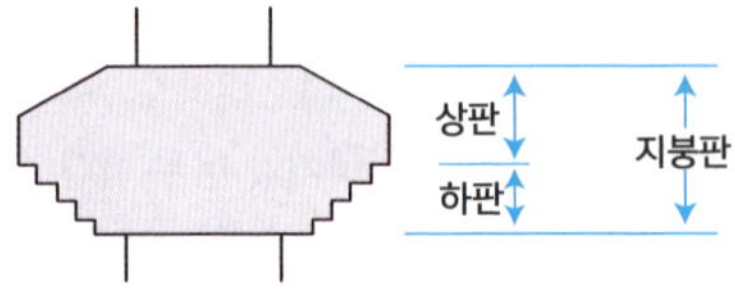

[그림 158] 석탑지붕판 : 상·하판으로 분리되면서 두꺼워짐

석탑의 지붕판이 상·하판으로 분리되면서 일반목탑의 홈통부 하부 귀퉁이에 있던 문양턱이 하판에 오면서 문양턱 자체가 지붕하판이 되면서 상지붕판을 받쳐주는 하부보 역할까지 겸하게 되었네요. 문양턱은 기본적으로 다섯 이파리가 될 겁니다. 그리고 1층지붕판 법칙인 1:2 비율도 사라져 버렸답니다.

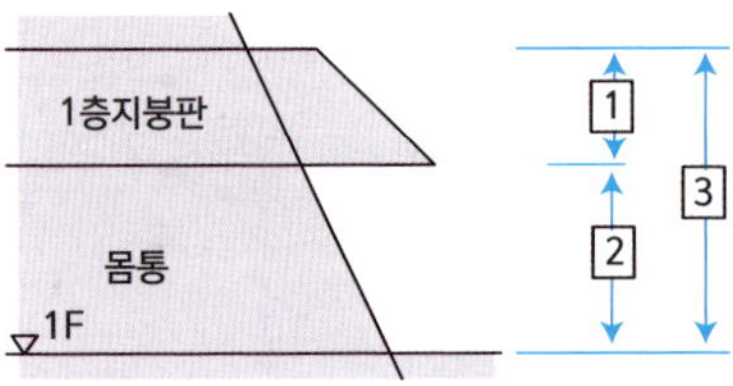

[그림 159] 일반목탑 1층지붕판 비율 1:2

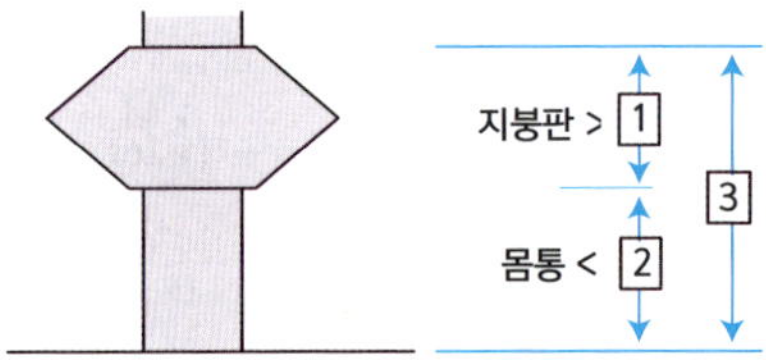

[그림 160] 석탑1층 지붕비율

즉, 일반목탑에서의 기본이론들이 석탑화되면서 전체 치수가 자체변화치수로 바뀌게 되었나 봅니다. 층고의 이론과 적용치수를 다시 한번 비교해 봅시다.

구 분		순수이론치수		실제적용치수		비 고
3층	지붕판	0.72	<층고> 1.08	0.69	<층고> 1.08	-0.03
	몸통	0.36		0.39		+0.03
2층	지붕판	0.81	1.44	0.75	1.26	-0.06
	몸통	0.63		0.51		-0.12
1층	지붕판	0.9	2.16	0.81	2.16	-0.09
	몸통	1.26		1.35		+0.09
지하층	-1-2F	1.44	2.16	1.44	2.16	±0.00
	1F	0.72		0.72		
	계		6.84		6.66	-0.18:꼭다리에줌

[표 6] 석가탑 층고 치수 변화표

도표를 보시면 지하층층고는 변화가 없으며, 2층층고에서 0.18을 떼어다가 꼭다리에 준답니다. 이 2층 아재는 마음씨가 좋은 아지아 같답니다? 제가 실측치수 없이 자질로 추정한 최초 도면과 비교해 보시면 3층까지 전체높이는 0.18이 줄어들었으며, 각 층의 지붕판이 각각 12cm씩 넓어져 있는 상태이며, -1-2F의 폭은 1.62선으로 같으며, -1F의 끝이 2.43선으로 2.16선인 현 상태보다 0.18이 컸답니다.

아무것도 모르는 상태의 초짜배기치고는 무지 비스무리하게 맞추었답니다.

5. 1층 지붕끝선 개념

일반석탑의 1층지붕끝선 개념이 아주 특이하고 중요한 개념이므로 한번 짚고 넘어가 봅시다.

저는 1층 지붕끝선을 1.26선으로 가정했는데, 현상황은 0.06이 큰 1.26 + 0.06 = 1.32선이네요. 1.32선이 뭐죠?
갑자기 제가 물으니 헷갈릴 수도 있답니다. 몸통부 중심선에서 수평으로 1.32(132cm)떨어져 있다는 뜻이겠죠. 혹시 가물가물 하실까봐 중간점검 차원(?)에서 한번 확인해 보는 것이랍니다. 눈에 익으면 익을수록 좋답니다. 왜 1층지붕 끝선이 1.26선(0.18x7이며, 숫자합이 9로 아주 양호한 숫자임)이 아니고, 숫자합이 6인 1.32선(1.26+0.06)인지를 무지 많은 고민 끝에 해답을 찾아내어 봤답니다. 맞는지는 미지수(?)랍니다다?

한번 그려 보셔야죠. 그려봐야 만이 이해하실 수가 있답니다.

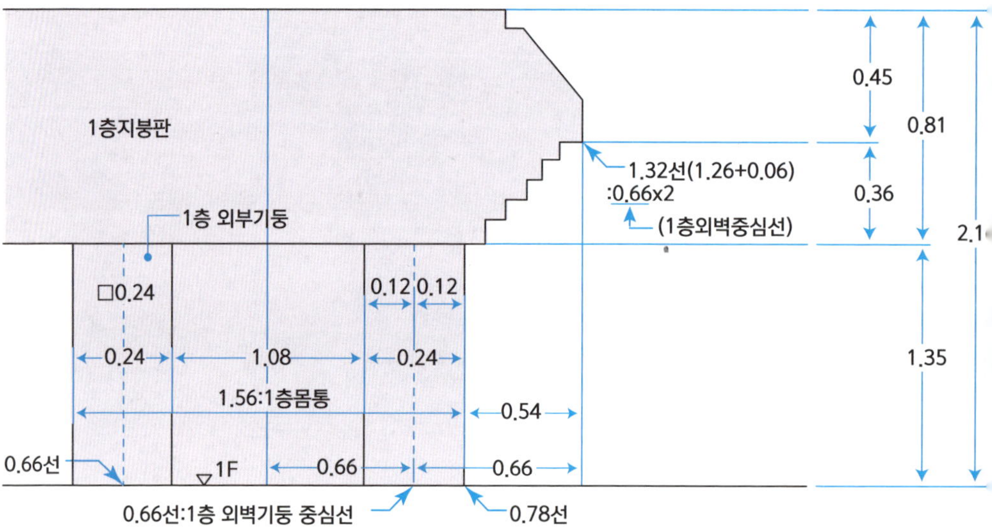

[그림 161] 석가탑 1층 지붕끝 : 1.32선 개념도

1층지붕이 우수선의 영향을 별로 받지 않는답니다. 즉, 1·2우수선의 지배를 받지 않는답니다. 희한하죠. 석탑이 돌삐라서 그렁가. 더한 것은 처마끝각도 일반목탑의 ⊿6의 기본개념은 갖고는 있는데 별로 개의치 않는답니다.

도면을 보시면 1층 기둥중심선이 0.66선이며, 0.66x2=1.32선이 1층지붕 끝선이 되더랍니다. 즉, 지붕끝선의 반이 바로 1층몸통부 외벽기둥의 중심선이 되더랍니다. 그런 의미로 이론지붕 끝 1.26선에서 6cm를 더 넓혔는지는 확실치는 않으나 그나마 이해는 조금 할 것 같답니다.

말로 하니 더 헷갈리시죠. 개념을 확실히 하기 위해 아주 간단히 다시 그려 보겠습니다.

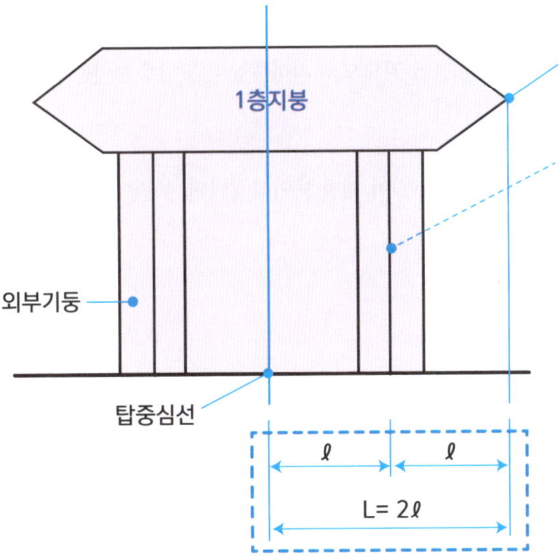

[그림 162] 1층지붕끝선과 외부기둥중심선

그림에서 보시듯, 탑중심선에서 외벽기둥중심선까지(ℓ)와 외벽기둥중심선에서 지붕끝선까지(ℓ)의 폭이 똑 같답니다. 앞의 큰 그림보다는 이해가 조금 더 쉬우실겁니다.

이 1층지붕끝선 개념이 석가탑에만 적용되는 것이 아니라 정통파인 신라일반석탑의 기본 개념으로 지붕끝선 설정에 무지 중요한 개념이랍니다. 제가 다보탑에서는 별도로 말씀을 드리지는 않았지만 똑같은 법칙이 적용되었을 겁니다.

~저만 아는 비밀이었는디! 욕심이 많아 잘 안 알으켜주는데 들켜뿐네~ㅋㅋ~

6. 석가탑 개념도

여기쯤에서 석가탑 도면(231page)을 한번 보셔야죠. 그래야 형태를 파악할 수 있답니다.

Notice 원본도면 No.13 석가탑 개념도

석가탑을 보시면 가상탑폭을 8.64로 가정해 볼 수 있으나 실제탑폭은 반인 4.32, 탑높이는 탑폭의 2배인 4.32x2=8.64m(가상탑폭)이며, 탑총높이는 10.8m랍니다.
이 석가탑은 다보탑과 쌍탑개념이 있으므로 지하층높이와 탑총높이는 다보탑과 같게 했답니다. 기본 Module은 1.08이랍니다.

도면을 유심히 보시면, 불량품(?)이 제법 보이실겁니다. 우짜다가 이 지경까지 되었는지는 아무도 알 수가 없네요!

II. 층별 개념

석가탑이 3층석탑 중 우리가 제일 많이 접하는 석탑이랍니다. 간단하게나마 각 층을 떼어서 한 번 봅시다. 밑에서부터 올라가 봅시다. 지하층부터 먼저 봅시다.

7. 지하층

(1) 지하층 단면도

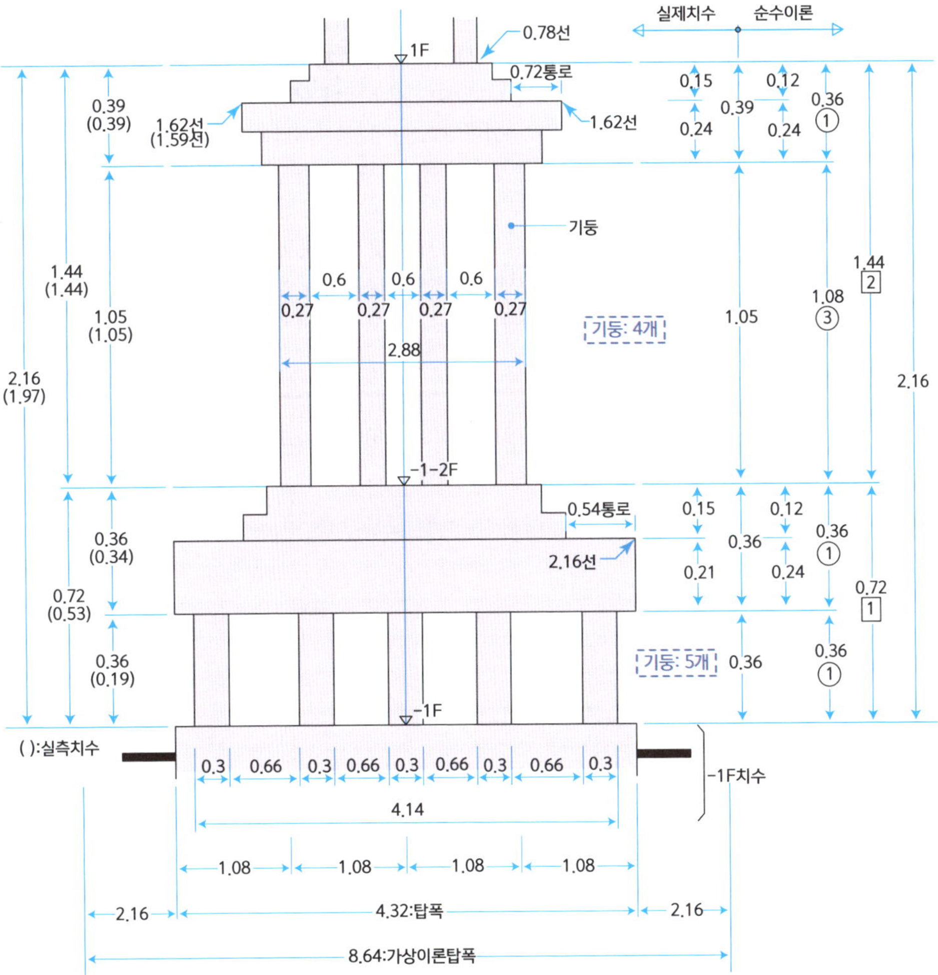

[그림 163] 석가탑 지하층 단면도

책폭이 좁아, CAD로 그리다보니 홀쭉이가 되어 버렸네요. 실제로는 펑퍼짐 합니데이!

실측치수는 현상태의 실측치수이며 어떤 치환도 하지 않았답니다. 즉, 현대의 미터법으로 잰 치수랍니다. 이 실측치수와 이론치수의 비를 비교해 보시면 탑을 지을 당시의 1자의 길이를 추정해 낼 수가 있답니다. 석가탑 지하층은 현상태치수가 엉망인지 이론계산치수가 엉망인지는 모르겠으나 1자길이 추정하기는 힘든 상태랍니다. 다른 층이나 다른 탑에서 잘 추정해 보십시오.

순수이론치수는 저라면 이렇게 하겠다라는 치수로 주로 비례공법을 쓴 거랍니다.
예를 들면 1 : 2 라든지 1 : 3 이런 식이랍니다. 지하층은 크게 2개층으로 구분된답니다. 일반목탑석축도 상·하 2단석축으로 되어 있답니다. 묘한 것은 일반목탑석축은 상석축 : 하석축 = 1 : 2가 기본인데, 석탑은 묘하게 거꾸로공법이네요. 밑에 있는 좀 넓은 지하층이 -1F이며, 그 위가 -1-2F랍니다. 지하층의 2개층도 각각 상판과 몸통으로 구분된답니다. 상판의 개념은 지붕판개념이 조금은 있긴 있는데 지붕판으로 분류하기도 좀 그렇고 해서 단순히 상판이라고 부르겠습니다. -1-2F상판두께가 이론적으로는 0.36이 맞은 것 같은데 현상태가 0.39라 0.39를 따르기로 했답니다. 개인적으로는 싫은디? 모르죠. 상판도 물구배가 있을 수도 있답니다. 이 상판의 물구배가 무지 헷갈린답니다. 물구배를 두기도 그렇고 완전히 수평처리하기도 애매하답니다.

기본 Module은 1.08로 했답니다.[처음에는 0.81(0.27x3)일 거라고 가정했답니다. -1-2F상판 끝선이 1.62선(0.81x2)이라서 그렇게 생각한 것 같네요]

(2) 지하층의 외부기둥 갯수 개념

지하층을 편의상 지하층의 1층(-1F. 엄밀히는 -1-1F임)과 지하층의 2층(-1-2F)으로 분리해 보겠습니다. 폭과 외부기둥 갯수가 다르기 때문일겁니다. 또한 지하층의 1층 상부에 층분리(층 기초판) 개념인 흉내계단 2단이 있기 때문일 겁니다. 앞의 지하층 도면을 보시면 지하층의 2층(-1-2F) 외벽기둥은 4개이며, 지하층의 1층(-1F) 외벽기둥은 5개일 겁니다.

그런데, 현재의 석가탑 상태는 -1F 외벽기둥이 4개로 되어 있답니다. 고선사탑과 감은사탑은 -1F기둥이 5개랍니다. 석가탑이 고선사탑과 감은사탑을 거쳐서 진화했다고 보면 저 개인생각으로는 5개 기둥이 맞다고 생각한답니다. 물론 고선사와 감은사탑의 -1F폭보다 훨씬 적어서 4개로 해도 크게 문제는 없을 것도 같기는 하나 -1-2F와의 기둥사이폭(외벽폭)이 차이가 너무 많이 나서 영 보기가 그렇답니다. -1F가 기둥이 4개시(현상태)의 도면을 보시고 -1F와 -1-2F의 외벽폭비를 한번 비교해 보십시오. -1-2F의 기둥사이폭과의 비례가 쪼께 어울리지 않은 것 같지 않으세요. 보세요.

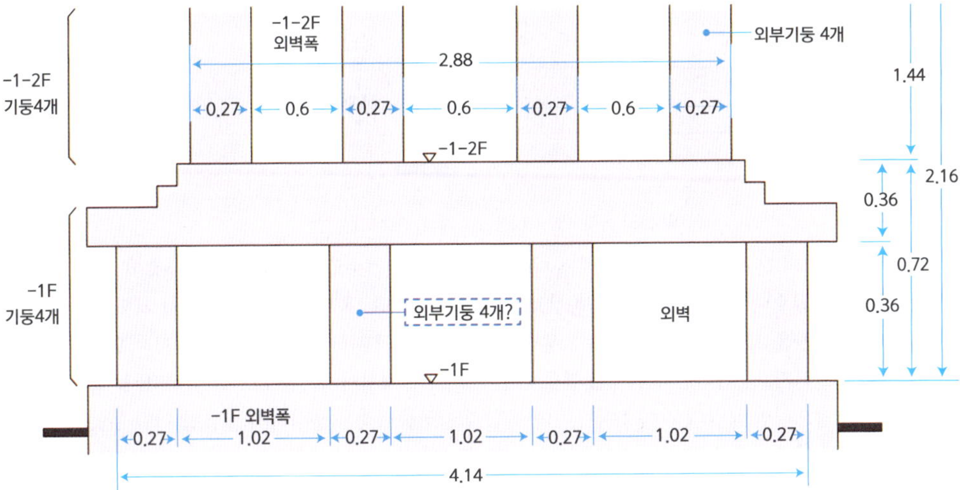

[그림 164] 현상태의 석가탑 -1F 기둥수 : 4개? ~ 문제가 심각? ~

-1F에 외벽기둥 5개를 넣으면 기둥사이폭이 0.66으로 -1-2F의 0.6과 6cm밖에 차이가 나지 않아서 보기에도 좋답니다. -1F기둥이 4개시의 기둥사이폭 1.02와 비교해 보시면 확연한 차이가 나실 겁니다. 그러고 현상태의 -1F의 기둥높이도 완전히 엉망진창이랍니다. 너무 지나치게 낮답니다. -1F의 기둥수와 높이를 보면 말로 표현하기가 불편할 정도로 불량품 그 자체랍니다.

석가탑을 처음 만들었을 때 이랬을까요?

만약 현 상태대로 만들었다면 그 건축기사는 그 자리에서 짤렸을 겁니다. 물론 그 전에 받았든 월급까지 다 회수했겠죠. 너무 심했나 ~ㅋㅋ~ 근데, 그런 건축기사는 신라시대에는 존재하지도 존재할 수도 없었답니다.

(3) 석탑 지하층형태가 어디서 왔을까요?

1층으로 가기 전에 석탑지하층형태에 대해 한번은 짚고 넘어갈 필요가 있을 것 같아 같이 생각해 보는 시간을 가져봅시다.

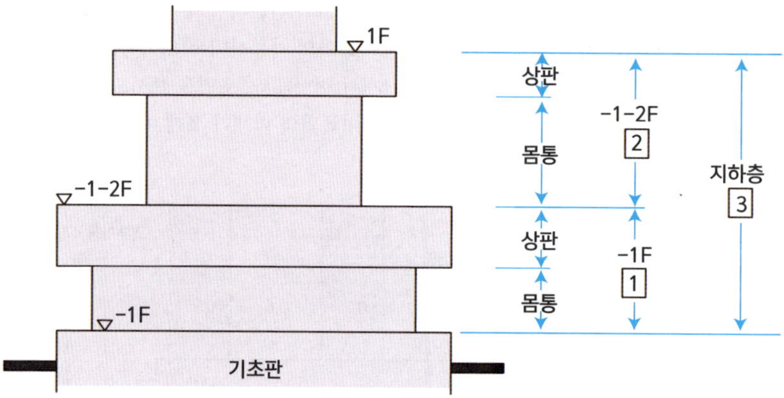

[그림 165] 신라석탑 지하층 구조개념: 순수이론기준

먼저, 석탑의 온지하를 크게 분류해 봅시다. 그림을 보니 억수로 못난이네요. 지하층이 2개층으로 되어 있으며 각층은 상판과 몸통부로 구성되어 있네요. 옳게 분류가 되었는지 저도 헷갈리네요. 상판을 지붕판으로 보자꼬요? 생각나름? 이 석탑의 지하구조물을 보고 혹시 떠오르는 것이 있으신지요? 어디선가(?) 본듯본듯 하면서도 팍 스쳐지나가지는 않으실 겁니다. 잘 생각이 나지 않으시면 석탑의 지하층이니, 일반목탑의 지하층석축을 생각하시면 금방 어떤 무엇이 뇌리를 스쳐지나가실 겁니다. 바로 석축형상일 겁니다.

일반목탑의 지하층석축을 한번 보실까요. 반갑죠 ~ㅎ~

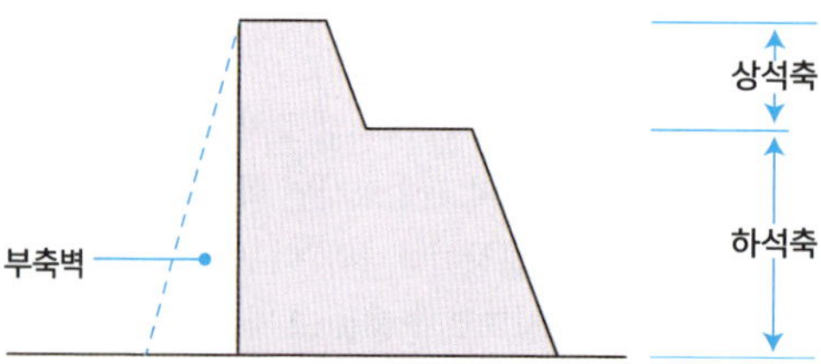

[그림 166] 일반목탑의 대충석축형태

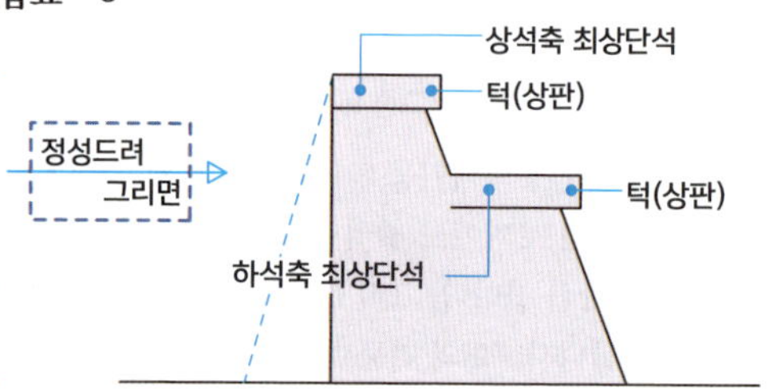

[그림 167] 자세히 보시면 각석축 최상단석이 톡 튀어나와 있음

제가 대충(?) 그려서 잘 보이지 않으시겠지만 정상적으로(?) 그리면 각 석축 최상단석이 톡 튀어나와 있답니다. 석탑지하층 형태와 비교해 보셔야죠.

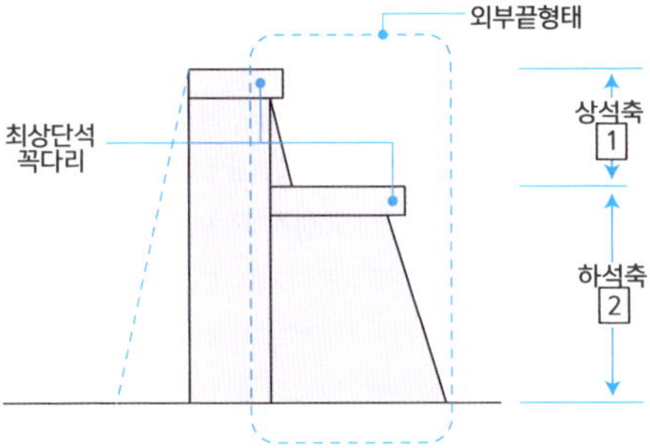

[그림 168] 일반목탑 지하층 석축형태 : 일반비례

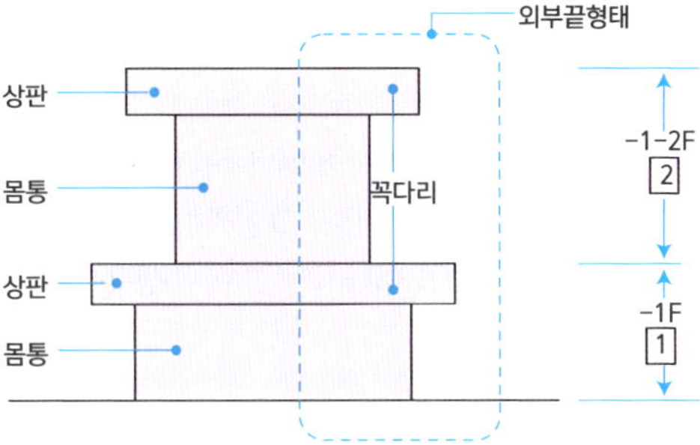

[그림 169] 석탑 지하층 석축형태 : 일반비례(이론)

상·하석축비례만 바뀌었지 기본적으로 외부끝 형태는 똑같답니다. 다만, 일반목탑석축 외부면경사각이 석탑에서는 수직화된 것 뿐이랍니다. 또한, 목탑석축은 높이가 높은데 비해서 석탑은 지하층층고가 낮아져서 상판이 무척이나 크게 보인답니다. 그리고 석탑의 상판과 몸통부는 자체적으로 자기 형태를 갖추어 간답니다.

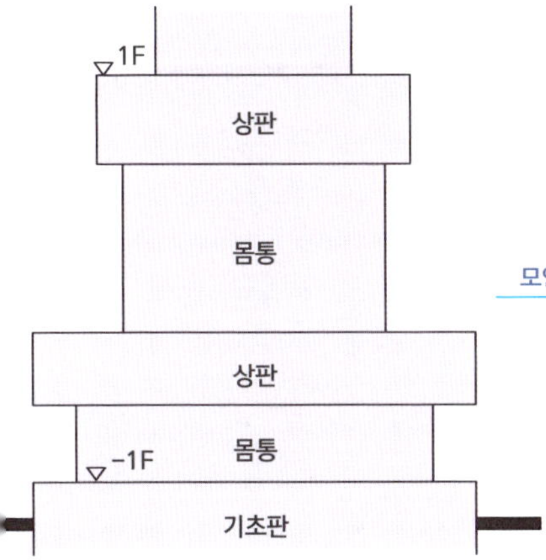

[그림 170] 석탑 지하층 기본형태

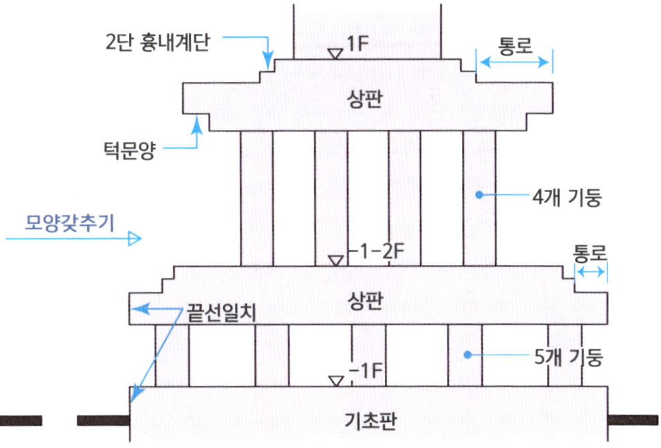

[그림 171] 석탑 지하층 모양 갖추기

-1-2F의 상판에는 일반목탑의 1층 진입계단 2개가 지하층 소속으로 내려오면서 낮은 2단계단이 생기면서 외부통로가 있으며 상판끝에는 2단문양턱이 생긴답니다. 외부통로에는 물구배가 대부분의 석탑에 살짝 있는 것도 같답니다. -1-2F 몸통에는 4개의 외부기둥이 발생된답니다.

-1F상판도 -1-2F상판과 대칭개념으로 만들었네요. 그리고, -1F 몸통부기둥은 -1-2F보다 폭이 크니까 5개의 외부기둥을 만든 것 같답니다.
-1F 밑에는 기초판이 있는데 기초판상부끝선을 -1F 상판끝과 일치시키는 걸 기본으로 생각하고 있답니다.

제가 석탑지하층의 형태가 어디서 왔는가를 제 나름대로 한번 생각해 보았는데 같이 풀어보신 소감이 어떠신지요? 그럴싸한가요. 아님, 엉터리 같으신가요. 조금 더 생각해 보아야 되겠다고요? 맞고를 떠나서 가끔 이런 생각을 해보는 것도 재미있답니다.

8. 1층

(1) 1층 단면도

이제 석가탑 1층으로 올라가 봐야겠죠. 지붕판의 각 치수들은 제 임의로 넣었답니다.

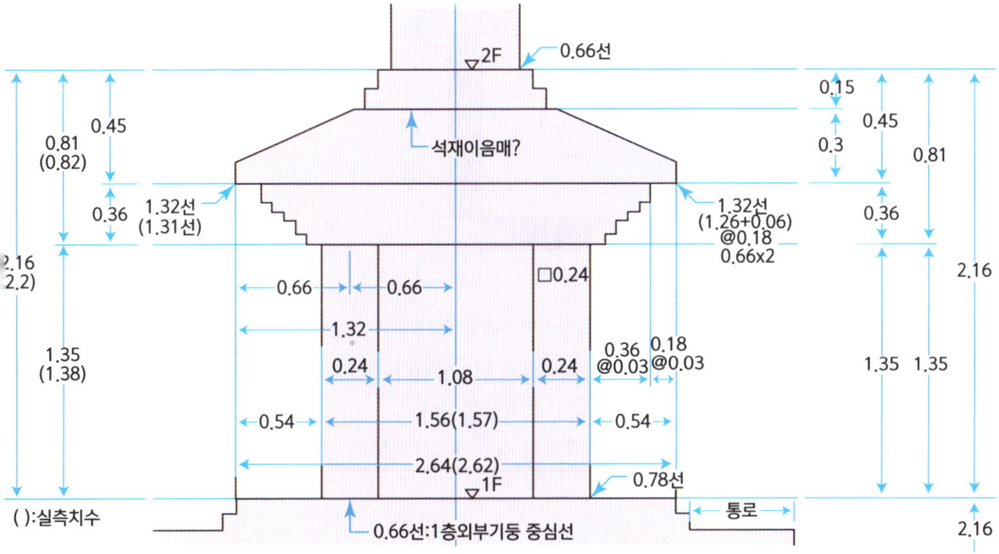

[그림 172] 석가탑 1층 단면도

일반석탑은 형태가 아주 단순하답니다. 지붕하판을 보시니 5단문양턱(5잎)이 있으며 외부 기둥중심선의 2배가 1층 지붕끝선이 되네요. 싱겁죠!

(2) 통돌공법

1층 몸통부를 보시면 네 귀퉁이에 기둥이 있답니다. 아닝가? 잘못봤나? 저는 처음 이 탑 몸통부가 이렇게 생긴걸로 생각했답니다.

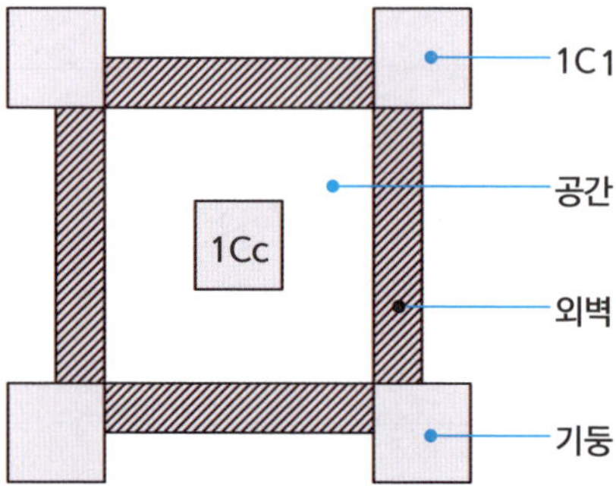

[그림 173] 처음 생각한 석탑 몸통부 구조도

물론, 다보탑도 비록 외벽은 없지마는 이렇게 생겼답니다. Cc와 그 주위에 4개의 귀기둥이 있으며 외부기둥 사이에 외벽이 존재한다고 생각했답니다.
아니! 그 어떤 누구라도 저와 똑같이 생각하실 겁니다. 그래서, 이 외벽을 어떻게 설치할까 무지 고민을 많이 했답니다.

그리고, 눈에 보이지도 않는 중앙기둥이 어느 정도의 크기일까 해서 있는 머리 없는 머리 다 짜내고도 모자라서 잔머리까지 굴려서 1Cc가 □0.72정도일 거라고 생각해 놓았답니다. 그런데, 이변이 일어났답니다. 외벽설치를 어떻게 할까하고 고민할 필요도 없어졌으며 중앙기둥이 □0.72가 맞을까 틀렸을까를 생각조차 할 필요가 없게 되었답니다. 이유가 뭘까요?

바로 인터넷에서 이상한(?) 사진 한 장을 봤거들랑요! 요로케 생겼더랍니다. 고민할 필요가 전혀 없겠죠. 있다꼬요? 석탑몸통이 한 개의 통석으로 되어있더랍니다.

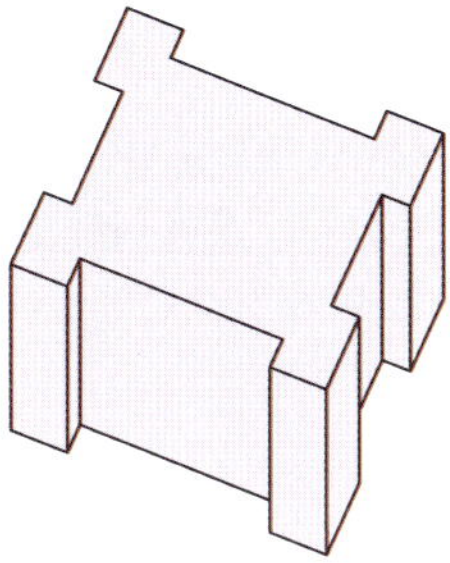

[그림 174] 몸통부의 통돌공법

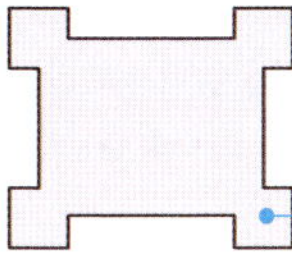

[그림 175] 통돌귀퉁이 가짜기둥?

정말 기발한 idea였네요. 저는 통석을 사용했으리라고는 상상조차 해보지 못했답니다. 전 역시 돌대가리가 확실히 맞긴 맞나 봅니다. 신라인들이 보통내기들이 아입니데이? 그러면 통돌을 4각으로 하면 그만인데 왜 귀퉁이에 4개의 기둥을 달아놨죠. 헷갈리게? 웃긴답니다. 이해가 가십니까? 바로 이 기둥이 가짜 기둥(false column)이라는 것으로 실제로는 기둥도 아닌데 기둥 느낌을 주기 위한 것이랍니다.

가짜기둥(흉내기둥)? 말이 조금 이상하게 들리실겁니다. 건축에서 가끔 형태를 표현하거나 대칭을 맞추기 위해서 기둥이나 벽체를 가짜로 설치하는 공법이랍니다. 실제로는 없어도 아무런 문제가 없답니다.

어쨌든 재미있는 표현법이네요. 진짜 기둥으로 속지 마이소. 저도 잘 속이지만 신라인들도 잘 속입니다데이~ㅎㅎ~

(3) 1층지붕의 이상한 이음매

현 석가탑 1층지붕에 심각한 문제가 하나 있답니다. 아니 심각한 정도를 넘어선 거랍니다. 어디에 어떤 문제점이 있을 것 같나요? 아직도 발견 못 하셨나요? 우찌 이런 일이! 1층지붕 상판의 위쪽을 유심히 보시면 보이실 겁니다. 잘 안빈다꼬요. 이거 정말 큰일 났네. 그림을 보시면 이제는 보이실 겁니다.

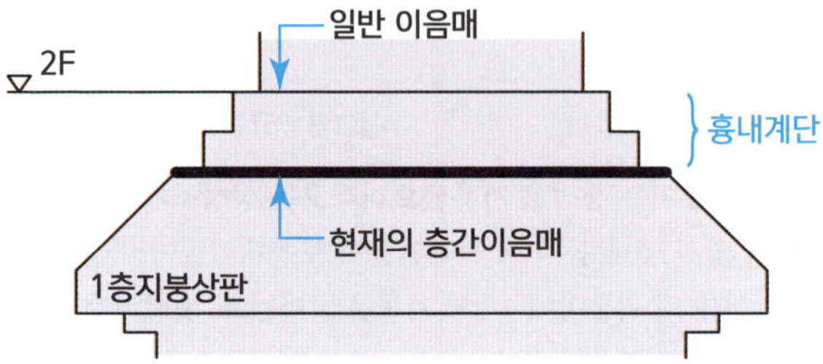

[그림 176] 석가탑 1층 지붕의 층간이음매: 현상태

이 층간 joint(이음새)는 그 층 바닥에서 발생되는 것이 기본이랍니다. 즉, 흉내계단 2단 상부가 층분리 개념이랍니다. 현재의 이음매는 2단(흉내계단)을 내려온 곳에 있답니다. 왜 이렇게 되어있을까요? 처음 탑을 만들 때 건축기사가 일부러 이렇게 만들었을까요? 아마 이 탑을 지으신 분은 석탑에 대해서 도사급 이상이었을 겁니다. 그렇다면 우찌 이런 일이 발생되었을까요? 아마도 보수과정에서 발생되지 않았을까 생각해 본답니다. 어떤 붕괴 후 보수과정에서 1층 지붕상판의 상부쪽이 훼손이 심하여 깎아내다 보니 지붕판이 낮아졌을 겁니다. 할 수 없이 2층 몸통을 키워서 층고높이를 맞추지 않았을까라고 조심스레 생각을 해본답니다.

즉, 현재의 1층 지붕판은 원래의 지붕판이지만 상부가 파손상태이며, 2층 몸통은 원래의 몸통이 아닌 제3의 몸통석을 다시 만들어서 보수를 했을 수도 있답니다. 알 수는 없지마는? 언제적이었는지는 저희들로서는 알 수가 없답니다. 하여튼 헷갈린답니다(이 현재의 이상한 층간 이음매는 제가 인터넷 사진만을 보고 판단한 것이므로 실제는 다를 수도 있답니다).

9. 2·3층

(1) 2·3층 단면도

2·3층은 동시에 봅시다.

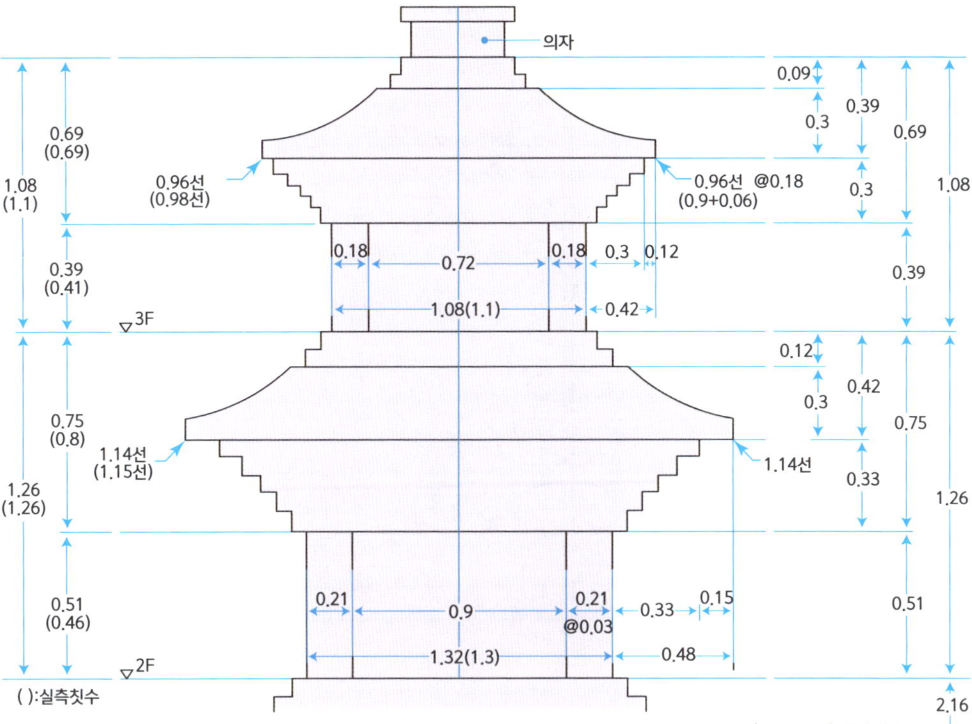

[그림 177] 석가탑 2·3층 단면도

2·3층은 특별한 것이 별로 없네요. 도면을 보실 때 유심히 보시면(건성으로 보시면 아무것도 안 보임?), 몸통폭이든 기둥폭이든 아님 지붕끝선 등이 어떤 동일한 증감계수로 상층으로 갈수록 줄어드는 걸 인지하실 겁니다. 예를들면, 1층 가짜기둥(?)폭이 24cm이며, 2층은 21cm, 3층은 18cm 이런 식으로 기둥폭이 3cm씩 줄어든답니다.

확인해 보소! 재미있죠. 제가 그렇게 맹글어 놨거들랑요. 유심히 보니 보이신다구요! 이게 보이셔야 도면보는 맛이 날낀데?

10. 갓탑과 첨탑

갓탑과 첨탑을 보실까요.

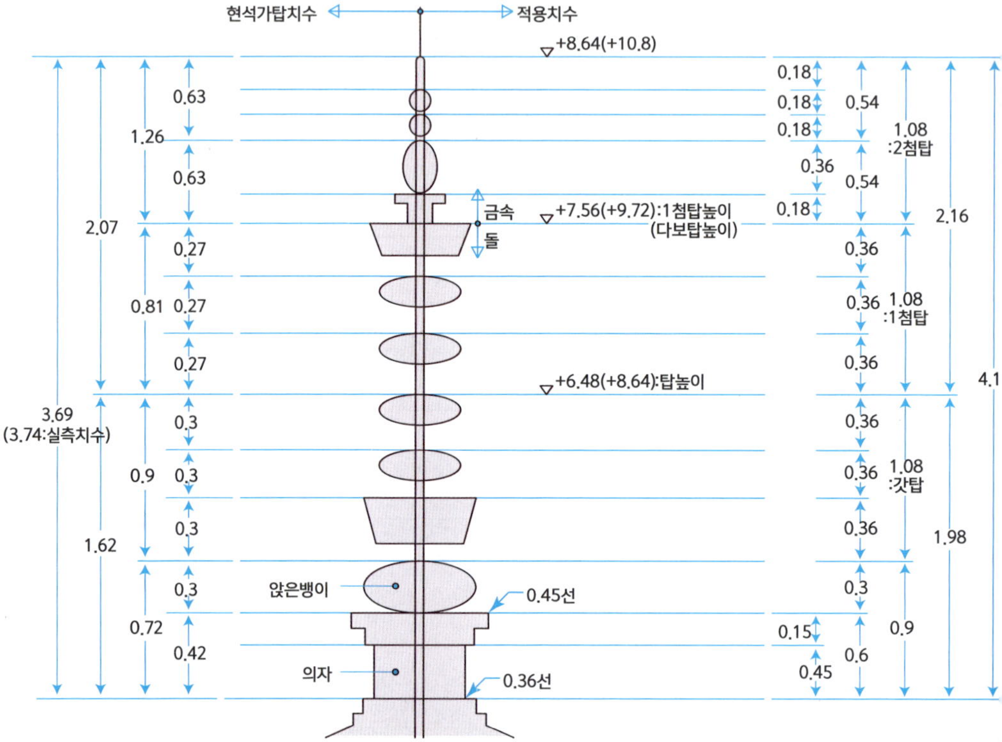

[그림 178] 석가탑 꼭다리 치수

이 석가탑높이 추정이 무척이나 헷갈리더랍니다. 탑높이를 제일 처음 생각한 8.1m로 할까도 많이 생각해 보았는데, 현 상태의 갓탑과 첨탑높이를 고려하여 0.54를 높인 8.64로 했으며, 총높이는 다보탑과 높이를 맞추기 위해서 10.8m로 했답니다. 이론적용치수와 현 상태의 석가탑 갓탑높이와 첨탑높이와는 차이가 제법 있답니다. 현 상태가 약 45cm 정도가 낮으며, 각각의 치수도 다를 겁니다. 제가 적용한 이론치수는 이 정도가 되어야 비례나 모양새가 더 좋을 것 같아서 채택한 것이랍니다.

현 석가탑 실측치수는 갓탑과 첨탑높이가 약 3.74의 높이만 나와 있고 갓탑이나 각 첨탑 등의 높이는 나와 있지 않아서 제가 자질을 하여 임의로 제일 근접시켜본 치수랍니다.

11. 다보탑과 석가탑 높이 비교표

불국사에 있는 다보탑과 석가탑의 높이를 비교표를 만들어서 한번 비교해 봅시다. 제가 두 탑의 탑높이는 서로 다를지라도 탑의 총높이는 10.8로 일치 시켰답니다. 실제로도 총높이는 같아야 될 것 같답니다. 두 탑높이의 비교표를 만들어 봅시다.

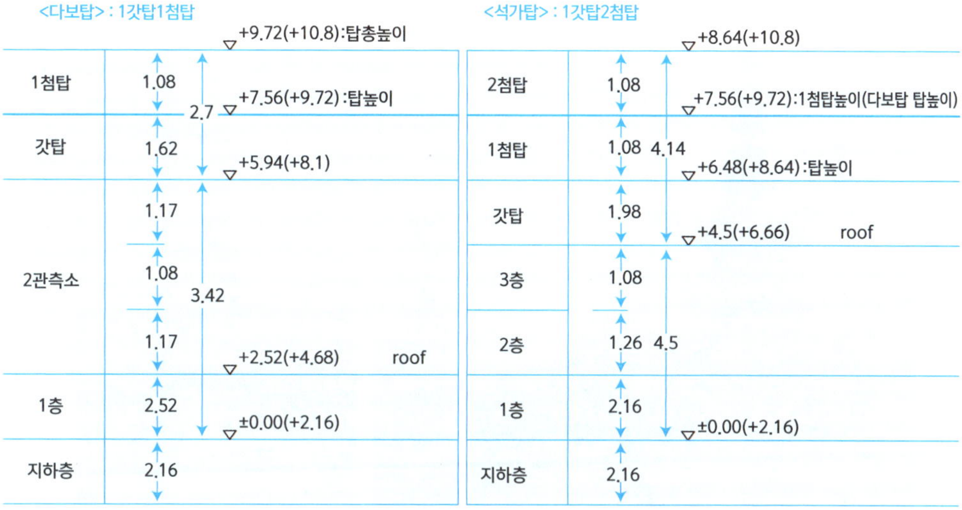

[표 7] 다보탑과 석가탑 높이 비교표

두 탑의 지하층높이는 같으며 탑높이가 다보탑이 1.08이 더 높답니다. 다보탑 탑높이와 석가탑의 1첨탑까지의 높이가 같답니다. 물론 탑총높이는 10.8m로 두 탑이 같답니다. 구조형태상 목탑형석탑인 다보탑은 첨탑이 한 개이며 석탑형인 석가탑은 첨탑이 두 개랍니다. 그래야만이 두 탑의 총높이가 같게 된답니다. 당연히 1.08의 배수로 주요치수를 맞추었겠지요.

지붕끝선은 등간격법을 적용했으므로 기본 처마각 ⊿6은 아니랍니다.

비교표를 만들어 보니 두 탑의 형식이 쪼께 다르다는 걸 인지하실 겁니다.

Ⅲ. 별별상상

12. 어떤 사진속의 석가탑 1·2·3층 지붕사진

머리도 식힐 겸(?) 엉뚱한 상상 한번 해보실까요? 당연히 같이 상상해 보셔야죠.
　다음 사진을 한번 봐주실래요.

[사진 8] 불국사 전경(左)과 석가탑 확대(右) 사진

평온한 절간 모습 같죠. 아니! 사실 조용한 불국사의 절간 풍경이 맞답니다. 어떤 사진작가분이 인터넷에 사진을 올렸네요. 이 작가분께 감사드립니다. 자! 이 사진의 비밀(?)을 한번 캐볼까요? 혹시 아나요. 황금이 쏟아질지~ㅋ~
우측에 있는 석가탑의 사진을 확대해 볼까요? 확대 사진에 뭐가 보이시죠? 그냥 석가탑이 보이신다구요? 하! 좀 더 자세히 보아주세유! 뭔가가 분명히 보이실 겁니다. 1·2층지붕의 좌측면을 보시면 지붕상부면이 수평으로 보이지 않으세요. 제 눈에만 그렇게 보이나?

이 인터넷에 올려진 사진이 정확히 언제쯤 찍었는지는 모르겠으나 약 1950~60년대 정도의 사진으로 추정된답니다. 사진의 좌측이 남쪽이며, 우측이 북쪽이랍니다. 3층지붕판은 일반적인 3층지붕판과 같답니다.
그런데, 1·2층지붕상판의 좌측을 보시면 계단턱이 2개 정도 있는 것 같으면서 또 수직면이 되면서 상판면이 완전 수평상태랍니다.

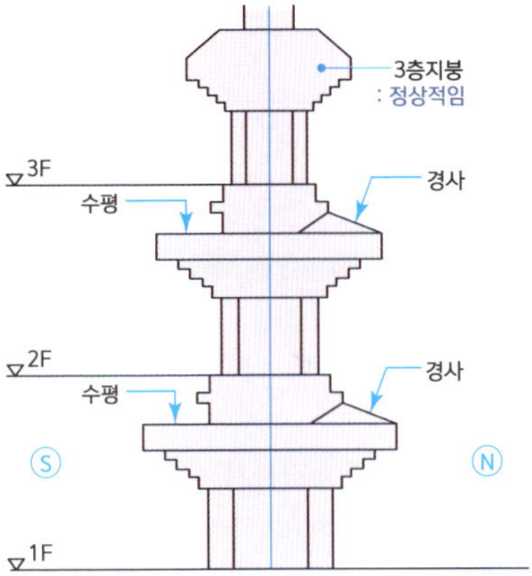

[그림 179] 사진속의 남쪽면 1·2·3층 지붕형상

우측으로 쭉 가다가 우측 지붕상판(북쪽면)은 정상적인 지붕곡선을 이루고 있답니다. 제가 헛것을 보고 있는 것은 아니겠지요? 저는 이 사진을 처음 보면서 별의별 생각을 다 해봤답니다. 우찌 이런 사진이 다 있지? 사진을 조작한 건가? 아니면 사진 속의 모습이 사실일까? 사실이라면 어찌하여 좌우가 다르지? 그래서 여러 많은 생각을 하면서 한 가지 엉뚱한(?) 가정을 하게 되었답니다. 어쩌면 석가탑은 제일 처음 지을 때 사진의 좌측면과 같이 1·2층 상지붕면이 수평이었을 가능성이 무척 높았을 거라는 생각을 하기 시작했답니다.

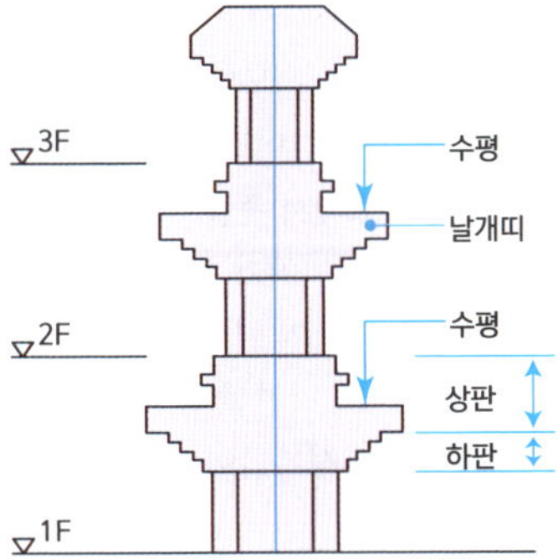

[그림 180] 석가탑의 1·2층 최초지붕판: 가정임

좌측 그림처럼!
즉, 지붕상판은 날개띠만 살아있고 나머지는 수평이었을 가능성이 무척 높답니다.
왜냐구요? 쌍탑 개념인 다보탑을 다시 한번 봐 주십시오.
최상부에 있는 2관측소바닥판의 지붕면만 정상적인 지붕형상을 하고 있지 나머지의 모든 지붕 바닥면은 거의 수평상태랍니다. 즉, 두 쌍탑이 대칭을 이루기 위해서 석가탑의 1·2층 지붕상부면을 수평처리했을 확률이 무지 높답니다.

물론, 상판바닥면이 수평인 것도 지붕 모양상 약간의 문제점은 있을 수는 있답니다. 언제적인지는 모르겠으나 어떤 보수과정에서 한쪽면만 경사처리했다가 아주 최근(?)에는 일반석탑같이 전체 지붕면이 경사가 져 있는 석탑으로 진화가 된 것으로 보인답니다.

이쯤에서, 이 석가탑에 애칭(별칭)을 붙여 줘야겠죠. '1·2층 수평지붕탑' ~ㅎㅎ~ 쫌 특이한 탑이죠! 그럴싸한 것 같나요!

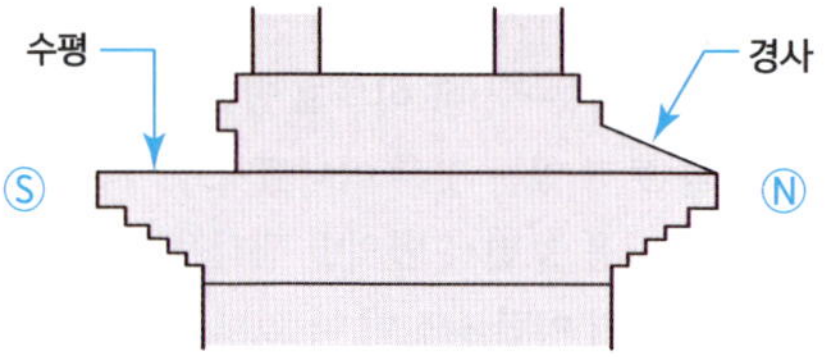

[그림 181] 중간보수과정 : 한쪽면만 경사(사진처럼)

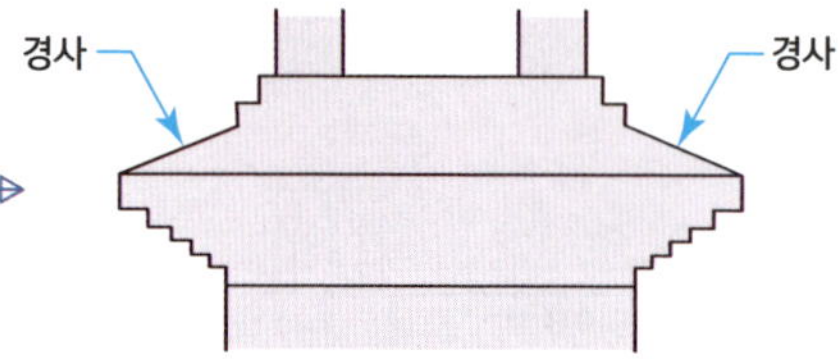

[그림 182] 아주 최근(?)에 진화된 경사지붕판

석탑도 진화하나? 제 추리가 그럴 듯 한가요? 7류 추리소설같다구요. 어이구! 2단계 더 떨어졌네. 이 일을 우짜지.
어떤 진화과정을 거쳤든 현재는 일반3층석탑 같이 1·2·3층지붕면이 다 경사가 져 있답니다.
현재의 상태가 맞다면 인터넷에 올라와 있는 사진은 조작품? 과연 그럴까요? 그 사진작가분이 무슨 할 일이 없어서 자기가 찍은 사진을 조작했을까요? 머리를 식혔나요? 아님 열을 더 받았나요? 판단은 이 글을 읽으시는 분이 스스로 하십시오.

엉뚱한 상상은 상상일 뿐이고 현실로 돌아와서 현상태의 석가탑을 다시 한번 봅시다. 감은사탑류보다 탑의 총높이가 한단계(2.7m) 낮은 석가탑의 보존상태는 어느 정도일까요? 이 훌륭하고 명당자리에 위치한 석가탑은 산전수전을 너무 겪은 조금은 불쌍한 탑 같이도 느껴진답니다.

즉, 너무 많은 사람들이 이 석가탑에 손을 댄 것 같답니다. 꼭 필요해서 손을 대는 것은 어쩔 수 없다고 쳐도 손을 댈 때마다 어떤 자기나름의 생각을 투입해서 탑 자체가 누더기처럼 덕지덕지해져 버렸답니다. 너무 많은 사람들이 손을 대다보니 지었을 당시의 원돌이 하나라도 옳게 남아 있는지조차 의심스러운 석탑이 되어 버렸답니다. 쉽게 얘기드리면 손을 너무 많이 탔다는 얘기겠죠. 아마도 1036년과 1038년의 경주쪽 대지진의 영향으로 석가탑이 너무 많이 훼손된 것이 가장 큰 원인일 것 같답니다. 너무 안타깝답니다!

참고로, 신라석탑(모든 탑류 포함)에는 기본적으로 개인생각이 침투될 수 없답니다~(개인생각 침투불가 건축물) 재미있는 신라탑이죠!~탑을 지을 때의 중후함이나 은근한 멋은 사라져 버리고, 현재는 스마트하다 못해 샤프하기까지 하답니다. 엄청 많은 진화(?)를 거듭한 초현대식 삼층석탑이란 말이 더 잘 어울릴 것 같답니다. 우찌타 이런 불쌍한 탑이 되어 버렸는지?
보수시의 기본원칙인 전과 후의 모든 기록이 되어 있는지 조차 알 수가 없답니다. 야튼 정감적인 느낌은 별로 들지 않는답니다.

고선사지탑이나 감은사지탑같이 중후하고 은은한 멋이 느껴지면 참 좋을텐데 아마도 저희들의 바람사항일 듯?

Part 4. 신라탑의 개념과 원리 및 용어와 약자

신라탑의 개념과 원리 및 용어와 약자가 내용상 제일 앞에 오는게 맞답니다(첨성대편은 제일 앞에 넣었답니다). 어느 정도 기본개념을 알고 본 내용을 보는 것이 순서는 맞답니다.
그런데, 처음 접하시는 분은 이게 무슨 말이지 하면서 갑자기 머리가 지끈지끈 아파올지도 모른답니다. 본내용을 보기도 전에 아마 녹초가 될 것 같아서 이번에는 제일 뒷쪽으로 배치를 시켜 보았답니다. 내용을 보시다가 잘 모르는 용어나 궁금하신 것이 있으신 분은 읽으시는 중간중간에 보시면 도움이 되실겁니다. 아마도 서너번 이상은 읽어보셔야 알듯 말듯 하실겁니다.

열심히 읽으세요~ㅎㅎ~

1. 탑의 개념

석굴암·다보탑·석가탑은 이름만 들으셔도 반갑죠. 대부분의 사람들이 한두번 쯤은 수학여행 등을 통하여 불국사쪽을 다들 보고 가셨을겁니다. 이 탑들을 이해하실려면 신라탑의 기본개념을 간단히나마 아시면 좋을 겁니다.

(1) 신라탑 분류

우리가 탑이라고 하면 제일 먼저 석탑이 떠오르실 겁니다. 근데, 신라시대에는 저희들이 잘 몰랐던 목탑들이 있었답니다. 그것도 초대형 목조건물이랍니다.
물론 석탑은 목탑의 기본원칙(원리)을 따를겁니다.

먼저 신라탑부터 분류해 볼까요.

신라탑(新羅塔) 분류표

	대분류	소분류	탑명	용도	현상태	탑규모(탑폭 X 탑높이) - 단위 : m	비 고
목탑	1. 일반목탑		9층 목탑	관공서	옥룡암바위에 조각상태	108 ×108	
			7층 목탑	관공서		97.2 × 86.4	
			5층 목탑	관공서	-	86.4 × 64.8	행방불명?
			3층 목탑	관공서	2 마애조상군에 조각상태	75.6 × 43.2	
			1층 목탑	관공서		64.8 × 21.6	
			첨성대	관공서	현존	18.9 × 13.5	-1층목탑
			석굴암	종교	현존	43.2 × 16.2	1층목탑
	2. 사찰목탑		황룡사 9층 목탑	종교	-	48.6 × 67.5	기록
석탑	1. 일반석탑	목탑형 소형석탑	다보탑	종교	현존	7.56 × 10.8	1층석탑
		일반석탑 (석탑형 석탑)	석가탑	종교	현존	4.32 × 10.8	3층석탑
			고선사탑	종교	현존	6.48 × 13.5	3층석탑
			감은사탑	종교	현존	6.48 × 13.5	3층석탑
			미탄사탑	종교	현존	3.78 × 10.8	3층석탑
			나원리 5층석탑	종교	현존	5.4 × 13.5	
	2. 석판탑	목탑형 대형석판탑	분황사 7층탑	종교	3층존재	27 × 29.7	돌판탑
		일반석판탑	봉감 5층탑	종교	현존	6.48 × 16.2	
	3. 전탑	일반전탑	신세동 7층탑	종교	현존	16.2 × 18.9	
	4. 석판+전탑 (혼합형)						존재함

*Notes: 첨성대는 경주 쪽샘44호분 토기행렬도에도 그려져 있음.
이 토기행렬도의 첨성대 형태가 본래 모습임 ~ㅎㅎ~

[표 8] 신라탑 분류표

보시니 묘한 느낌이 드실 겁니다. 석굴암이 일반목탑으로 분류가 되어있네요. 돌삐밖에 안 비는디? 또 보니, 다보탑이 이제까지 층수가 없었는데(?) 갑자기(?) 1층석탑이라 카네. 혹시 잘못 쓴게 아잉가?~ㅎㅎ~

이제 이 모든 비밀을 풀어봐야죠. 같이 동행하실래요!

(2) 신라 일반목탑의 개념

신라목탑을 보시면 크게 일반목탑(관공서)과 사찰목탑(황룡사9층목탑 등)이 있답니다. 제일 쉽게 건물형태로 구분하는 방법은 사찰목탑은 관측소가 없으며, 지하층(?)이 6단(계단 단수로 6단) 높이이며 또한 외부 석축이 없답니다(신라석탑은 기본적으로 지하층이 온지하(완전한 1개층)로 제법 높답니다).

이 정도만 아셔도 목탑을 꿰뚫어 보고 계시다는 거랍니다. 석굴암이 일반목탑 소속이니까 일반목탑의 기본구조를 알아야겠죠. 한번 보실까요?

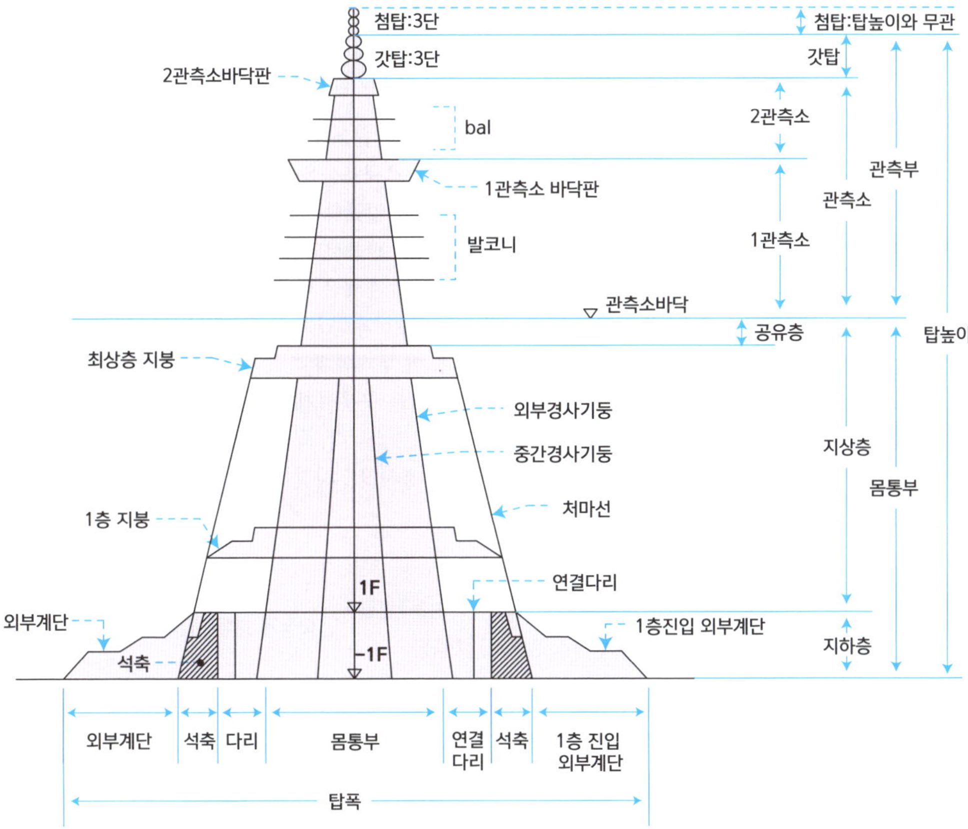

[그림 183] 신라 일반목탑 구조 개념도

신라일반목탑	관측부	첨탑	금속류 - 탑 높이에서 제외
		갓탑	3단
		2관측소	9층탑에만 있음
		1관측소	1~9층탑에 다 있음
	몸통부	지상층	공유층 : 소속은 몸통부 소속이나 사용은 관측소가 함
			지상층 : 사용공간
		지하층	몸통부(지하층내부) : 사용공간
			연결다리 : 1층과 외부계단 연결
			석축(성:城) : 지하 외벽개념과 지붕개념임
			외부계단 : 1층 진입계단

[표 9] 신라 일반목탑의 구조

• Notes { 일반목탑의 재료는 나무, 돌, 금속으로 구성되어 있네요.

아마 이 일반목탑(관공서)이라는 말도 처음 들어 보시겠지만 구조개념도 처음 접하실 겁니다. 신기하죠! 잘 보시면 지하층 외부가 석축(城; castle)으로 목구조물을 감싸고 있네요.

아마도 관공서라서 자체 방어 개념(?)으로 석축을 쌓지 않았나 하는 생각이 든답니다. 물론, 1층으로 올라가려면 외부계단으로 올라가야 하므로 관공서의 위엄도 살린 것도 같네요(지상에서 지하층으로 막바로 들어가도 됨). 이 일반목탑의 꽃은 바로 관측소에 있답니다.

1관측소와 2관측소가 있네! 엄밀히 말하자면 1단 관측소와 2단 관측소가 맞는 말이지만 부르기 편하게 1관측소와 2관측소라고 부르겠습니다. 이 두개의 관측소 중 2관측소는 묘하게도 9층탑에만 있답니다(참고로, 일반목탑과 사찰목탑을 구분하기 위해서 일반목탑을 그냥 '탑'이라고 부르겠으며, 사찰목탑을 '목탑'이라고 부르겠습니다. 즉 9층탑이라고 하면 9층 일반목탑을 의미하며, 9층목탑이라고 부르면 친숙한 황룡사 9층 사찰목탑이 된답니다).

그럼, 관측소를 분류해 봅시다.

관측소 { 외관측소군(1단 관측소 : 1관측소) : 1·3·5·7층탑
쌍관측소(2단 관측소 : 1&2관측소) : 9층탑 } 이렇게 분류된답니다.

쉽게 얘기하면 7층탑은 1관측소만 있겠죠, 9층탑은 1·2관측소가 다 있답니다. 여기에서 재미있는 것은 2관측소랍니다. 2관측소가 9층탑에만 있는 것이 아니라 묘하게도 첨성대도 2관측소이며, 놀랍게도 석탑인 다보1층석탑(다보탑)의 1층 상부에도 2관측소가 있답니다. 너무 놀랐죠. 안 놀랬나? 안 놀라셨다면 강심장을 갖고 계신 분인가 보네요(이 관측소는 층수에 포함되지 않는답니다).

흩어져 있는 2관측소를 묶어 봅시다.

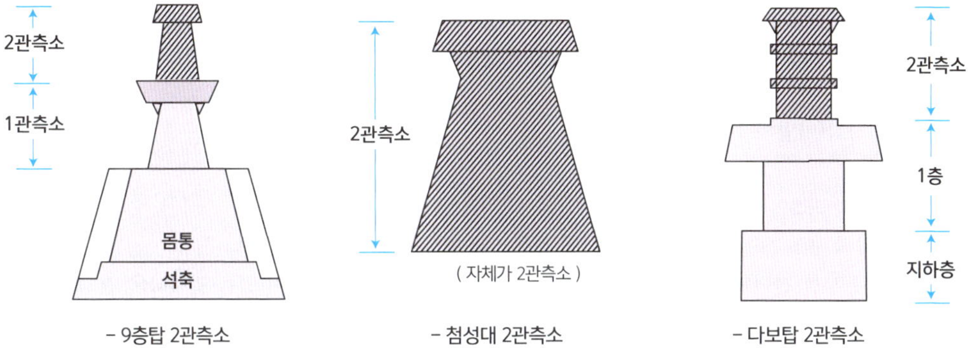

[그림 184] 신라탑의 2관측소군

모아놓으니 한눈에 쏙 들어오시죠. 첨성대만 통째로 2관측소네요(지상화되면서 두개의 발코니는 사라졌답니다). 이제까지 신라일반목탑의 개념을 조금은 이해하셨으리라 믿습니다.

직접 아시는 것이 중요하겠죠, 들은 이바구보다는 기억이 쪼께 더 오래 가실 겁니다~

2. 일반목탑의 기본원리

탑(일반목탑을 간단히 탑이라고 부르겠습니다)의 기본 형태를 아셨으니 탑을 이해하기 위해서는 기본원리들을 간단하게나마 아셔야 일반목탑인 석굴암도 이해하기가 쉬울겁니다.

(1) 경사각(마법의 자)과 공통수

① 경사각(마법의 자, 기울기)

신라탑의 구조 개념도를 유심히 보시면 몸통부에 경사선이 두개가 있을겁니다.

몸통부를 간단히 다시 보시죠. 보시면, 처마선과 외부경사기둥선이 있을 겁니다(중간경사기둥선은 건물형태가 8각형이므로 실제로는 외부경사기둥선이랍니다. 내부기둥들은 수직기둥임).

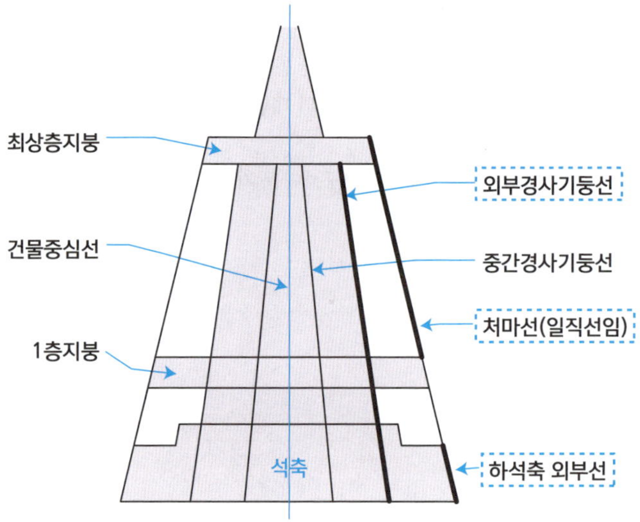

[그림 185] 일반목탑 몸통부에 있는 두 개의 경사선

희한한 것은 이 두 경사선이 어떤 각도를 갖고 있답니다. 각도는 크게 두가지 정도로 생각해 볼 수 있을겁니다. 하나는 우리에게 친숙한 어떤 각도를 가진 각도각이며, 다른 하나는 저희들에게는 낯선 어떤 숫자를 가진 숫자각이랍니다. 그런데, 각도각은 그리기도 힘들지마는 각도자체를 인지하는 것도 쉽지 않을 겁니다(30˚, 45˚, 60˚ 정도는 그리기도 하고 계산 가능할겁니다. 42˚각도를 그리실 수 있으신 분 계시나요?).

그런데, 묘하게도 신라탑의 경사선은 숫자각으로 구성이 되어 있답니다. 즉, 밑변(윗변도 됨)이 1이고 수직변이 어떤 정수를 갖고 있답니다(밑변치수로 수직변을 나누면 수직변이 정

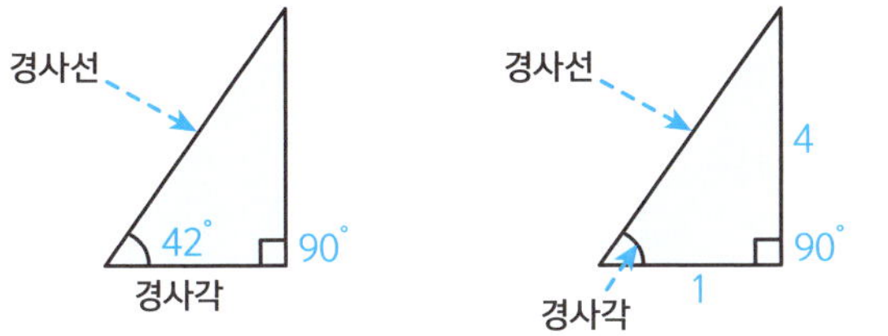

- 각도가 지정되어 있음 -　　- 지정각도는 없으나 어떤 각도는 있음 -

[그림 186] 각도각(左), 숫자각(右)

수가 나온다는 비례개념임, 예를 들면 밑변이 3이고 수직변이 12이면 3:12가 되겠죠. 수직변 12를 밑변 3으로 나누면 수직변이 4가 될겁니다. 즉, 밑변:수직변=1:4가 된다는 의미랍니다).

그래서 이 수직변 숫자를 가지고 모든 치수계산이 가능해 진답니다.

신라탑은 기본적으로 어떤 경사각(기울기)이 존재하므로 계산으로 어떤 필요 치수를 알아낼 수가 있답니다. 너무 너무 신기하답니다.

이 숫자각(경사각)이 하도 신기하여 제가 '너는 마법의 자야' 라고 명명했답니다.

탑을 푸는데 엄청 많은 기여를 하긴 했지마는 묘하게도 계단의 단높이는 못 풀어 주더랍니다. 약간은 모자라는 놈이네요~ㅋㅋ~ 그래서 등장한 놈이 공통수라는 이쁜 놈이랍니다.

② 공통수

건축물이 있으면 계단이 있어야(1층에 들어가든 더 윗층으로 가든) 올라갈 수가 있을 겁니다. 사다리를 타고 가거나 날아서 가면 품위가 쪼게 떨어지겠죠. 계단에는 디딤판폭(수평폭)도 있겠지만 계단단높이(챌판 높이: 수직폭)도 있을 겁니다.

단높이를 임의로 지정해서 건물을 지을 수도 있겠지만 신라탑은 묘하게도 아주 간단한 산수로 그 탑의 단높이를 알아낼 수가 있답니다. 촌스럽지 않고 약간 고급스럽죠! 참 신기한 건축물도 다 있답니다. 제가 수많은 헤매임 끝에 단높이 계산법을 알아 내었답니다. 정가(누굴까요? ~ㅋㅋ~)도 보통내기가 아니죠!

바로 앞쪽에서 탑에는 두 개의 경사선(외부경사기둥선과 처마선)이 있다고 말씀드렸을 겁니다. 이 두개의 경사선각도를 이용하여 계단 단높이를 알아낼겁니다(이 공통수 이론개념은 두 경사각을 다 충족시키는 필요충분수라고 생각하시면 된답니다). 알아볼까요?

{ 기본수 = 외부경사기둥각 × 처마선각
{ 공통수 = 기본수 × 3
으로 공통수라는 숫자가 나올겁니다.

(3 → 공통수를 3의 배수가 되도록 하기 위해)

이 공통수를 나눔수(나누는 수)로 나누면 계단 단높이가 톡 튀어 나올겁니다. 말로 하면 더 헷갈리시니 실제로 숫자를 대입해 봅시다. 9층탑 몸통부의 단높이를 구해 봅시다.

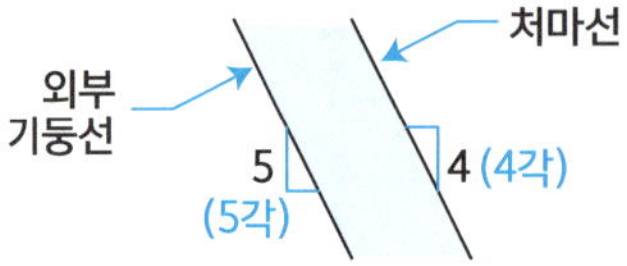

기본수 B = ⊿5×⊿4 = 20 (⊿는 경사각을 의미하므로 계산시는 무시)
공통수 C = B × 3 = 20 × 3 = 60 이라는 공통수가 나온답니다.

[그림 187] 9층탑 몸통부의 두 경사각

이 공통수를 4라는 나눔수로 나누어 보면,

60(공통수) ÷ 4(나눔수) = 15 가 나올겁니다.

이 공통수에는 단위가 없으므로 cm라는 단위를 부여하겠습니다. 그러면 단높이 = 15cm가 될 겁니다. 나눔수가 1,2,3,4,5,6... 등이 있을 수 있으나 4가 제일 적당하답니다.

나눔수가 2라고 가정해 보면 단높이가 60(공통수)÷2(나눔수)=30으로, 단높이 30cm는 높아서 올라가기가 쪼께 힘이 든다고 봐야겠죠. 이 공통수의 발견으로 신라탑의 해독이 가능해졌답니다. 이 공통수를 발견하지 못했더라면 지금도 탑을 풀려고 쪼그리고 앉아서 용을 쓰고 있겠죠. 아마 포기했을 겁니다. 그랬다면 이 일반목탑은 영원히 잊혀져 버렸겠죠. 참 운도 좋은 일반목탑이랍니다 ~ㅎㅎ~

이 공통수는 계단단높이를 알아낼 수도 있지만 탑전체를 지배하는 지배숫자랍니다. 관측소는 자체적으로 별도의 경사각을 갖고 있으므로 몸통부와는 다른 공통수가 나올겁니다.

이 마법의 자(경사각)와 공통수를 모르고 신라탑을 풀려고 하시다가는 자자손손 푸셔도 영원히 풀수가 없으실겁니다.

(2) 우수선(雨水線)

① 일반우수선

우수선이라! 처음 들어보실 겁니다. 제가 만든 말이거들랑요. 아주 쉽게 얘기드리면 비오는 각도(비의 경사각)랍니다. 얌전히 내리는 비는 거의 수직으로 내리겠죠. 한 성깔있는 빗놈은 지멋대로 올 겁니다. 이 우수선은 바로 지붕처마끝(지붕길이)을 결정짓는 각도랍니다.

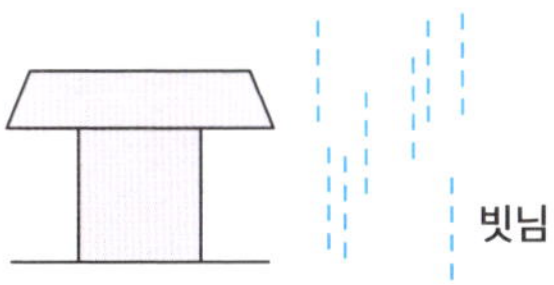

[그림 188] 얌전히 내리는 빗님

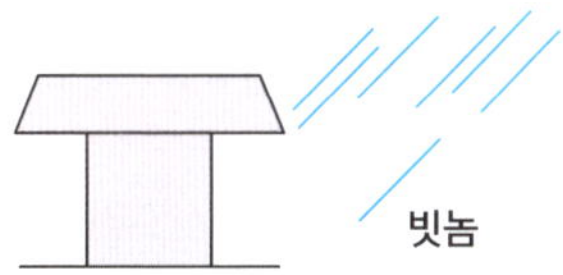

[그림 189] 성질 지랄같은 빗놈(?)

비가 어떻게 뿌릴지 모른다고 처마를 길게 빼면 처마가 내려앉을 수도 있으며, 너무 짧게 내면 외부벽체 하부가 비에 젖을 수도 있답니다. 이럴 땐 적당한 비의 각도를 생각해 봐야겠죠. 그래서 신라인들이 가장 적당하다고 생각되는 우수선이라는 걸 알아내고 실제로 적용을 했답니다.

크게 1우수선과 2우수선을 적용했답니다.

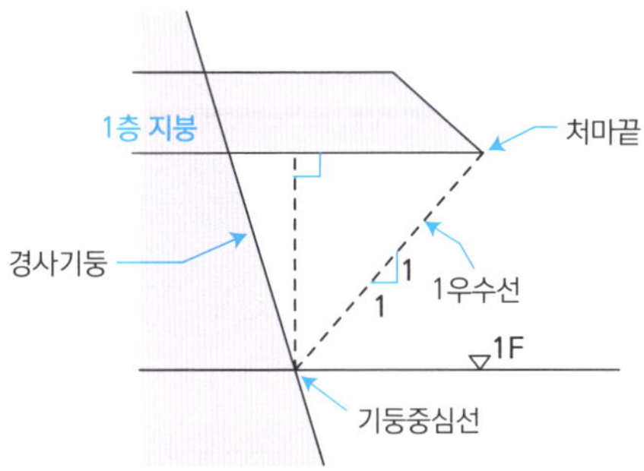

[그림 190] 일반목탑 1층지붕: 1우수선개념

일반목탑의 1층지붕우수선은 1/1 윗변길이가 1이고 수직변길이가 1인 1경사각(높이=폭)을 적용했답니다. 이 1경사각을 1우수선이라 부르겠습니다. 사실 1우수선은 완벽하여 외부벽체까지 비가 들어올 확률은 별로 없을겁니다(45°로 오는 비는 별로 없겠죠. 태풍이 몰아치지 않는한!).

그리고 관측소의 발코니 같은 경우는 2우수선을 적용했답니다.

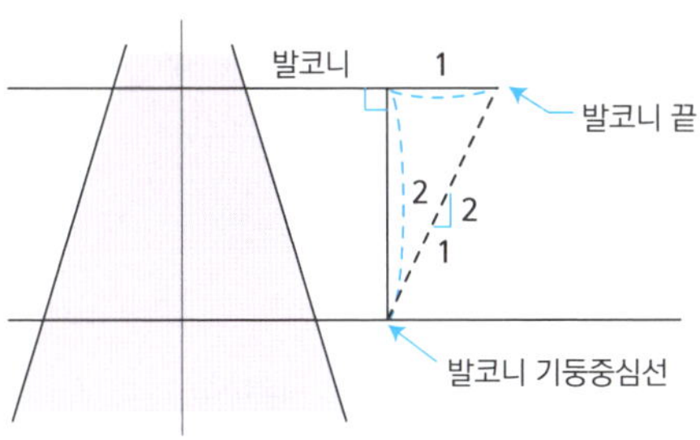

[그림 191] 관측소발코니의 2우수선개념

윗변길이가 1이고 수직변길이가 2인 2경사각으로 2우수선이라고 부른답니다(예를 들면, 윗변이 1.2m이고 발코니 높이가 2.4m라면 1.2:2.4 = 1:2가 되겠죠!). 탑의 제일 위 꼭다리 쪽으로 가면 3·4우수선도 있답니다(3·4우수선은 비에 무방비 상태랍니다).

일반적인 우수선구간은 1우수선에서 2우수선 사이가 이상적인 우수선이랍니다. 1우수선보다 적으면 지붕자체 하중으로 처마가 쳐질 수도 있으며, 2우수선보다 크면 벽체나 기둥 하부가 비에 젖겠죠.

$$\text{즉, 우수선} = \frac{\text{수직변길이}}{\text{윗변길이}} = \text{1~2사이(1~2우수선)가 제일 양호하답니다.}$$

여기서, 가장 중요한 것은 일반목탑의 1층지붕우수선인데 모든 탑(1~9층탑)이 1우수선이랍니다. 이 1우수선법칙을 적용하면 1층의 높이나 폭 등을 구하기가 수월하답니다. 일반적인 우수선개념은 처마끝(지붕끝)에서 외부기둥 중심선까지가 기준이랍니다. 예외도 있겠죠.

② 2관측소 우수선(건물중심선 2우수선)

이 관측소바닥판은 관측할 수 있게 평평한 판이지만 엄밀히 아니 정확히 얘기드리면 관측소의 지붕판(수평지붕판)이랍니다. 특히 이 2관측소지붕판의 2우수선 개념이 아주 특이하여 별도로 말씀드리겠습니다. 이 법칙을 이해하시면 첨성대가 2관측소라는 걸 금방 인지하실겁니다.

앞에서도 잠깐 말씀드렸습니다만 다시 일반적인 우수선을 보실까요.

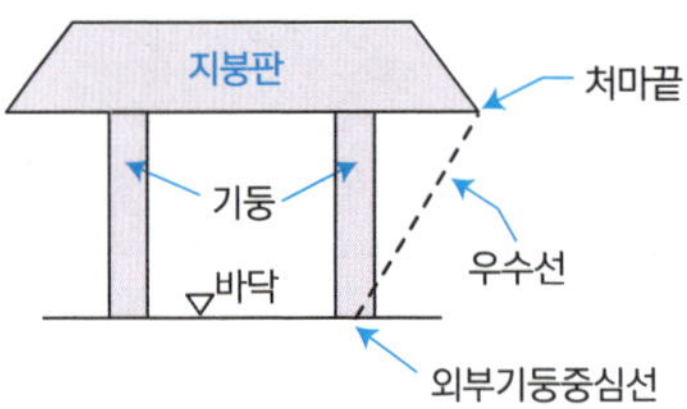

보시듯이 처마끝과 외부기둥(가장 바깥쪽 기둥) 중심선을 이으면 우수선이 된답니다.

[그림 192] 일반적인 우수선 개념

그런데, 2관측소의 우수선 개념은 약간 다르답니다. 한번 보실까요.

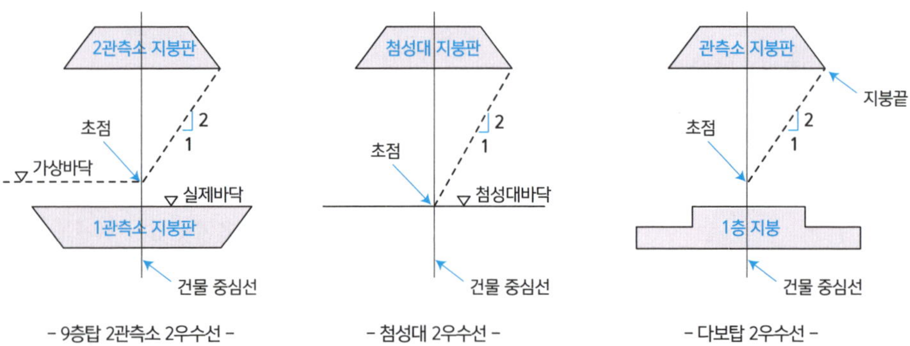

[그림 193] 2관측소군 : 2우수선 개념 – 초점이 건물 중심선에 옴

이 세 개의 2관측소를 보시면 관측소지붕판 끝에서 건물중심선까지가 2우수선이랍니다. 아주 재미있는 우수선 개념이랍니다. 더 재미있는 것은 첨성대만이 묘하게도 2우수선초점이 첨성대바닥 중심에 오네요. 가장 완벽한 중심선 2우수선이랍니다. 9층탑 2관측소와 다보탑의 2관측소는 중심선 초점이 어떤 원인(계단높이 등)으로 약간 위에 있네요.

이 2우수선 건물중심선공법으로 유추해보면 첨성대는 완벽한 2관측소가 맞답니다. 물론 다른 증거들도 있을 겁니다.

참고로 이 우수선이 단순히 지붕 각도(지붕길이 산정)일 거라고 생각하기들 쉬우나, 이 우수선은 신라탑에서 엄청 중요한 역할을 수행한답니다. 지붕이나 처마선각도를 푸실 때(접근하실 때) 제일 먼저 이 우수선을 고려해야 한답니다. 1층 지붕이 1우수선일까? 2우수선일까? 아님 3, 4우수선일까? 등이겠죠. 이 우수선은 1층지붕우수선이 기본이랍니다.

이 우수선이 와따리가따리 하면(?) 이 탑은 영원히 못 풀 수도 있답니다. 앞서 말씀드린 공통수와 이 우수선 개념을 알아야만 신라탑을 푸실 수가 있는 엄청 중요한 개념이랍니다.

(3) 날개 기둥(Wing Column)

이 날개 기둥이라는 놈이 도통 무엇이지? 이때는 건축상식 아니 일반상식을 동원해야겠죠. 어떤 관측소지붕판이 있다고 봅시다.

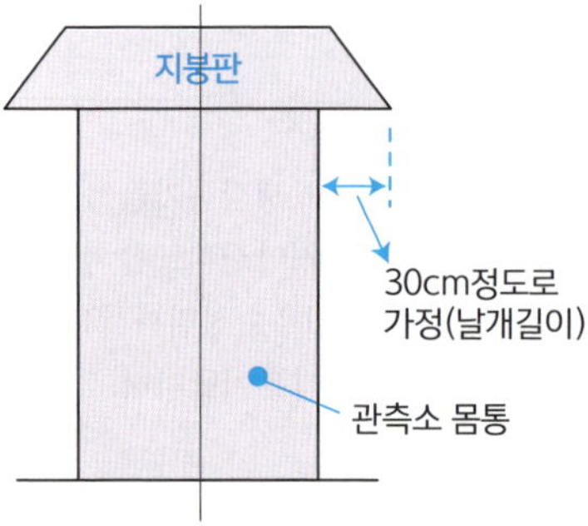

[그림 194] 지붕판날개가 짧을 때 : 안정구조

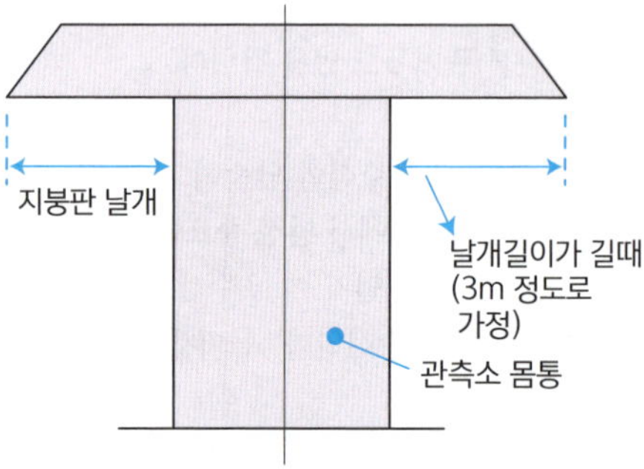

[그림 195] 지붕판날개가 길 때 : 불안정구조

한 눈에 팍 들어오시죠. 제가 설명 안해도 누구든지 보는 순간 찌릿하게 느끼실 겁니다. 지붕판 날개가 짧은 경우는 지붕판 자체가 안정구조로 튼튼할 겁니다. 근데, 지붕날개가 길 경우는 시각적으로도 불안정구조가 될 것 같죠? 인간의 눈은 위험감지능력이 아주 뛰어나답니다. 본인이 살아야 되니까요! 농담이구요~ 지붕날개가 길면 바람이 세차게 불거나 어떤 외력 (지진 등)이 가해졌을 경우는 트위스트춤도 추겠지만 운이 억수로 좋으면(?) 통째로 떨어질 수도 있겠죠. 위험은 사전에 예방조치를 취해야겠죠. 어떻게 하면 될까요? 제가 보강시켜 보겠습니다. 사실은 제가 보강시키는게 아니라 신라인이 보강시켰겠죠.

다음 그림을 보세요. 이젠, 시각적으로도 튼튼한 느낌이 들겁니다. 날개 기둥이 양날개를 펼쳐서 바닥판을 받쳐주니 이제 춤출 일(?)은 없을겁니다.

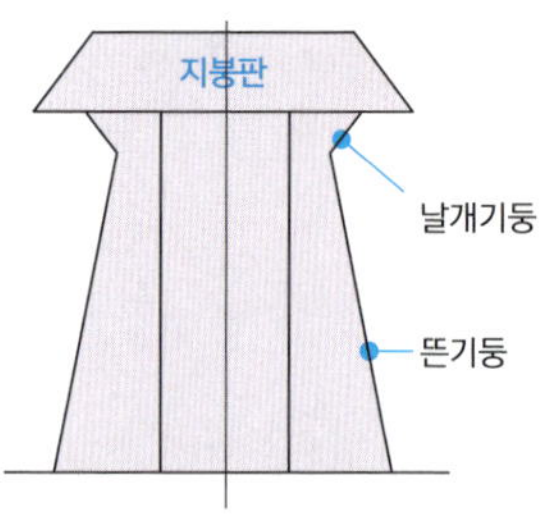

[그림 196] 날개기둥으로 지붕판 보강개념

축구도 양날개 플레이(Wing Play)를 해야 보는 재미가 더할겁니다. 그래서 제가 이 기둥을 날개기둥(Wing Column : 지붕판 보강기둥 개념)이라 명명했답니다.

제가 꼭 작명가같죠? 이 날개기둥을 또 밑에서 힘차게 받쳐주는 기둥이 뜬기둥(Floating Column)이랍니다(일반목탑(1~9층탑)에서는 뜬기둥이지만 첨성대와 다보탑은 개념은 뜬기둥인데 실제로는 받침기둥이랍니다).

이 두 날개 기둥과 뜬기둥은 실제로는 1 SET 랍니다.

이 날개기둥은 일반목탑(1~9층탑)에서는 1관측소바닥판이 넓어서 1관측소바닥판 밑에 설치된답니다(땅에서 한참 위에 있답니다). 그런데 1관측소바닥판에만 설치하는게 아니라 2관측소바닥판이 넓은 경우에도 설치한답니다. 9층탑의 2관측소는 2관측소바닥판이 좁아서 설치하진 않습니다. 근데 땅쪽으로 내려온 지붕판이 넓적한 첨성대와 다보탑에는 비록 2관측소지붕판이지만 설치한답니다. 보실까요.

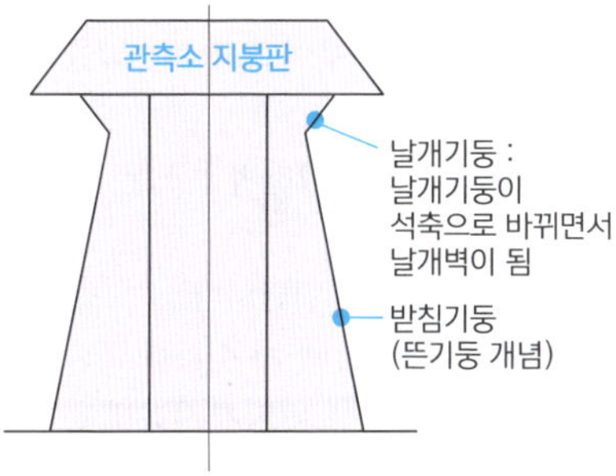

[첨성대의 날개기둥]

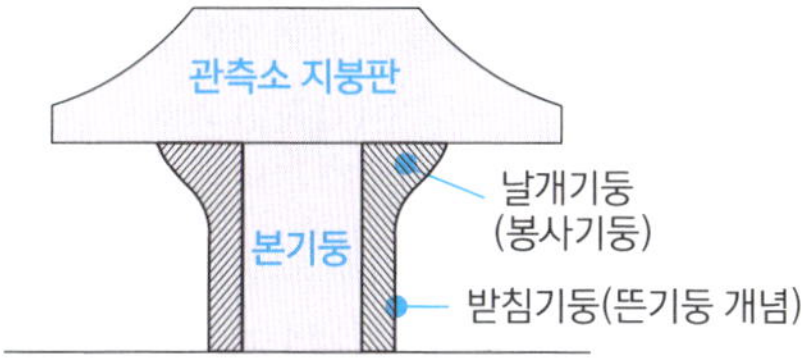

[다보탑의 날개기둥]

[그림 197] 2관측소지붕판의 날개 기둥

첨성대의 지붕판은 널찍하답니다. 그래서 날개기둥으로 지붕판을 보강해 준답니다.

일반목탑의 날개기둥은 나무기둥이지만 지상으로 내려온 첨성대의 날개기둥은 석축이 되면서 날개벽(Wing Wall) 개념이 된답니다.

그리고 다보탑의 2관측소지붕판도 넓은 편이라 모양새는 조금 이상하지마는 뭘 받치고 있는 듯한 날개기둥이 있답니다. 이 다보탑의 받침형상을 보고 날개기둥이라고 인지하시는 분은 탑에 대해서 귀신급이랍니다. 그럼, 제가 귀신~ 설마~

보셨듯이 아주 간단한 건축상식으로 날개기둥을 인지할 수가 있답니다. 알고 보면 쉽고 모르고 보면 항상 의문만 남겠죠. 어떤분이 말씀하셨죠.

'아는 것이 힘이다' ~ㅎㅎ~

(4) 숫자의 개념

① 일반숫자개념

신라탑을 풀려니 별걸 다 알아야 되네요. 사실은 엄청많이 알아야 한답니다.

숫자개념이라? 숫자에 개념이 있을까요? 사실은 개념이라기보다 숫자의 법칙이라는 말이 맞을 것 같네요.! 숫자를 보실까요. 0, 1, 2, 3, 4, 5, 6, 7, 8, 9, 10, 11 ...

끝이 없네(정수든 소숫점이 들어가든 동일함).

이 많은 숫자 중 신라건축기사가 좋아하는 숫자가 있답니다. 바로 3, 6, 9, 12, 15... 등 3의 배수의 숫자를 좋아한답니다. 3의 배수숫자중 더 좋아하는 숫자는 바로 9랍니다. 더 웃기는 것은 1′(자)로 나누어도 9가 되는 숫자를 좋아한답니다. 아주 독특한 기사들이랍니다. 쉽게 얘기하면 3의 배수숫자만 모든 치수에 사용한답니다. 즉, 1m, 2m, 4m와 같이 3의 배수가 아닌 숫자는 치수로 사용하지 않는다는 말이랍니다. 1′(자)의 개념을 보실까요. 신라시대에는 10진법을 사용했을까요, 12진법을 사용했을까요? 여러 정황들로 미루어 보면 10진법을 사용한 것 같네요. 1자를 보실까요?

1′=3cm(1치)x10=30cm (10진법시) ⋱ 로 10진법을 쓰든 12진법을 쓰든
1′=3cm(1치)x12=36cm (12진법시) ⋰ 1치는 3cm로 같답니다.

아마 1치가 3cm라서 그런지 모든 치수에 3의 배수를 쓴 것으로 보인답니다.

숫자가 0~9 사이는 자체숫자가 나오지만, 108cm라든가 할 때에는 반드시 숫자를 끝까지 더해 보세요. 108 ⇒ 1+0+8=9로 3의 배수가 나오죠(단위라든가 소숫점 등은 무시하세요. 오로지 숫자만 보세요).

하나 더 볼까요, 486cm라는 치수를 봅시다. 486 ⇒ 4+8+6=18이라는 숫자가 나올겁니다. 두 자리 이상의 숫자가 나오면 나온 숫자를 한번 더(끝까지) 더해 보세요. 18 ⇒ 1+8=9로 3의 배수가 나오네요. 만약 치수가 124cm라고 봅시다. 1+2+4=7이 나올겁니다. 이 숫자는 합(合)이 7로 3의 배수가 아니므로 이 124cm라는 치수는 신라탑에는 존재하지 않는 치수랍니다. 그래도 예외는 있답니다. 다른 치수에 영향을 주지 않는 독립치수는 3의 배수법칙을 따르지 않아도 된답니다. 예를 들면, 보폭과 같은 자체폭치수는 3의 배수가 아니어도 된답니다.

그리고, 수에는 홀수와 짝수가 있을겁니다. 신라건축기사는 홀수를 좋아했을까요, 짝수를 좋아했을까요? 어떤 초등학생이 대답하네요~ 예! 홀수요~~ 그리고 몇년 뒤 중학생이 되어서는 이렇게 대답하네요 ~예! 짝수요~ㅎ~ 우리 학생이 많이도 컸죠. 예! 맞습니다. 신라인들은 짝수를 선호한답니다. 아마 이 초등3학년 학생은 3층석가탑, 황룡사9층목탑 등의 애기를 하도 듣다 보니 본인도 모르게 홀수가 맞는 걸로 생각했나 보네요. 그렇게 생각하시는 분도 계시고 실제로 거의 대부분의 사람들은 그렇게들 생각하고 또한 들었을 겁니다.

근데, 우짜죠. 저희들이 잘못들 생각하고 또한 잘못 알고 있는 개념들이랍니다.

수학적으로 석가탑은 4층석탑이 정확하게 맞답니다. 제가 이렇게 청개구리기질이 강한 놈인가 보네요? 제가 첨성대를 -1층일반목탑(말이 조금 이상하죠?)이라고 말씀드렸을 겁니다. 이 첨성대는 수학적으로 정확하게 0층 일반목탑이랍니다.
즉, 0이라는 말은 사용가능한 층(사무를 보든 예불을 올리든)이 한층도 없다는 의미랍니다.

일반적으로 신라건축물은 짝수로 구성이 되어 있답니다(층수가 되었든 높이가 되었든). 근데, 항상 반기를 드는 놈들이 있겠죠. 조심하셔야 됩니데이. 첨성대는 묘하게도 탑높이(13.5m)와 탑폭(18.9m)이 모두 홀수로 구성이 되어 있네요. 물론 우리에게 친숙한 황룡사9층목탑의 탑높이(67.5m)도 홀수로 되어 있답니다. 또한 석탑에도 홀수가 있답니다(감은사지3층석탑 높이 : 13.5m, 첨성대와 높이가 같네요).

홀수의 구분법은 숫자의 끝수가 홀수이기도 하지만 곱수(곱하는 수)로 알 수가 있답니다. 예를 들면, 첨성대 탑높이 13.5m = 2.7x5(곱수)에서 곱하는 수 5가 홀수이기 때문에 홀수로 분류된답니다(여기서의 2.7은 탑높이의 기본수로 탑높이는 2.7m단위로 높아지거나 낮아진다는 의미임). 짝수를 좋아하긴 하나 가끔은 홀수 치수도 등장한답니다. 이 황룡사9층목탑 높이가 홀수인 걸 보면 같은 홀수 높이인 첨성대도 종교건물 냄새가 쪼께 나는듯 하기는 하네요, 알 수 없으라!

② 탑높이와 탑폭의 숫자개념

앞에서 주요한 치수(탑 높이나 탑폭 등)는 9의 배수이기도 하지만 자(1'=30cm)로 나눈 숫자도 반드시 숫자 합이 9가 되어야 한다고 했을 겁니다. 이 말을 수학적으로 분석해 보면 9x0.3(1자길이)=2.7이라는 숫자가 나온답니다. 27(2.7이나 27은 같은 숫자 개념임. 소숫점은 아무런 의미가 없음)의 배수숫자는 숫자 합이 9가 되며 또한 1'(1자)로 나누어진 숫자의 합도 반드시 9가 된답니다. 즉, 숫자 합이 9가 되며 1'(1자)로 나누어도 숫자합이 9가 되는 최소단위 숫자가 27이라는 숫자랍니다. 볼까요. 27 ⇒ 2+7=9 맞죠. 자로 나누어 볼까요. 2.7÷0.3(1')=9 이것도 맞네, 자로 나누어도 역시 9라는 신라인들이 제일 좋아하는 숫자가 나오네요. 이렇게 좋은 숫자인 27을 엄청 중요한 치수인 탑높이와 탑폭에 적용했을 겁니다. 맞습니다. 반드시 신라건축물의 탑높이와 탑폭은 27과 108(27x4)의 배수가 된답니다.

이 108은 27의 4배수로 어쩌면 27보다도 신라인들이 더 좋아한 숫자인 것도 같답니다. 쉽게 얘기드리면 이 108이라는 숫자가 가장 완벽한 숫자랍니다. 그래서(?) 절에서 108배를 드리는가 보죠! 특히, 신라석탑 등은 108의 배수(27의 배수도 당연하겠죠)를 더 선호하는 것도 같답니다.

예를 들어봅시다.
- 첨성대 높이 13.5 = 2.7x5로 2.7의 배수가 나온답니다.
- 9층탑높이 108=2.7x40으로 또한 2.7의 배수랍니다.

석탑인 다보탑의 폭을 보실까요
- 다보탑폭 7.56=1.08x7로 108의 배수가 나오죠.
- 다보탑폭 7.56=2.7x2.8로 2.7의 배수랍니다.

다보탑폭은 묘하죠. 1.08로는 정배수가 나오죠. 근데 2.7로는 소수점 정수가 나올겁니다. 그런데, 이 숫자개념에서는 소숫점은 별 의미가 없답니다.(나눔수의 단위(m냐 cm냐 등)를 따르기 때문이겠죠. 27cm로 나누어 보면 7.56÷0.27(27cm)=28로 정수배수가 나온답니다).

이 탑높이나 탑폭이 반드시 27이나 108의 배수가 되어야 한다는 법칙은 탑을 푸는데 무지 중요한 사항이랍니다(이 27이나 108에는 단위가 없습니다. 필요에 따라 cm나 m 등을 넣어 주세요. 또한 0.27도 되고 1.08도 되니 필요에 따라 변화시키면 된답니다).

③ 치수 표기방법

기본원리는 아니지만, 이 책의 내용과 도면의 모든 치수표기는 미터(m) 기준이랍니다.
즉, m를 기준으로 모든 치수를 나타낼겁니다. 예를 들면, 240cm일 경우에는 2m 40cm가 되겠죠. 여기에서 m인 2를 쓰고 나머지는 소숫점 뒤에 넣을겁니다. 240cm인 경우는 2.40m가 될겁니다. m는 쓸 수도 있으나 기본적으로 쓰지 않을겁니다. 즉 240cm는 그냥 2.4로 표기될 겁니다.

216cm는 2m16cm이므로 2.16이 되겠죠. 18cm는 m가 0이 되겠죠. 즉 0m 18cm이므로 18cm는 0.18이 된답니다.
3cm는 m도 0이고 10cm도 0이겠죠. ∴ 3cm= 0.03이 될겁니다.
0.003은 3mm가 되겠죠. 와 이리 쉽노!

한번만 더 봅시다. 21.6은 21m 60cm가 될 겁니다. 순간적으로 이 21.6을 보고는 이게 뭐지 할까봐 노파심(?)에서 얘기 드린답니다.

(5) 1자(1尺:1′)의 길이 개념

신라시대의 1자(1′) 길이가 현재의 미터법으로 몇 cm쯤 될까요? 궁금하실겁니다.
물론 신라시대와 현재를 비교해 봐야죠. 신라시대의 1′ 길이는 현재로서는 아무도 알수가 없답니다. 그럼, 현재 저희들이 사용하는 1′ 길이부터 알아봅시다.

현재 1자 길이 = 30.303030... = 30 $^{30}/_{99}$이네요. 무리수(분수로 나타낼 수 없는 수)가 아니라 희한하게도 유리수네요? 이 1자 길이를 무엇을 보고 현재의 미터법자를 가지고 실측해 내신 건지는 모르겠으나 이 분은 귀신보다 눈이 더 정밀하셨던 분 같네요~ㅋㅋ~
근디, 이 분이 실수한 게 있네요. 무리수를 보셔야 하는디! 아마 유리수가 눈에 보이셨나 보네요~ㅎㅎ~ 현재의 미터법길이도 영원한 무리수인디?(현재의 미터법 길이도 가정으로 어떤 기준을 정한 것이겠죠. 아닌가?)

혹시 읽으시다가 이상한 느낌이 안 드셨는지요?
제가 1자를 30cm라고 큰소리(?) 치면서 얘기드렸잖아요. 아마, 말은 안 했겠지마는 속으로들 '이 놈의 무식해 빠진 놈이 별 소리를 다 지껄이네' 라고들 생각하셨을 겁니다~

예! 맞습니다. 제가 더위를 먹은 건지 요즘 맛이 살짝 간 것도 같네요~ㅋㅋ~
제 정신으로는 1자를 30cm라고 우기지는 않을 테니까요! 그런데 우짜죠. 1자는 정확히 30cm가 맞답니다. 다만, 각 시대의 1자 길이에 적용했든 길이 개념이 현재 우리가 사용하는 미터법의 치수와 차이가 날 뿐이랍니다. 즉,

- 신라시대의 1자 길이=30cm(10치)
- 최근까지 사용되던 1′=30cm(10치)
- 현재의 1′=30cm(1자로 가정. 현재는 1자라는 말 자체도 없으며,
  치라는 개념은 더더욱 없겠죠).
  앞으로 천년 뒤의 1′=30cm(바뀔 수도 있겠죠. 1자와 치가 살아날 수도 있겠죠)

보시듯 기본 개념은 30cm(1자=3cm(1치)x10: 10진법)로 똑 같답니다.
물론 그 시점의 미터법이겠죠. 다만, 그 시점(시대)과 현재의 미터법 길이를 비교해 보니 약간 다를 뿐이랍니다. 즉, 최근까지 우리가 사용하던 1자=30.303030...는 현재 미터법의

1자 개념으로 보면, $\frac{30.303030}{30} = 1.0101 = 1\,^{1}/_{99}$로 약 1.0101배가 더 클 뿐이랍니다.

쉽게 얘기하면 현재 미터법의 1.0101배가 최근까지의 1자 길이랍니다.
이 1자 길이는 제가 얘기하면서도 제가 더 헷갈리는 것 같네요.

사실 제가 탑풀기를 시작하고 조금 지나서 하도 궁금하여 손을 댄 것은 바로 신라시대의 1자길이가 현재의 미터법으로 몇 cm일까 였을겁니다. 몇달을 오로지 신라시대의 1자 길이를 찾아내려고 했는데 알아낼 수 있는 방법이 영원히 없다는 걸 알았답니다.

이유는 간단하답니다. 계산시 어떤 한 치수가 고정치수여야 나오는 치수도 고정치수가 되어 길이 추정이 가능한데, 입력치수(input)가 가변적이니 나오는 치수(output)도 당연히 가변적이더랍니다. 아마 저만큼 1자 길이에 대해 많이 생각해 보신 분은 그리 많지는 않을겁니다. 그런데, 다행인지 천운인지는 모르겠지만 제가 힘들이지 않고도 신라시대(물론 그 탑을 지을 당시이거나 그 탑에만 적용되었을 수도 있음)의 1자 길이를 정확하지는 않을지라도 어느 정도 인지하게 되었답니다. 어디에서 일까요? 바로 석탑의 이론치수(계산치수)와 현상태의 실측치수를 서로 비교해 보면 알 수 있겠죠, 현재까지 신라시대의 1자 길이는 1′=30.15 cm정도로 추정된답니다. 즉, 30cm보다 1~2mm나 1~3mm가 더 큰 것으로 보인답니다. 최근까지 사용된 1자보다 쪼께 적답니다. 그렇다면, 신라인들의 발이 최근까지 사람의 발보다 쪼께 적었다는 이바구?

이 자(尺)라는 놈은 신라시대(신라시대도 시기별로 다를 수 있음)나 조선시대에 따라 다를 수도 있으며, 지역마다 다를 수도 있으며, 기사마다 또는 각 탑마다 다 다를 수가 있답니다. 아니 달랐을 겁니다. 아무리 국가에서 표준자를 비치해 두었더라도 손솜씨에 따라 달랐을 겁니다. 물론 현재 사용하는 자조차도 제품마다 다를 수도 있답니다. 아니 계절에 따라서도 자길이가 달라질 수도 있답니다. 정밀도가 다를 수도 있다구요.

~역시 영리 하시네요~ㅎ~ 그러니, 너무 신라시대의 1자길이가 몇 cm일까를 고민하실 필요까진 없을 것 같네요. 간단히, 신라시대엔 30cm였으나 신라시대의 30cm가 현재 미터법보다 약 1.5mm 정도 더 길구나라고 생각하시면 된답니다. 제가 이렇게나 길게 얘기할 때는 다 이유가 있으며 중요하기 때문일겁니다. 이제 1자 길이의 궁금증이 조금 풀리셨는지요. 원래 탑높이와 탑폭 등 모든 치수를 그 시대의 자(예를 들면 12자, 3자 3치 등) 단위로 표시하는 것이 맞으나 자의 길이개념이 저희들에게 익숙하지 않네요. 예를 들면, 9층탑 높이가 108m라고 해야 높이 개념이 퍼뜩 떠오르지, 108÷0.3(1자)=360′로 '9층탑 높이가 360자다' 라고 얘기하면 '어느 정도 높이지?' 하면서 순간 잘 안 떠오를 수가 있답니다. 첨성대 높이가 13.5m인데 자로 환산해 보면 13.5÷0.3=45′로 '야! 첨성대 높이가 45자데이'라고 하면 감을 떠나서 무슨 말인지 조차도 잘 모를겁니다. 아마 목수양반도 잘 못알아 들을 겁니다. 그래서 모든 치수는 미터법으로 쓰겠습니다. 물론 그 시대의 미터법이겠죠. 첨성대 높이가 45자가 정확한 표현법이나 13.5m로 할 겁니다. 그럼, 현재의 미터법으로 실제 첨성대 높이를 계산해 봅시다. 13.5÷0.3=45′→45′x30.15(신라시대 1자 길이의 현재 미터법 길이) =13.5675로 제가 13.5m라고 표기한 것보다 약 6.75cm가 더 높네요. 맞습니다. 제가 13.5m라고 쓴 것이나 45자라고 쓴 것이나 약 6~7cm 밖에 차이가 없답니다.

오십보 백보네요(억수로 쉽게 생각하면 현재의 미터법과 거의 같답니다). 제가 첨성대 높이를 13.5m라고 써도 되겠죠~ 제가 이렇게 미리 양해를 구할 줄도 안답니다~ㅎㅎ~
자(尺)에 대해 한가지 아쉬운 점은 오래 사용되왔었던 1평(平)=6′x6′=1보(步)x1보≒3.3㎡가 이제는 ㎡로 통일했다네요. 그래도 당분간은 쓰겠죠.

(6) 갓탑과 첨탑

첨탑(spire)은 어찌되었든 들어들은 보셨을 겁니다. 고층건물의 꼭대기에 주로 철구조물로 삐죽이 세워 놓았죠. 그런데 갓탑이라는 말은 금시초문일겁니다. 당연할 겁니다, 제가 붙인 이름이거들랑요~ㅎㅎㅎ~ 그럼, 탑의 제일 위쪽을 보실까요.

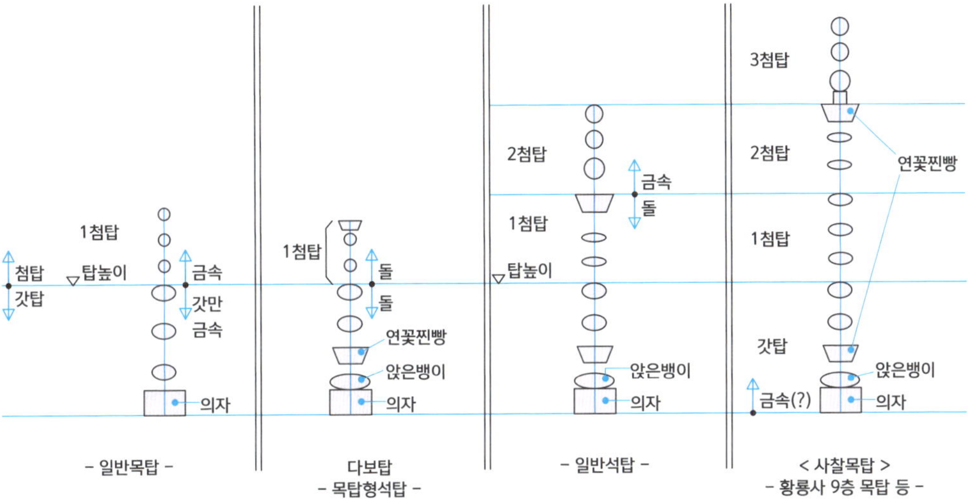

[그림 198] 탑별 꼭다리(갓탑과 첨탑) 형태

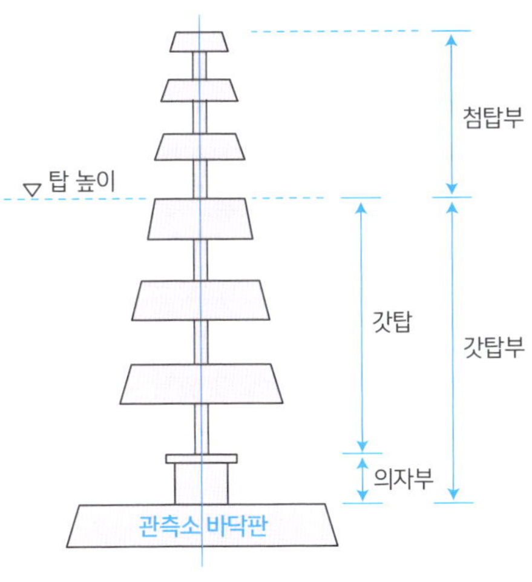

[그림 199] 일반목탑의 꼭다리: 1갓탑 1첨탑

자세히 보시면, 일반목탑꼭다리와 석탑과 사찰목탑의 꼭다리는 다르게 생겼을겁니다.

일반목탑은 기본적으로 갓탑에 뭔진 모르겠지만 의자 같은 것 위에 3개가 있으며, 첨탑에도 3개가 있답니다. 일반목탑의 꼭다리쪽을 먼저 봅시다. 갓탑과 첨탑을 묶어서 꼭다리라고 부르겠습니다(석탑류에서는 일반적으로 상륜부라고들 하겠죠. 아마 잘못 붙여준 이름일겁니다).

갓탑부를 보시면 제일 밑에 의자가 있으며 그 위에 어떻게 생겼는지는 알 수 없으나 세 개의 큼직한 것이 있으며, 그 위에 있는 첨탑부에도 하여튼 밑쪽보다는 작은 듯한 세 개의 뭔가가 있답니다.

합쳐서 그냥 첨탑이라고 하면 될것을 왜 굳이 갓탑부와 첨탑부로 구분을 했을까요? 구분 시는 분명히 어떤 이유가 있을 겁니다. 바로 갓탑까지의 높이가 탑높이랍니다. 즉, 첨탑은 탑 높이에 포함되질 않는답니다. 첨탑이 저한테 밉보였나 보네요~

그런데, 이 첨탑은 석탑이나 사찰목탑에서는 쪼께 불쌍하여(?) 탑 총높이에는 낑가(끼워) 줄겁니다. 일반목탑에서는 첨탑 높이가 차지하는 비중이 워낙 미미해, 있으나 마나한 높이랍니다 (일반목탑은 초거대형 고층건물이거들랑요!).

그럼, 제가 왜 갓탑이라는 이름을 붙여드렸을까요? 봅시다.

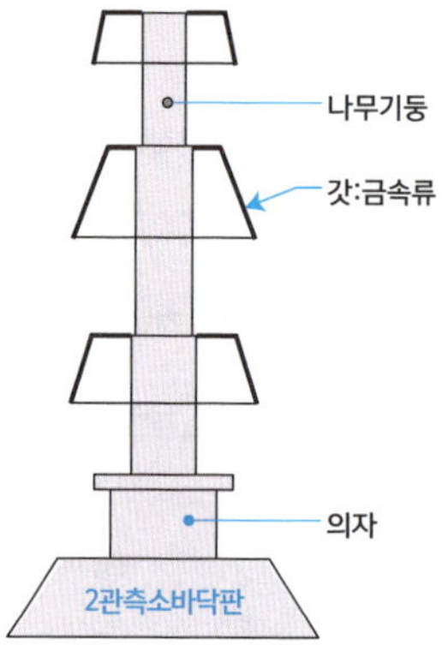

[그림 200] 갓탑이름의 연유

이 갓탑이 어떻게 생겼는지는 알 수는 없습니다마는 보시면 꼭 갓같이 기둥에 걸려있는 느낌이 들어서 제가 갓탑이라 명명했답니다. 물론 8각 갓일 겁니다.

현재까진 갓형태를 아주 조금 인지하고 있으나 여러 금속공예가가 힘을 합치면 탑의 꽃인 이 갓을 아주 이쁘장하게 만들어 낼겁니다.
갓탑의 갓과 첨탑 전체는 아마 금속류일 것 같답니다(혹시 황금?).

갓탑 위에 있는 세개의 조그마한 첨탑도 갓탑과 기본생김새는 같을 것 같답니다.

꼭다리 얘기가 나왔으니 석탑이나 사찰목탑의 꼭다리도 잠깐만 봅시다. 석탑이나 사찰목탑은 다 일반목탑의 기본형태를 그대로 따르고 있답니다(다만 관측소만 없겠죠. 다보탑만 빼고).

먼저 석탑의 꼭다리를 봅시다.
다음페이지의 그림을 보시면 일반목탑의 꼭다리와 약간 다를 겁니다.
제일 밑의 의자는 같으나 의자 바로위에 둥그스럼한 뭔가가 앉아 있네요. 그래서 제가 앉은뱅이라고 명명했답니다(제 마음대로죠? 제가 주심이거든요 ~ㅎㅎ~). 일반목탑에는 없는 이 앉은뱅이는 종교적 의미가 있는 것으로 보인답니다. 석탑류와 사찰목탑에 다 있답니다. 갓탑과 1첨탑에는 찐빵인지 호떡 형태인지는 모르지만 각각 세개씩 있답니다. 그래서 제가 '너는 찐빵이야'라고 이름을 붙여 드렸답니다. 제성깔하나 지랄같죠? 지가 뭔데~ㅋㅋ~ 좋은 이름이 생각나시는 분은 이쁘게 지어주세요. 그럼 따르겠습니다. 순해졌죠! 일반목탑의 갓과는 모양새가 완전히 다를 겁니다(납작한 것 외에는 부피가 거의 없네요. 그래도 상·하 연꽃 모양새는 약간의 부피는 있답니다).

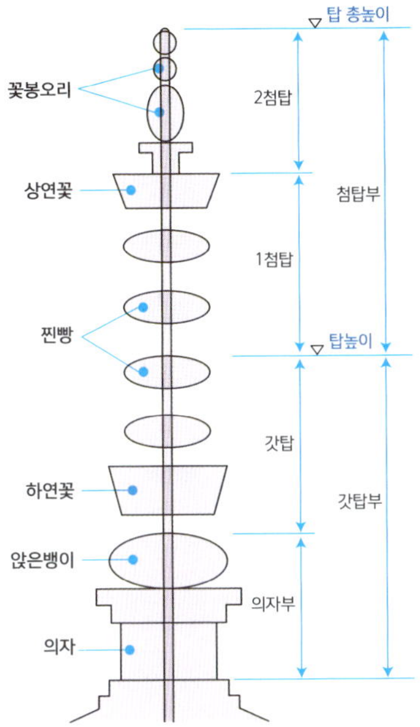

[그림 201] 일반적인 석탑꼭다리: 1갓탑 2첨탑

그리고, 제일 위에 있는 2첨탑(꽃봉오리 첨탑)에는 꽃봉오리인지 구슬류인지 뭔지는 잘은 모르겠지만 세 개가 있답니다. 제일 윗쪽 끝에는 끝꼭다리가 있겠죠.

같은 석탑인데도 다보탑은 1첨탑만 있답니다. 아마도 다보탑은 2관측소라서 그런지 일반목탑의 꼭다리 형식을 따르고 있답니다(일반목탑에 충실한 다보탑은 분류가 쪼께는 애매하지만 목탑형 석탑으로 분류가 된답니다. 4면의 진입계단과 2관측소가 있기 때문이겠죠). 보셨듯이 첨탑이 두개(2단)로 높이에서 차지하는 비중이 높답니다. 그래서 석탑과 사찰목탑에서는 갓탑까지가 탑높이이며, 첨탑높이를 포함해서 탑총높이가 될겁니다. 즉, 두개의 탑높이를 동시에 고려해야 된답니다.

보는 김에 사찰목탑 꼭다리도 잠깐 봅시다. 빼면 섭섭하겠죠~

사찰목탑중 제일 중요한 황룡사 9층 목탑 꼭다리 개념이랍니다.

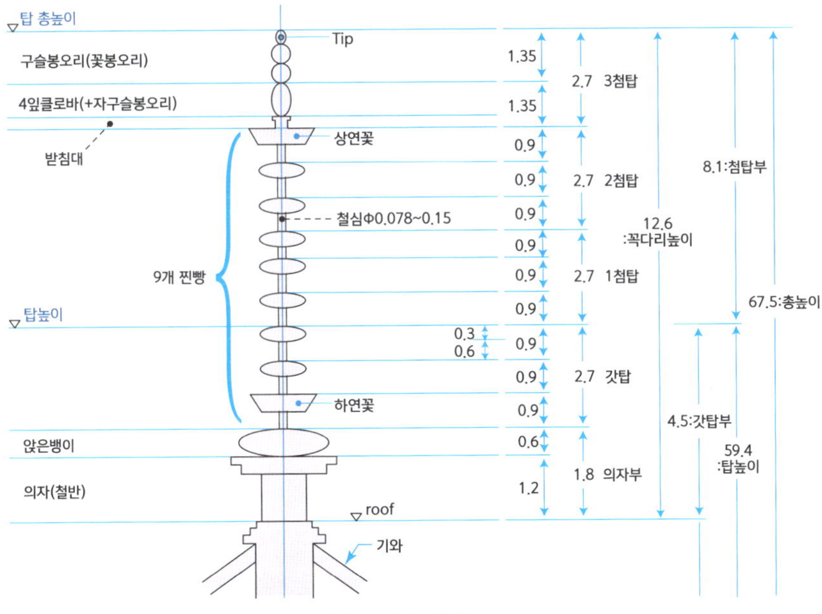

[그림 202] 9층목탑 꼭다리 개념도: 1갓탑 3첨탑

보시면 물경 세 개의 첨탑이 있네요. 석탑과 사찰목탑이 첨탑에 공을 들인 걸로 봐서는 이 꼭다리가 아주 중요한 의미가 있을것 같으며 또한 탑의 꽃인가 봅니다.

제 얘기가 길었죠. 바로 이 꼭다리 형태만 봐도 이것이 일반목탑인지 석탑류인지 아니면 사찰목탑인지를 알 수가 있기 때문이랍니다.

(7) FFL(바닥마감선, 실제 바닥)

이 말은 Floor Finish Level(바닥마감선)의 약자로 희한하게도 신라탑에도 등장(?)한답니다. 가장 쉽게 말씀드려 볼까요. 우리 Apt 얘기가 좋겠죠. 3층을 예로 들겠습니다.

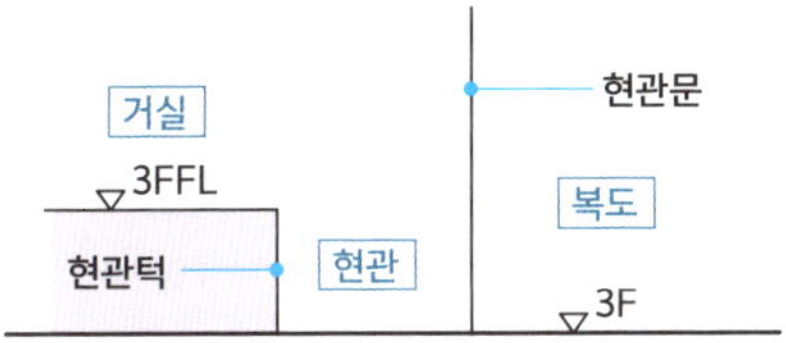

[그림 203] FFL 개념: 실예-Apt 3층

elev에서 내리면 이 친구는 3F에 오게 된답니다.
그런데, 현관문을 열고 현관을 통과하니 거실턱에 딱 걸리겠죠. 이 턱을 올라가면 거실바닥이 되겠죠. ~이제까지 맞나요!~
바로 이 거실바닥이 3FFL(실제 바닥)이 된답니다~ 쉽죠~ㅎㅎ~ 그런데, 어떤 누구가 몇층에 사시느냐고 물어 오면 3F에 산다고 얘기하세요. 유식하다고(?) 나 3FFL에 살거들랑요라고 하시면 상대가 이상한 눈초리(?)로 쳐다볼지도 모른답니다~ㅋㅋ~ 이 FFL은 어떤 바닥의 Con'c (Concrete or 다른 바닥판일수도 있겠죠) 위에 마감(미장, 타일 등)을 할 때 마감두께를 지정하기 위한 용어로 쓰이지만, 이 신라탑에도 올라가는 계단턱이 툭 튀어나오니 적당한 용어가 생각나지 않아서 그냥 이 FFL이라는 용어를 쓴답니다. 좋은 우리말 없나!

우리 신라일반목탑에서는 주로 1층과 지하층에 이 올라가는 계단턱이 2단으로 있답니다. 물론 정식 계단높이의 단이겠죠(1F 외부통로의 물구배를 고려하면 단높이가 약간 줄어들 수도 있답니다).

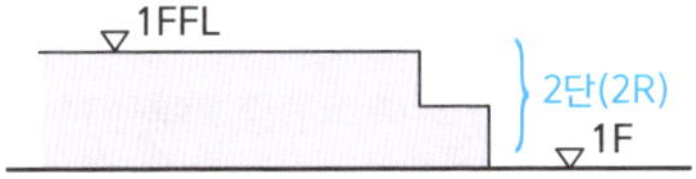

[그림 204] 신라일반목탑: 2단턱 개념

보시듯 1F와 1FFL은 완전히 개념자체가 다를 겁니다. 그런데, 1층 외부통로에서 그냥 평평하게 들어가면 편할텐데 왜 힘들게 2단을 더 올라가죠?(Apt 같이 바닥난방하는것도 아닌 것 같은디?) 사람들은 1층으로 들어갈 때 올라가려는 욕망이 있나보네요~ 이건 무슨 심리죠. 상승욕망~ㅋㅋ~

그리고, 석탑에서도 이 묘한 계단턱이 조그마하게 2단(흫내계단)으로 있는데, 그 층에 소속되는 것이 아니라 밑층소속이 되며 모양새 뿐만 아니라 층구분(상부층 기초판)개념도 겸하고 있는 것 같답니다.(고로, 석탑에서는 FFL이 존재하지 않을겁니다)

(8) 1·2·3층 층고비례공법

신라탑에는 별 희한한 공법도 다 있답니다. 1·2·3층 층고비례공법(간단히 1·2·3층 비례공법이라고 부르겠습니다)이라, 하! 도통 이 놈이 뭘까요?

9층탑 1·2·3·4층 층고를 한번 분석해 봅시다.

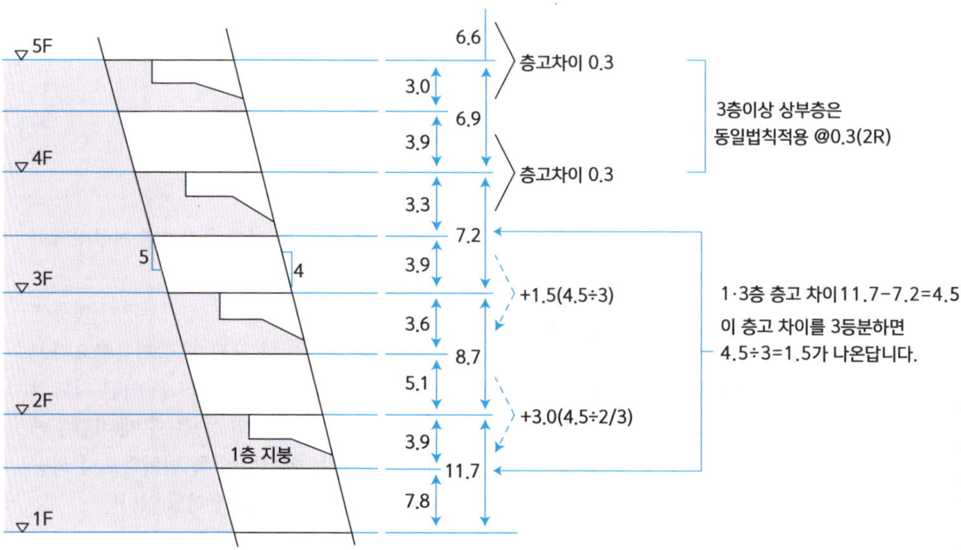

[그림 205] 9층탑 1·2·3층 층고비례공법

이 1·3층층고차이의 1/3인 1.5m를 2층 층고에 준답니다. 즉, 2층층고는 7.2(3층층고)+1.5=8.7이 된답니다. 나머지 2/3인 3m를 1층층고에 준답니다.

1층층고 = 8.7(2층층고)+3.0(4.5× $\frac{2}{3}$)=11.7이 된답니다. 즉, 1·2·3층 비례공법은 1·3층 층고차이의 1/3을 3층층고에 더하면 2층층고가 되며, 2층층고에서 나머지 2/3를 더해주면 자동으로 1층층고가 된답니다. 9층탑에서 2층층고를 제외한 모든 층고는 거의 자동으로 계산이 되는데 유일하게 이 2층층고만은 1·2·3층 비례공법인 1·3층 층고차이의 1/3을 3층층고에다 더해줘야 한답니다. 이유는 정확히는 모르겠으나 1층층고와 3층층고의 차이가 많이 나는 걸 보간법으로 처리하지 않고 차이를 1:2 비율로 맞춘 것 같답니다. 이 1:2 비율도 혹시 보간법에 해당되는지는 제가 수학에 문외한이라 헷갈리네요? 주의하실 점은, 1·3층 층고 차이의 1/3인 숫자가 반드시 그 탑몸통부의 계단단높이(R)로 나누어져야 된다는 겁니다.

만약 그 탑몸통부의 단높이로 나누어지지 않으면, 그 전에 계산한 다른 층의 층고가 잘못 되었다는 걸 의미하니 다시 처음으로 돌아가셔서 시작하셔야 될 것 같네요.

이 1·2·3층 비례공법은 무척이나 간단하지만, 이 법칙을 인지하지 못하시면 그 탑의 몸통부높이는커녕 탑높이 자체를 자자손손 푸셔도 영원히 못 풀 수도 있답니다?
신라탑을 풀려니 별 걸 다 알아야 되네요? 앞으로도 더 많이 있을지도 모른답니다? 1·2·3층 비례공법과 관련된 제 개인 느낌하나 말씀드리겠습니다.
저는 신라석탑도 1·2·3층 비례공법을 적용하면 되겠구나 생각하고 석탑을 열심히 풀었답니다. 1·2·3층 비례공법이 완벽할지까지는 모르겠으나 어느 정도 완벽한 비례를 갖고 있기 때문에 신라석탑이 기본적으로 3층석탑이라 딱 맞아 떨어질 줄 알았답니다. 어쩌면 신라석탑은 5층석탑이 비례가 덜 어울릴 수도 있답니다.
그래서 이 1·2·3층 비례공법을 석탑에 반드시 적용했었겠지라고 생각했답니다. 이 세상이 자기 마음대로 안 되더랍니다. 기본적으로는 1·2·3층 비례공법을 사용한 건 맞는 것 같은데, 각 층이 자기들끼리 서로 치수를 주고 받더랍니다. 치수가 넉넉한 쪽에서 치수가 적다고 아우성치는 층에다 공짜로(?) 막 떼어 주더랍니다.
우찌 이런 일이! 아마도 신라 석탑 설계하신 분은 마음씨가 아주 좋은 아재였나 봅니다.
그래도 기본원칙인 1·2·3층 비례공법 자체를 많이는 벗어나지 않았네요.

신라탑은 1·2·3층 비례공법을 썼는데, 그럼 과연 백제탑은 어떤 공법을 썼을까요?
궁금하시죠. 희한하게도 1·2층 층고비례공법을 사용했네요. 즉, 2층층고는 1층층고의 1/2인 반공법(1·2층 비례공법)을 사용했답니다.
신라탑은 1층 → 2층 → 3층에 걸쳐서 어떤 비율(2:1)로 층고가 줄어드는데 비해, 백제탑은 2층층고가 갑작스레 1층층고의 반으로 줄어드네요. 신라탑만 보다가 깜짝 놀랐답니다. 2층 층고가 갑자기 줄어드니 백제석탑은 3층탑이 비례가 너무 어울리지가 않을 것 같아서 아마도 5층석탑으로 하지 않았을까 하는 생각이 들더랍니다. 갑작스런 층고 감소로 인한 비례문제를 2개층(4·5층)을 더 높여서 자연스럽게 비례를 맞춘 것 같은 생각이 든답니다.
이렇게 층고접근방법에 큰 차이가 있네요. 신라탑은 1·2·3층 비례공법, 백제탑은 1·2층 비례공법을 사용했다는 것만 아셔도 탑에 대해 이제 반 도사가 다 되신 겁니다.

이제까지 일반목탑의 기본원리들을 잘 이해하셨는지요. 이 기본적인 원리들을 이해하시고 석굴암을 보셔야 한 눈에 쏙 들어오실 겁니다. 사실 기본원리들이 제법 많이 있지마는 여기서는 석굴암 등과 관련이 있는 것만 얘기드렸답니다.

3. 용어와 약자

(1) 선

도면을 보시다 보면 4.5선 식으로 어떤 숫자 뒤에 선이라는 말이 있을겁니다. 이 말은 건물중심선으로부터 4.5m 떨어져 있다는 의미랍니다.

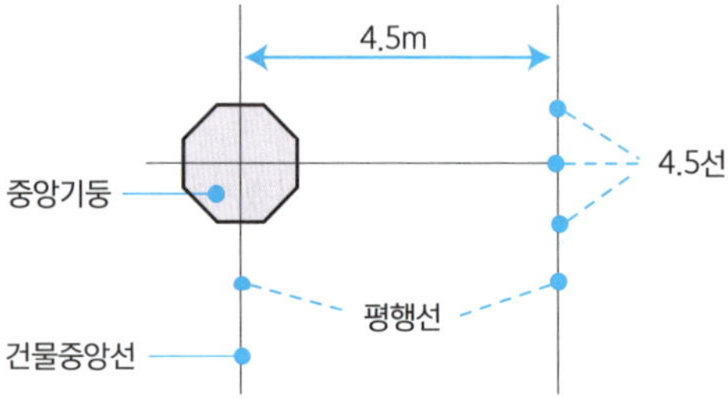

[그림 206] 선의 의미

즉, 건물중심선과 평행으로 떨어져 있는 모든 점들이 4.5(450cm) 만큼 떨어져 있다는 말이랍니다. '2.16선' 이라면 자동으로 건물중심선에서 2m 16cm 떨어져 있다는 말이겠죠.
숫자(치수)만 써 놓으면 이게 폭 치수인지 높이 치수인지가 헷갈릴 수가 있어서 아예 선이라는 말을 붙여서 건물중심선으로부터 얼마만큼 떨어진 거리임을 명확하게 하기 위함이랍니다.

(2) Core(계단실)

말그대로 핵이죠. 중요한 곳을 의미한답니다. 건축에서는 주로 엘리베이터(elev.)·계단·화장실 등이 밀집되어 있는 곳을 core부라고 부른답니다. 건물중앙부에 집중되어 있으면 중앙 core형 건물이 되겠죠. 그런데, 여기서는 중앙기둥(Cc)을 중심으로 그 주변공간을 core라고 부를 겁니다. 건물의 핵은 맞긴 맞네요(중앙 core형 건물이네!).
주로 계단실로 이용될 것이며(간단히 계단실이라고 아시면 됨), 통로나 복도 등이 될 수도 있답니다. 9층탑 core부를 보실까요.

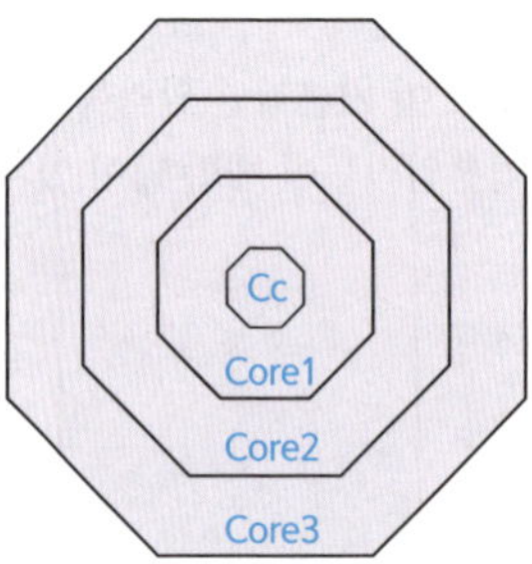

[그림 207] 9층탑 core부 개념

이 9층탑은 저층에서는 Core3이 계단이 되고, 위로 가면(일반층) Core2가 계단이 되며, 관측소에 가면 Core1이 계단이 되는 묘한 구조랍니다. 세개의 Core가 있네요.

(3) C

① 기둥

기둥(Column)의 앞자로 기둥표시 부호랍니다. 기둥표시는 이렇게 한답니다.

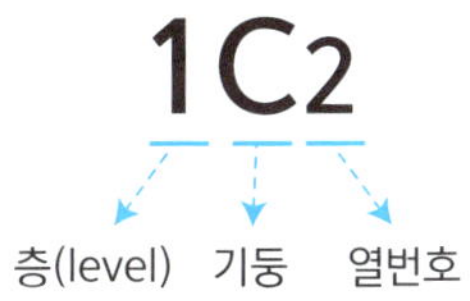

[그림 208] 기둥표시법: 고유 기둥번호임

앞의 1은 층을 표시하며, C는 말 그대로 그냥 기둥이죠.
뒤의 2는 기둥의 열번호(연속번호 Ser. No) 랍니다.

0층에 있는 1열기둥은 $0C_1$이 되겠죠.
아주 쉽게 얘기드리면 그 기둥의 고유기둥번호라 생각하시면 된답니다.
일반목탑이나 사찰목탑에는 중앙기둥(Cc: Central Column)이 있답니다.

모든 기둥의 중심기둥이랍니다(중앙기둥이 왜 필요한지 아시는지요? 숙제를 내어 드리겠습니다! 크게 2가지 정도. 혼자서 풀어 보세요~ㅎㅎ~ 생각해본다는 건 중요하겠죠?).
기둥규격을 표시할려면 $1C_2$∠0.7식으로 기둥번호 우측에 규격표시를 한답니다. 이 기둥은 1층에 있는 2열기둥이며, 8각기둥(∠)으로 기둥지름이 0.7(70cm)이라는 의미랍니다.

② 공통수

공통수에서 살짝 말씀드렸듯이 간단히 C로만 표현하며, 앞에 숫자를 넣어 '3C(3×C, C의 3배수)' 이런식으로 사용할 겁니다.

기둥표시와 비교해 보실까요.

$1C_2$: 기둥표시의 C — 금방 알아보시겠죠?
3C: 공통수표시의 C — 안경 안끼셔도 알아보실 겁니다.

(4) ∠(8각기둥)

일반목탑의 내부기둥들은 기본적으로 8각기둥이랍니다(경사기둥은 기본적으로 원형기둥임). 8각기둥을 ◯ 이런 식으로 그림을 그리기도 그렇고 말로 8각기둥이라고 하기가 애매해서 간단히 8각기둥을 ∠으로 표기하겠습니다.

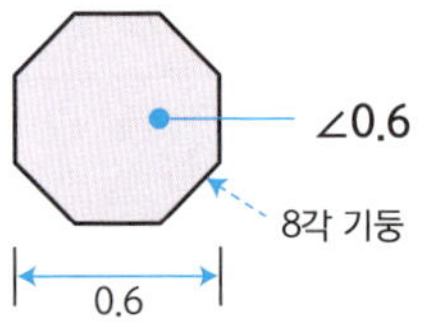

[그림 209] ∠0.6 이해도

즉, ∠0.6이라고 표시해 놓으면 그림에서 보시듯 8각기둥으로 지름이 60cm라는 의미랍니다.
∠1.2면 당연히 8각기둥으로 지름이 1.2m라는 의미일 겁니다.

(5) ⊿(경사각: 기울기)

⊿는 숫자경사각으로 ⊿6 (밑변 1) 등과 같이 밑변치수가 1이고 높이가 6(실제는 치수가 아니고 두변의 비례임. 예를 들면, 밑변이 3이고 수직변이 18이면 3:18=1:6이라는 의미임)인 숫자각이랍니다. 이 ⊿6 (밑변 1) 을 간단히 ⊿6 or 6각 으로 표현할 겁니다.

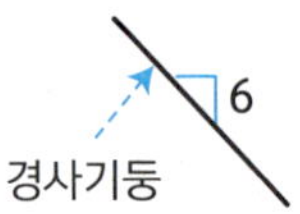

[그림 210] 도면상의 6각 표시

원래 밑수(수평치수, 윗변포함)인 1을 써야 맞으나 귀찮아서(?) 생략할 겁니다. 그리고 도면상에는 그림과 같이 ㄱ6으로 표시할 겁니다. 바로 6각을 의미하겠죠. 경사각이니 당연히 경사기둥에서 발생될 겁니다.

경사기둥은 아니지만 건물끝과 건물꼭대기까지의 각도도 이 경사각 표시를 할 수도 있답니다. 볼까요? 도면과 같이 건물끝선과 건물높이 끝을 연결하면 ⊿1 즉, 1각이 나올 겁니다.

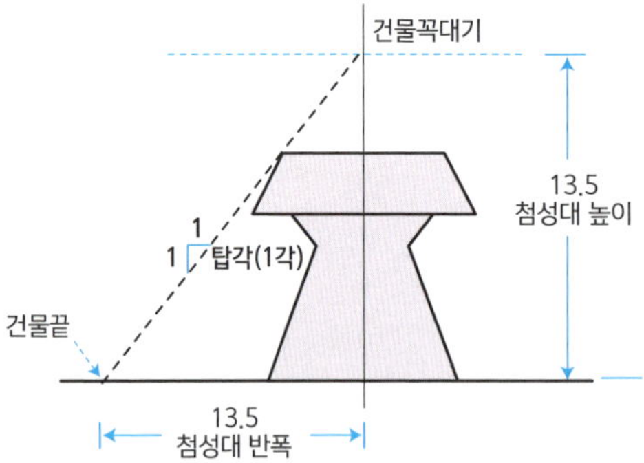

[그림 211] 건물끝과 건물높이 끝의 표시각: 탑각

이건 건물반폭과 건물높이가 같다는 걸 의미할 겁니다.
이와 같이 첨성대의 탑각은 1:1(1각)로 아주 잘 나온 답니다. 9층탑은 2각이 나올 겁니다.
탑풀기가 끝이 나시면 심심풀이로 이 탑각을 한번 구해보세요. 재미있답니다~

(6) R(단높이)과 T(단폭)

계단이 어찌 생겼는지 한번 봅시다. 보시듯이 크게 디딤판과 챌면이 있답니다.

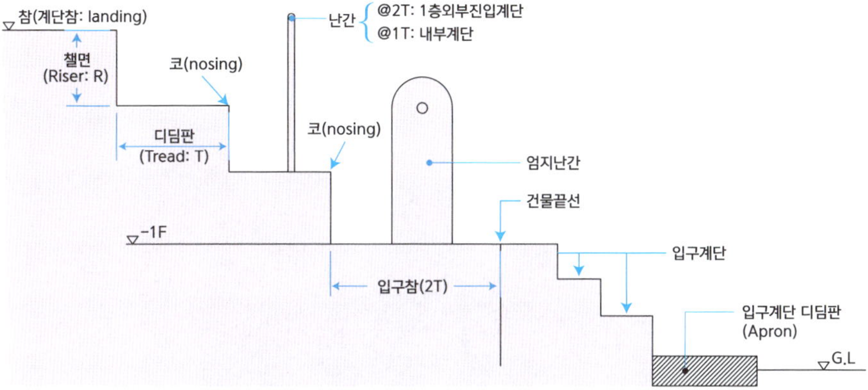

[그림 212] 계단 개념도

또한, 쉬어갈 수 있는 계단참도 있답니다. 당연히 계단난간도 있을겁니다. 계단에서 이 디딤판폭(T)과 챌면높이(단높이 R)는 엄청 중요하답니다. 우리나라에서는 T(디딤판폭)+R(단높이)=45~48cm가 적당하답니다. 서양같은 경우는 약간 더 클겁니다. 체격조건(키 등)과 남녀노소를 고려해서 이 T와 R을 결정한다네요.
신라일반목탑에서는 특별한 치수표기가 없으면 이 T(디딤판폭)는 30cm가 될겁니다.

그런데, 사찰목탑의 T는 27cm가 될 수도 있답니다. R(단높이)은 공통수를 이용해서 나오는 대로 적용하면 된답니다. 이 단높이(R)는 일반적으로 15cm나 18cm이며 21cm도 가끔 나오며, 꾹 대기문 계단같은 경우는 30cm도 있답니다. 사찰목탑같은 경우는 R=18cm가 주류가 될겁니다.
이 R(단높이)은 수도 없이 많이 나올 것이므로 꼭 기억하세요. 석굴암에는 없지만 R은 원형기둥 표시도 된답니다. 간단히 R0.6이라고 하면 원형기둥으로 지름이 60cm를 의미할 겁니다.

(7) @(증감계수)

[그림 213] @의 실예

이 @는 골뱅이가 아니라 at의 약자부호랍니다. 건축에서는 주로 간격(철근간격 등)에 사용되는 부호이나 여기서는 증감계수로 사용될 겁니다. 예를 들면, 그림에서의 층고와 같이 각층 층고가 30cm(0.3)씩의 차이가 날겁니다. 이런 경우에 간단히 @0.3 이라고 표기할 겁니다.

즉, 30cm씩 늘어나거나 줄어든다는 증감계수 개념이랍니다.

- 맺음말 -

소책자에 맺음말이라! 조금 쑥스럽네요.
간단히 전할 말씀만 드리겠습니다. 첨성대편에서도 말씀드렸습니다만 이 석굴암을 직접 짓고 싶으신 분도 계실겁니다. 예! 기회를 드리겠습니다.
2025년 9월부터 신청하시면 된답니다. 기간은 2년동안(2027년 9월까지)일겁니다.
아쉽지만 경주시나 문화재청은 2027년 9월 이후로 신청하시면 된답니다. 아마 공짜는 아니겠죠!

이 석굴암은 첨성대보다 조금 더 힘을 들이셔야 할 것 같네요. 첨성대보다 훨씬 더 많은 부지가 필요할 것 같으며, 자금력도 첨성대보다 최소 5~10배를 더 생각하셔야 할 겁니다.
물론 사전에 엄청 많은 자료(도면이 되었든 시공법이 되었든)를 확보해야 겠죠. 투자자(?)와 막강한 시공팀을 꾸려야 한답니다. 문제는 우리 석공아지아들의 조각능력에 달려 있을 수도 있답니다?
부처님을 이뿌장(?)하게 잘 만드셔야 할낀데!

야튼 관심이 있으시고 지을 만한 가치가 있다고 판단하시는 분은 충분한 생각을 하신 후 신청하시기 바랍니다.

그 때(27년 9월)까지 신청하시면, 제가 알고있는 모든 자료들을 공짜로 드리겠습니다~
이게 웬떡~ㅎㅎ~ 원하시면 덤으로 A/S까지도 해 드리겠습니다. 그 이후(27년 9월)는 아마 공짜는 물건너 갔다고 봐야겠죠!

이 소책자를 읽어주심에 감사드리며 불국사쪽 구경을(제 책 내용을 생각하시면서!) 잘 하시기를 바랍니다.

2025년 8월 정상현 씀

Index

* 독자의 편리를 위해 PART별 구분합니다

1. 석굴암 PART 1

Index

2. 다보탑 PART 2

3. 석가탑 PART 3

4. 원리와 약자 (책 내용순: 순서없음)

지하출입로 평면도

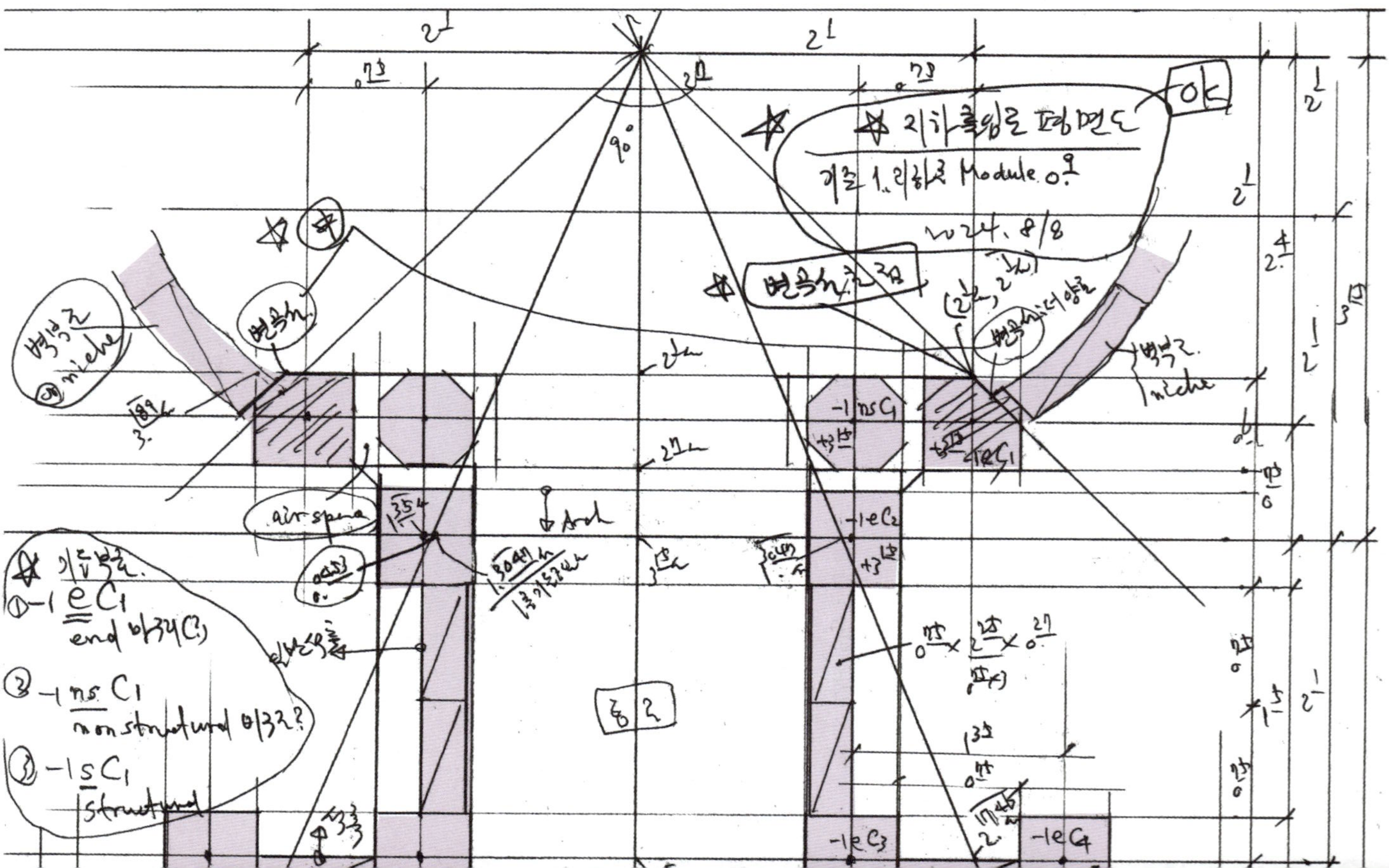
OK
air space
Arch
-1 ns C1
-1 e C2
-1 e C3
-1 e C4
① -1 e C1
end 비374(C1)
② -1 ns C1
non structural 비372?
③ -1 s C1
structural
niche

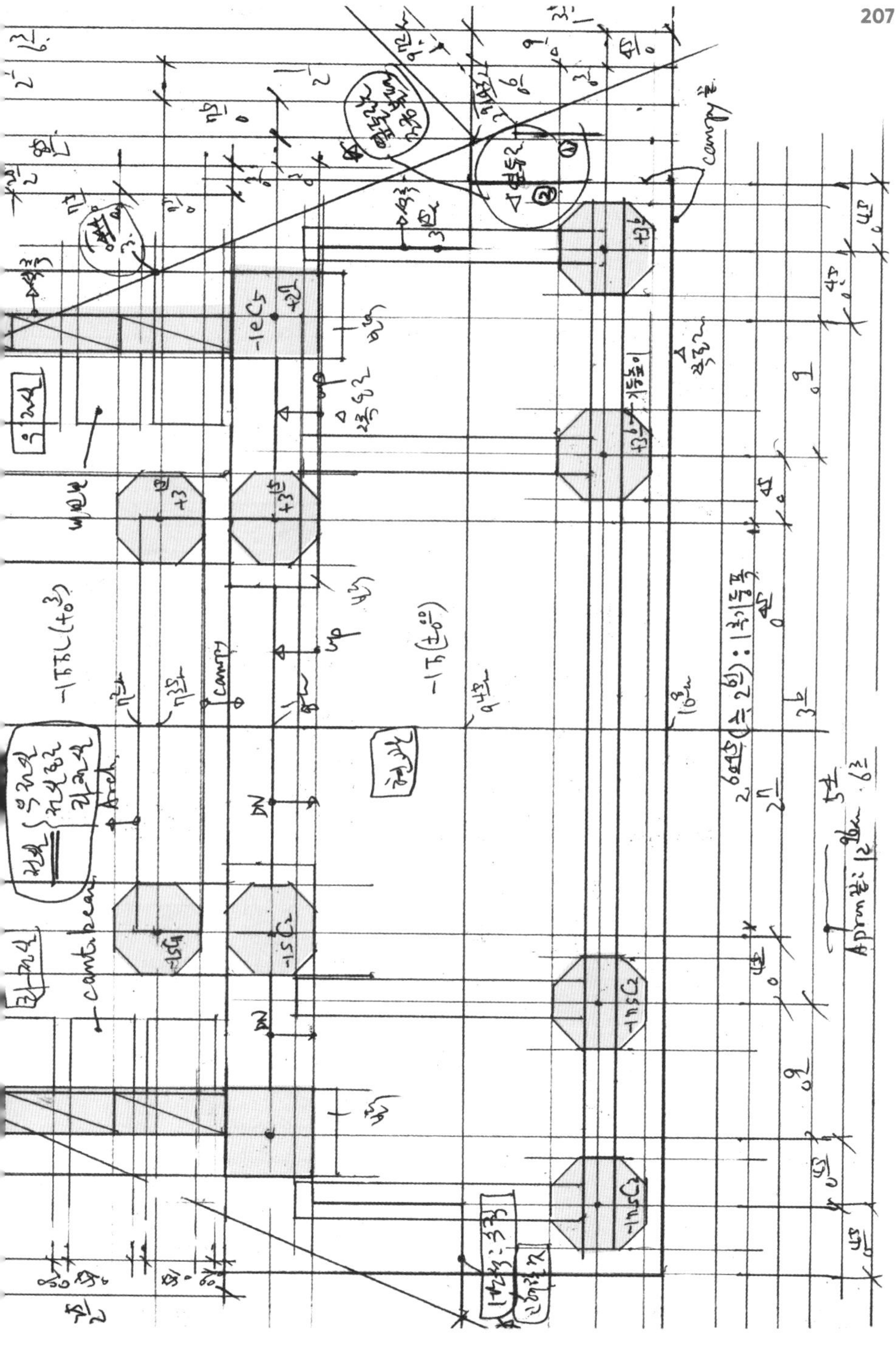
canopy
cant. beam
Arch
up
DN
Apron

석굴암 지하층 단면도

원본도면 02 (본문 p44)

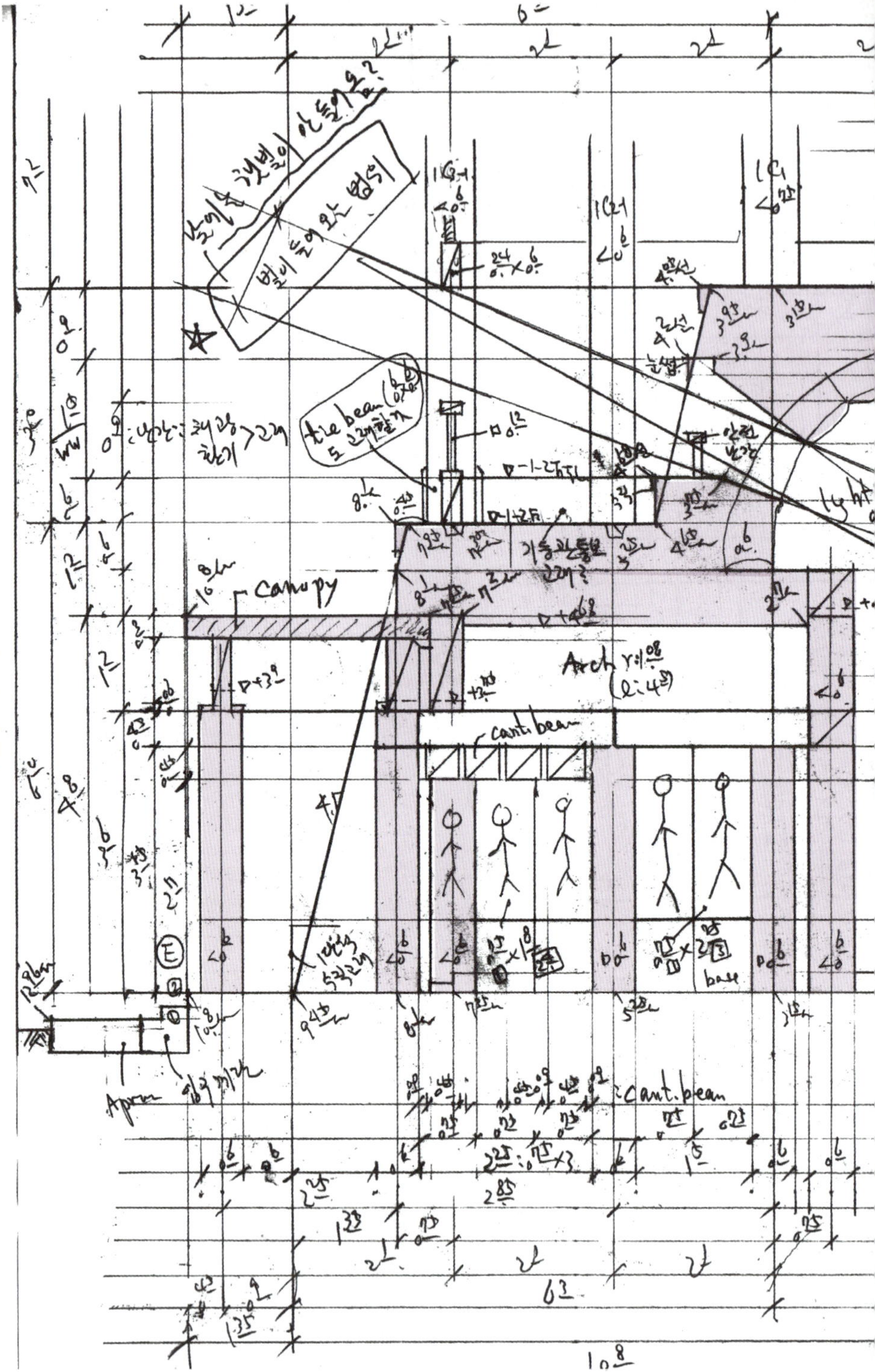

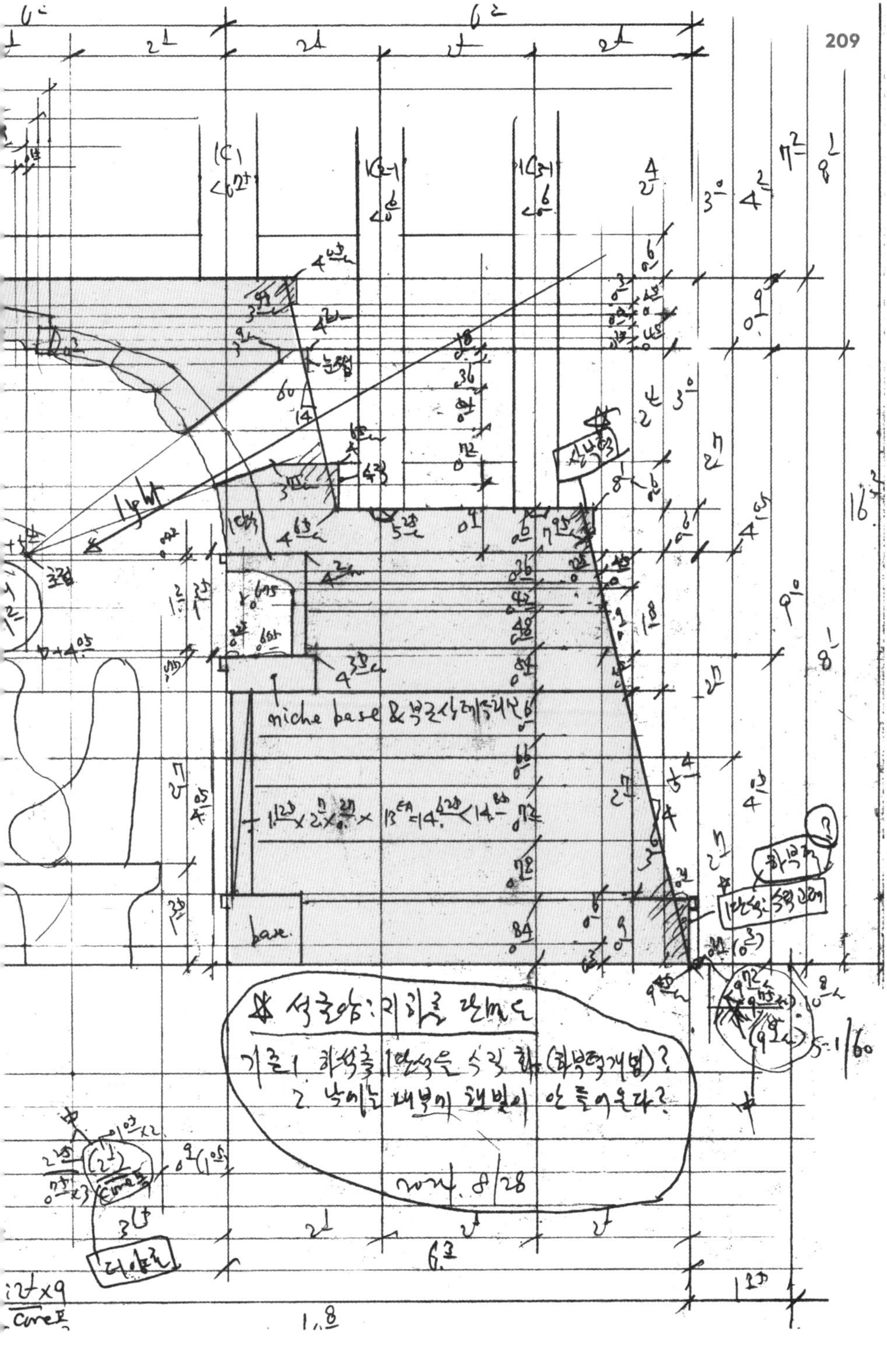
niche base
base.

원본도면 03 (본문 p68)

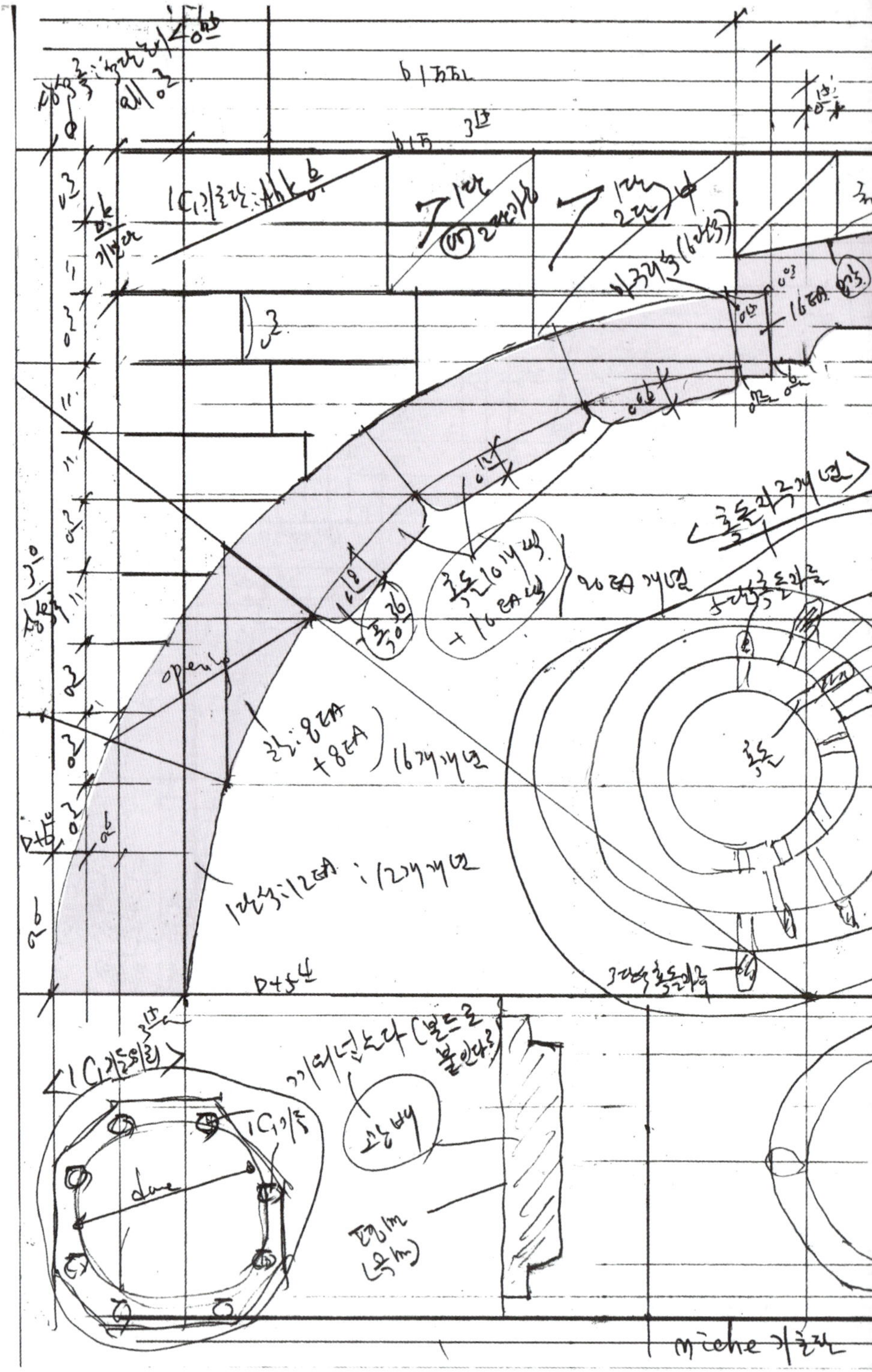

Dome 단면도

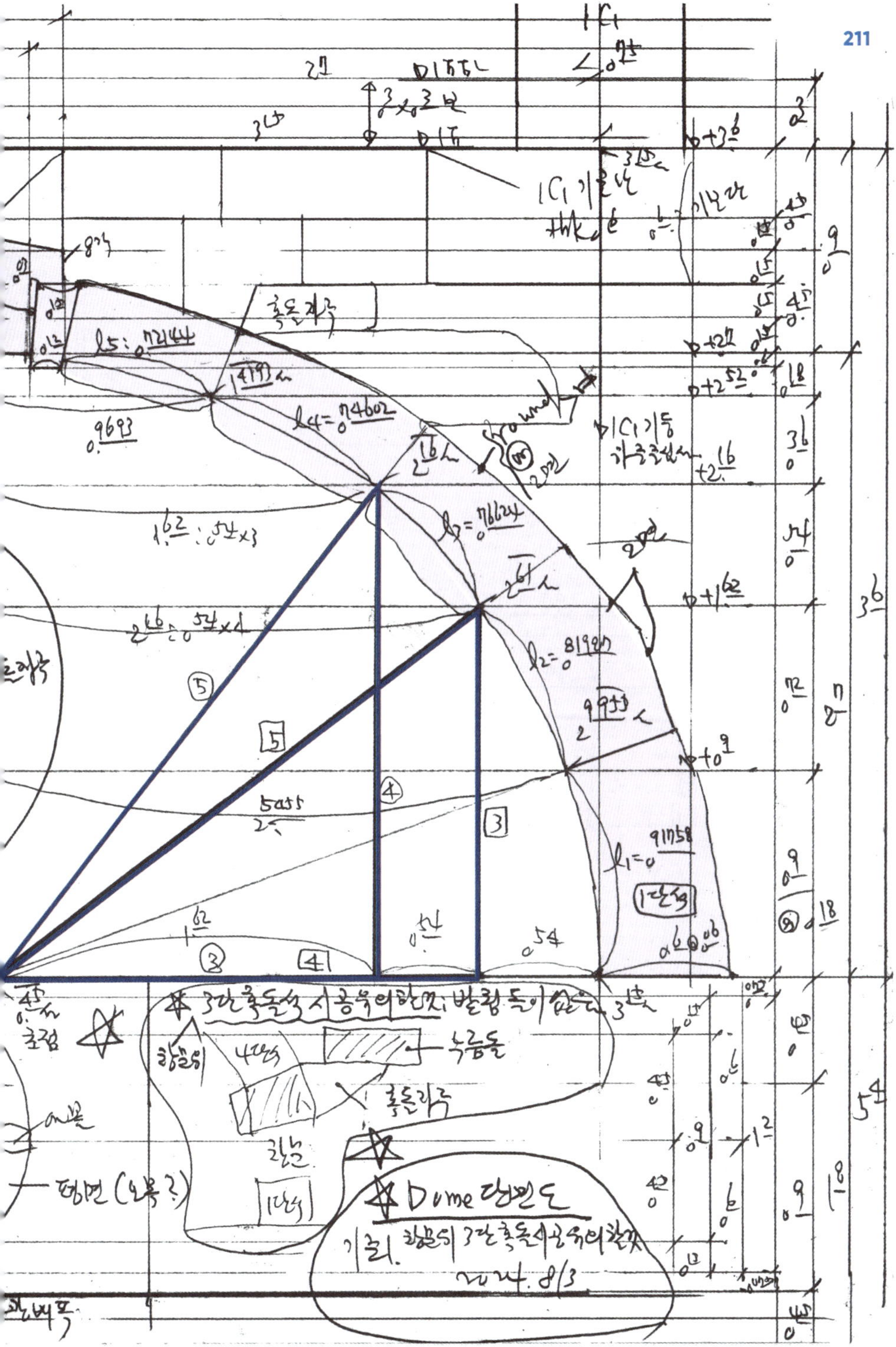
shroud
Dome 단면도
2024. 8/3

원본도면 04 (본문 p97)

석굴암 개념도

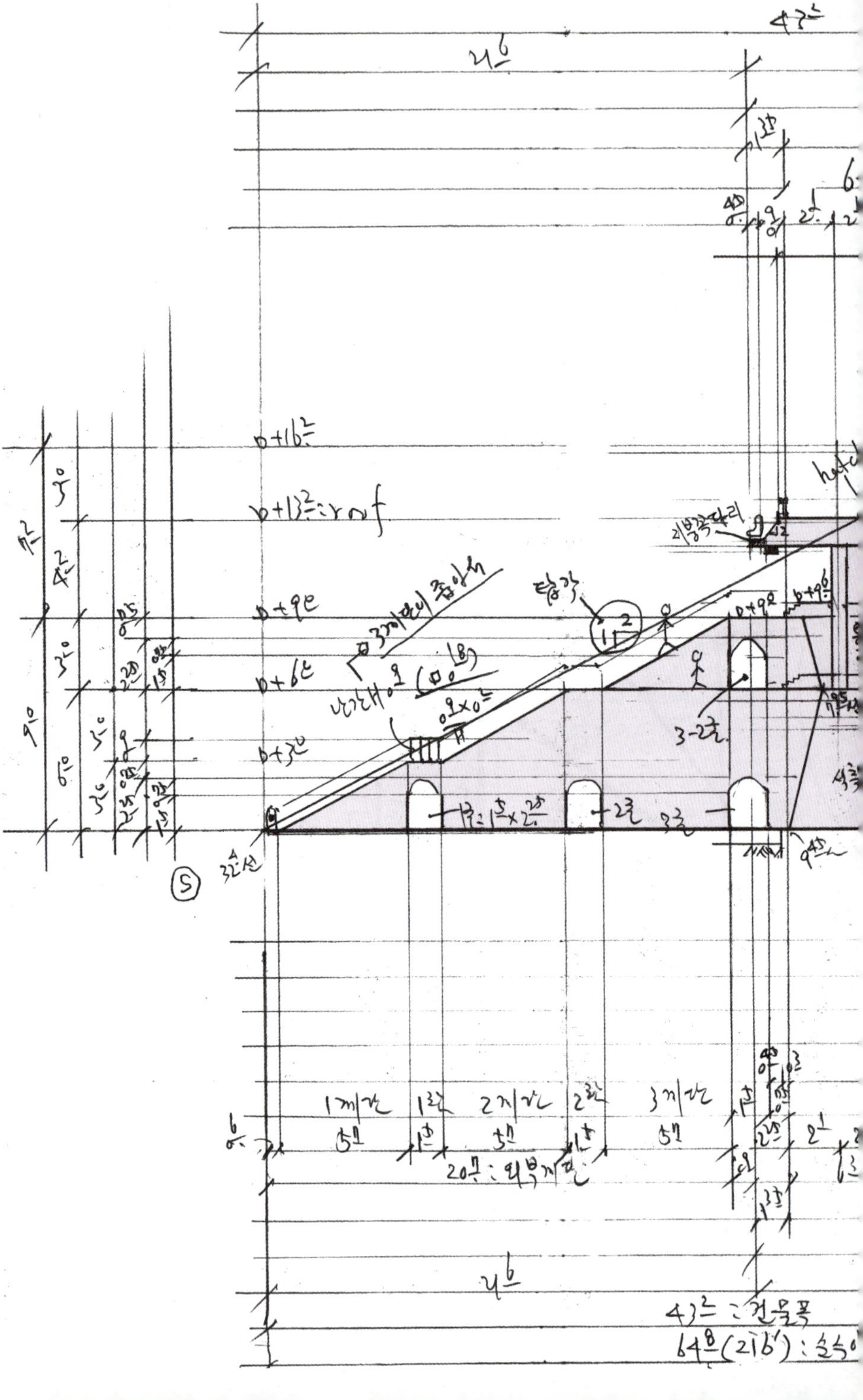

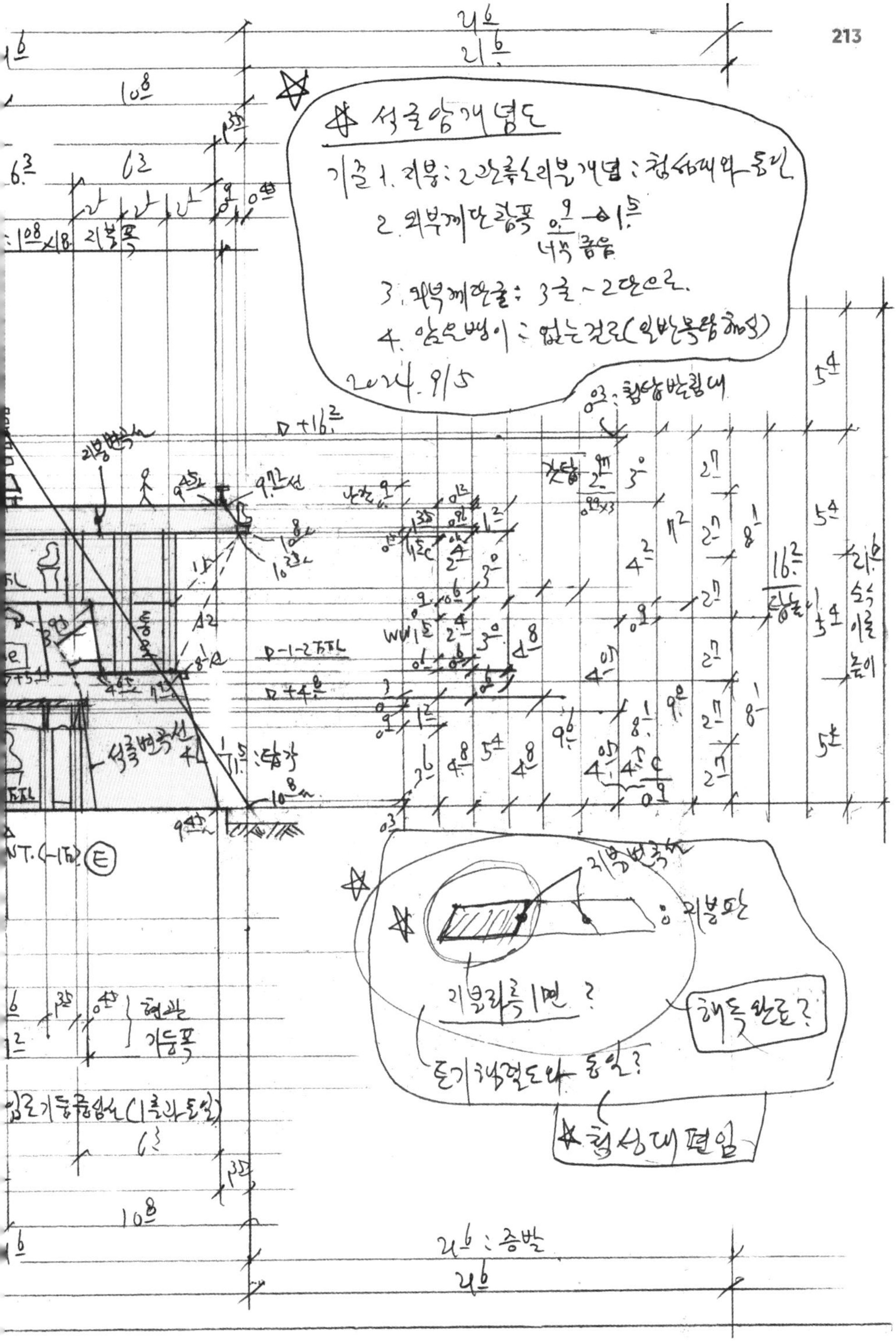
석굴암 개념도
2. 외부계단 참폭 0.9 → 1.5
너무 좁음
2024. 9/5
입구기둥중심선 (1층과 동일)

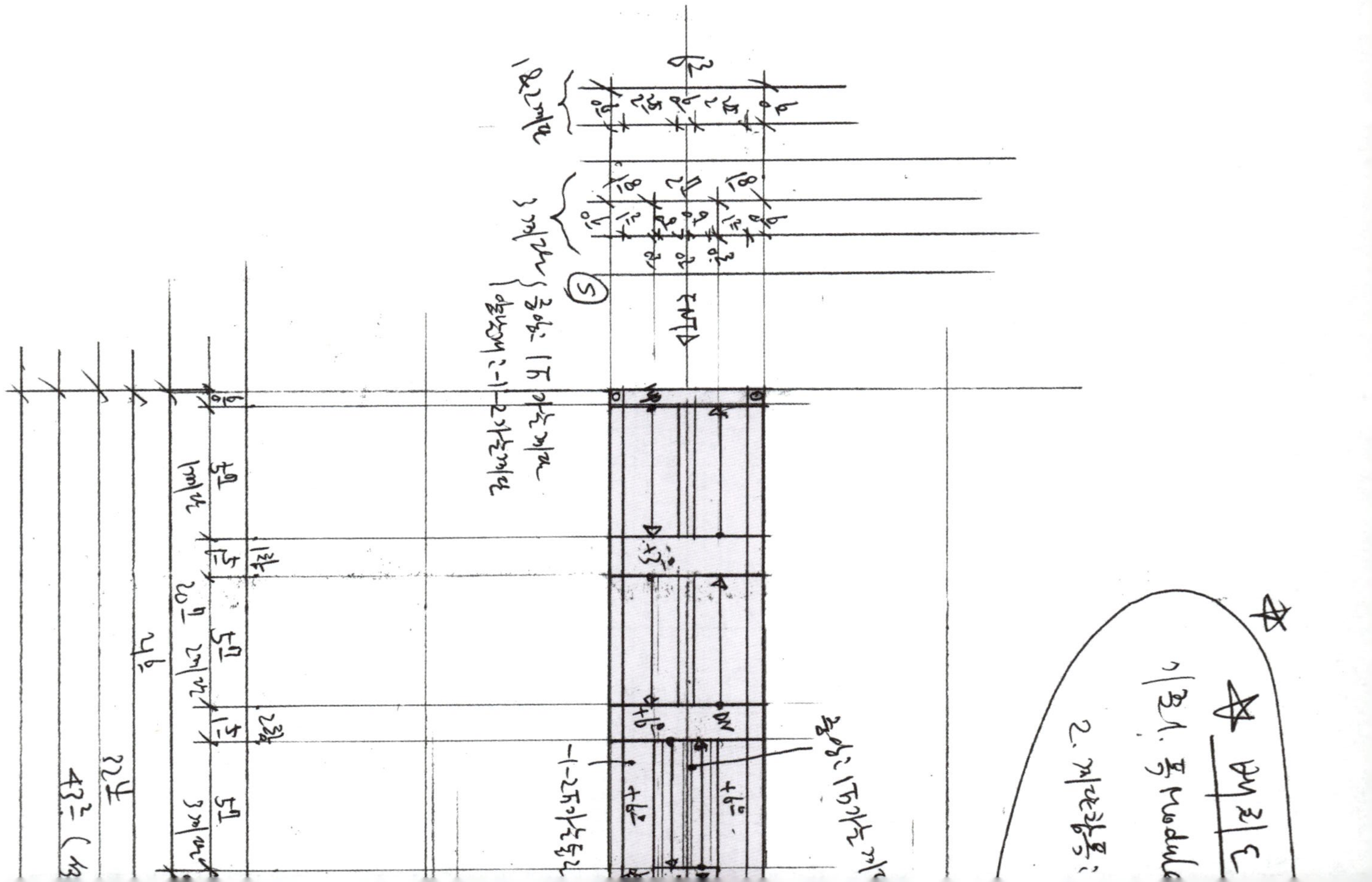

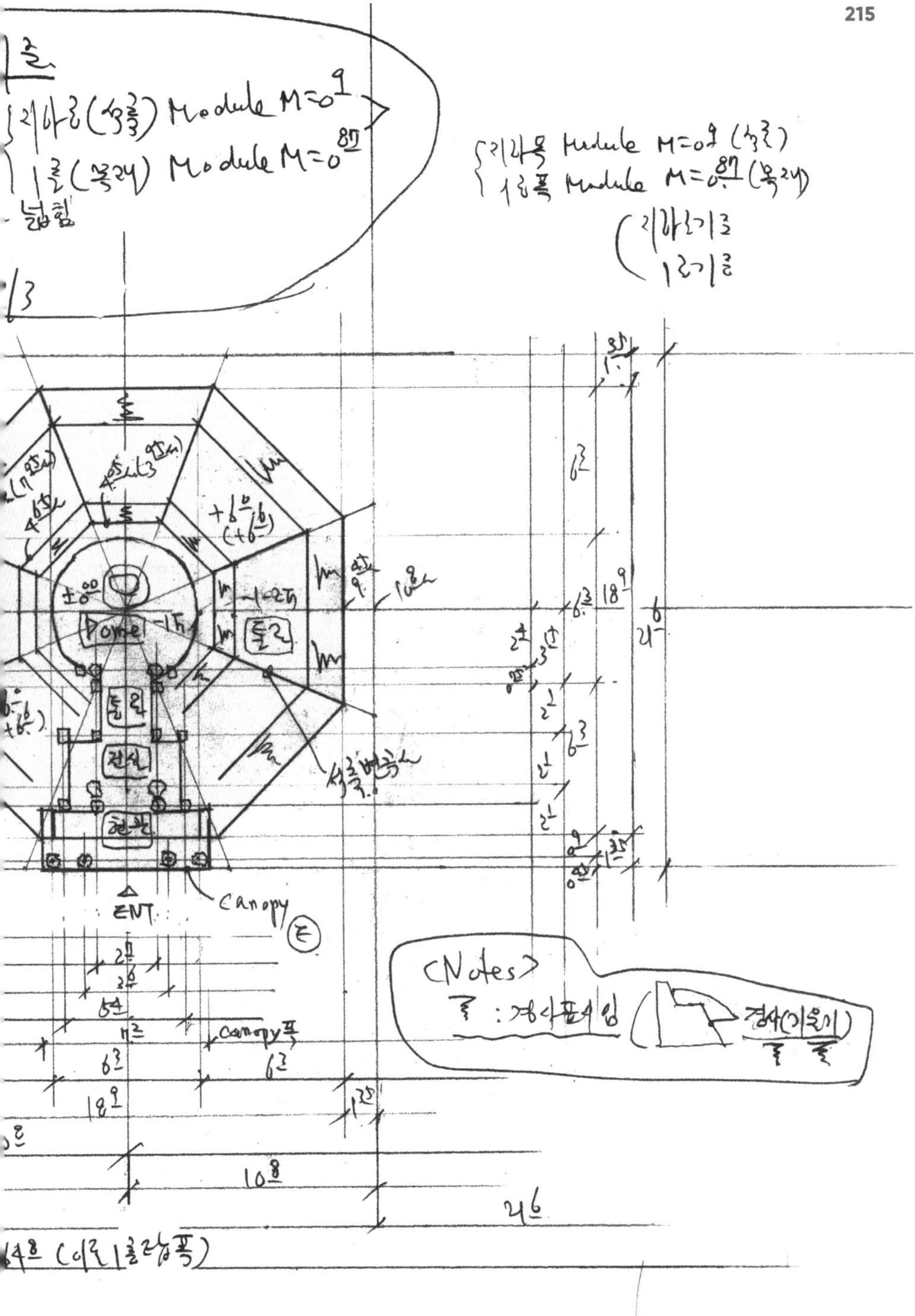
Module
Dome
ENT
Canopy
<Notes>
canopy폭

원본도면 06 (본문 p99)

배치도: 1층 기준

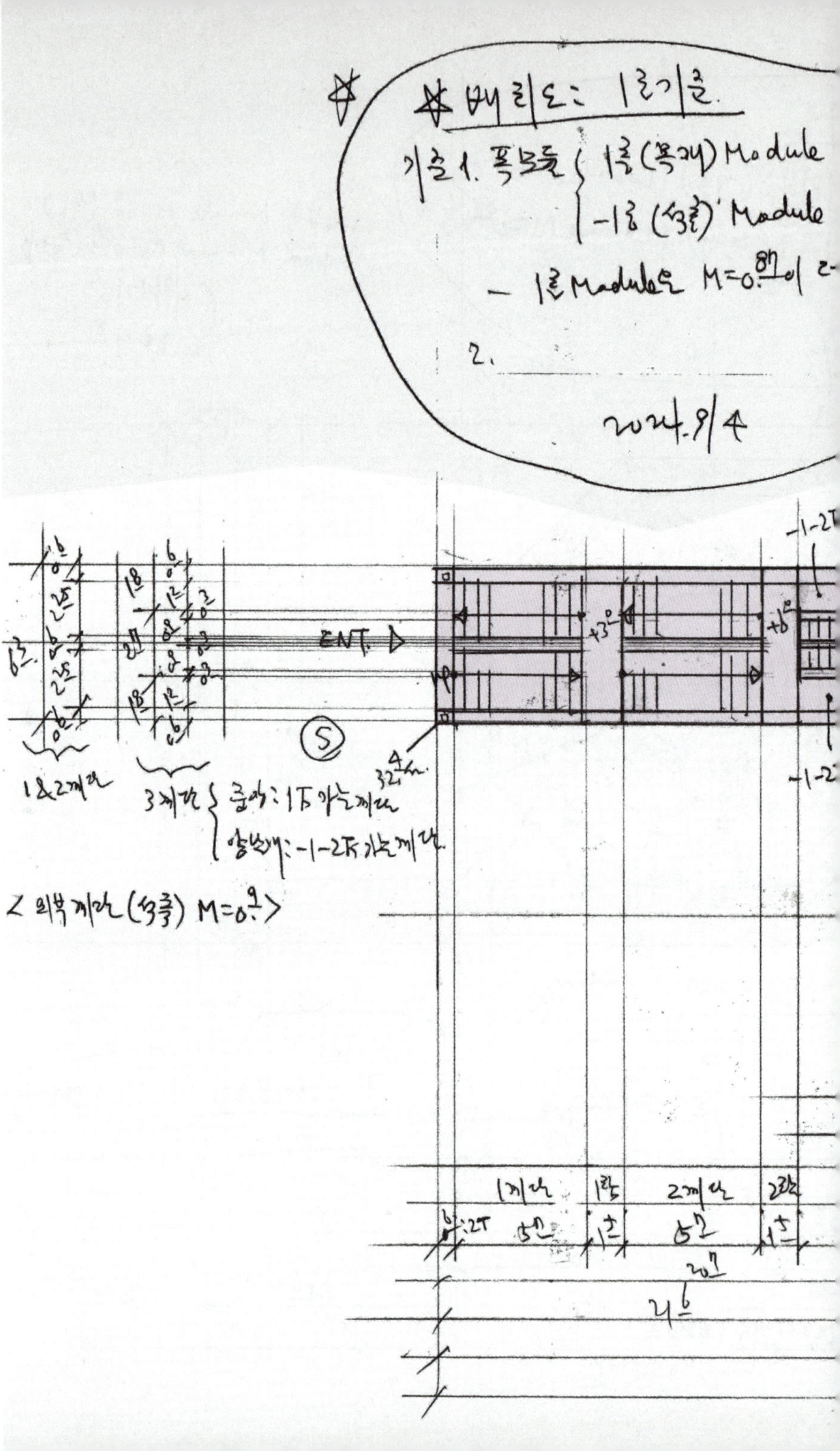

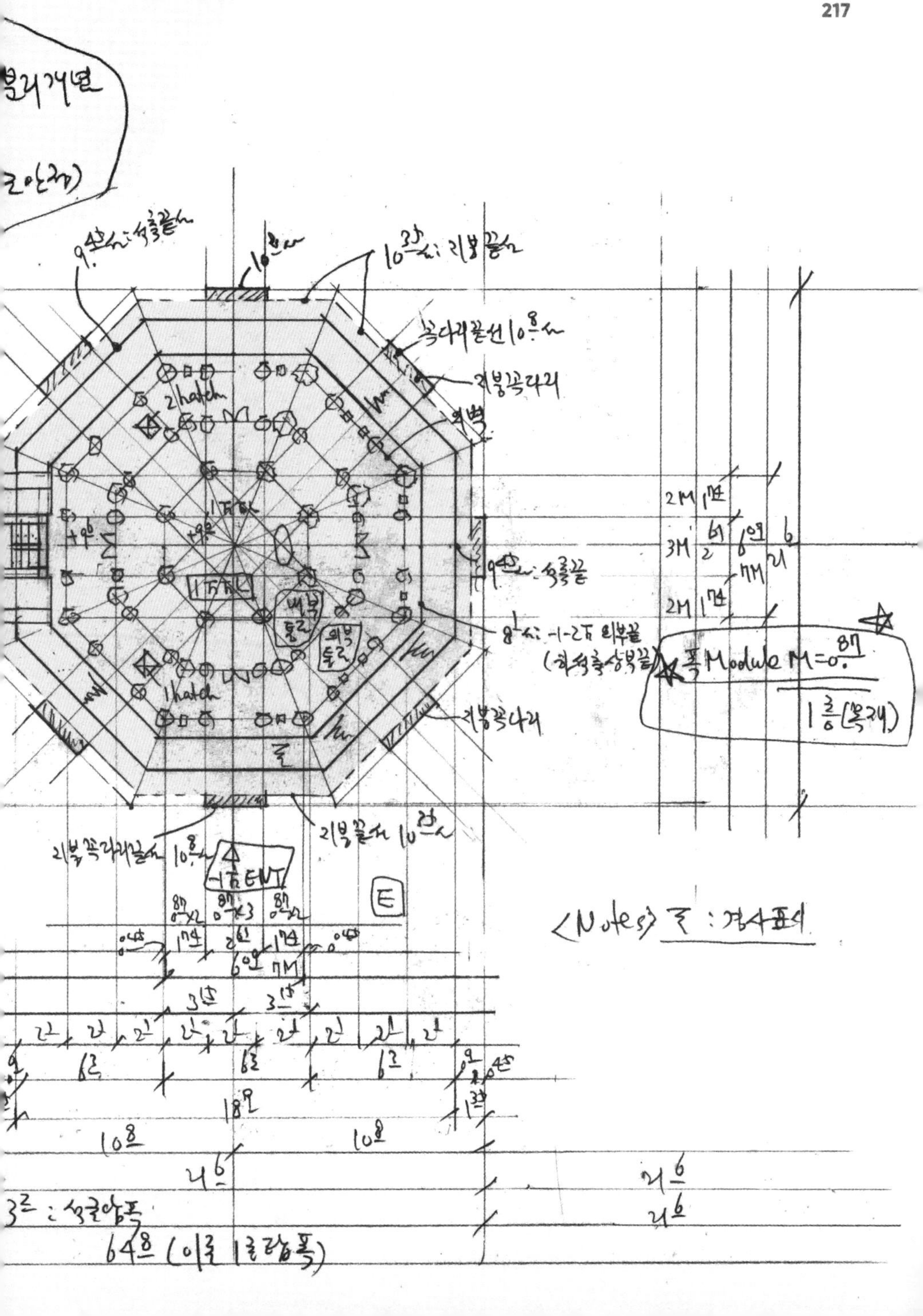
2hatch
1hatch
Module M=0.87
<Notes>

석굴암 1층평면도

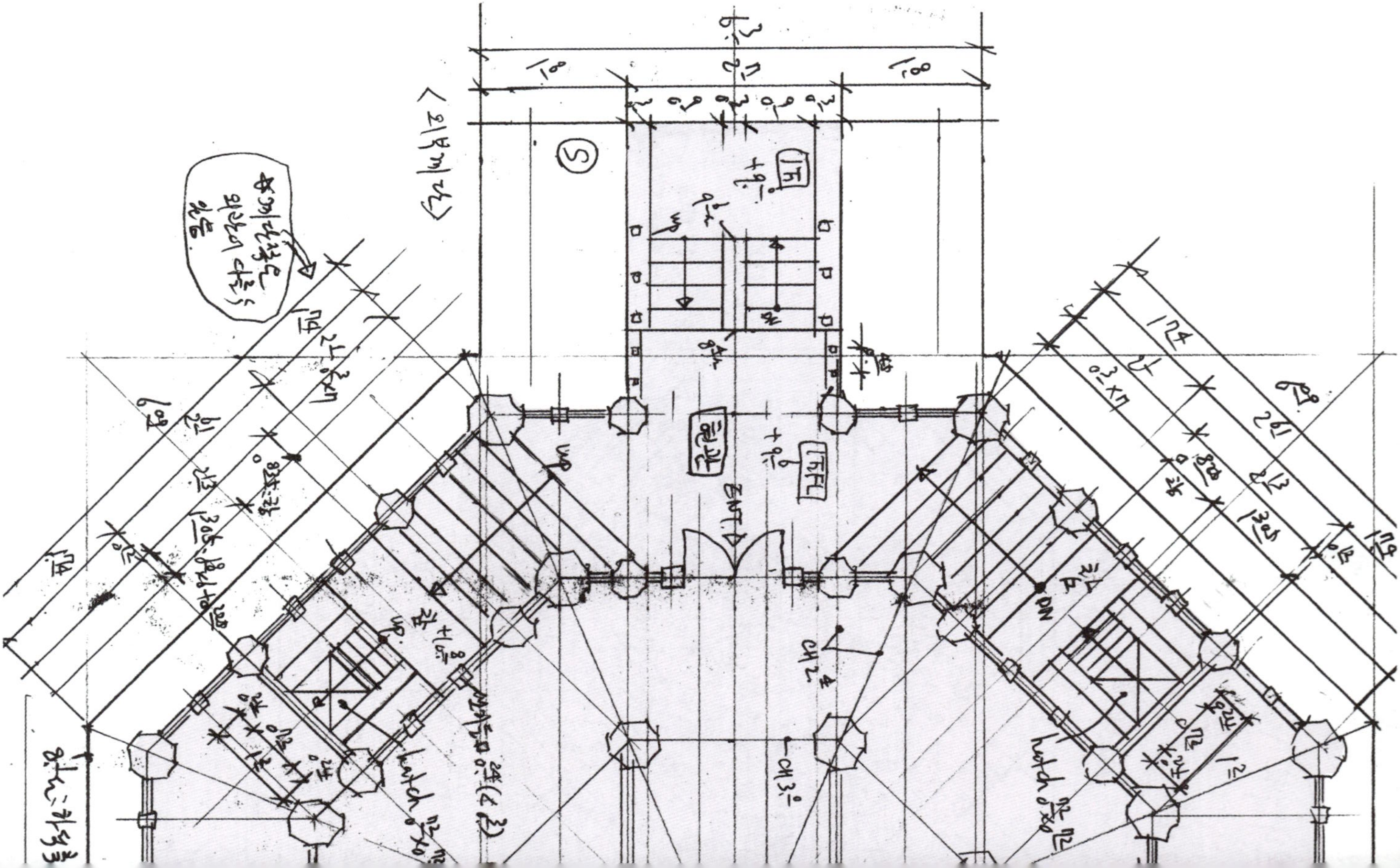

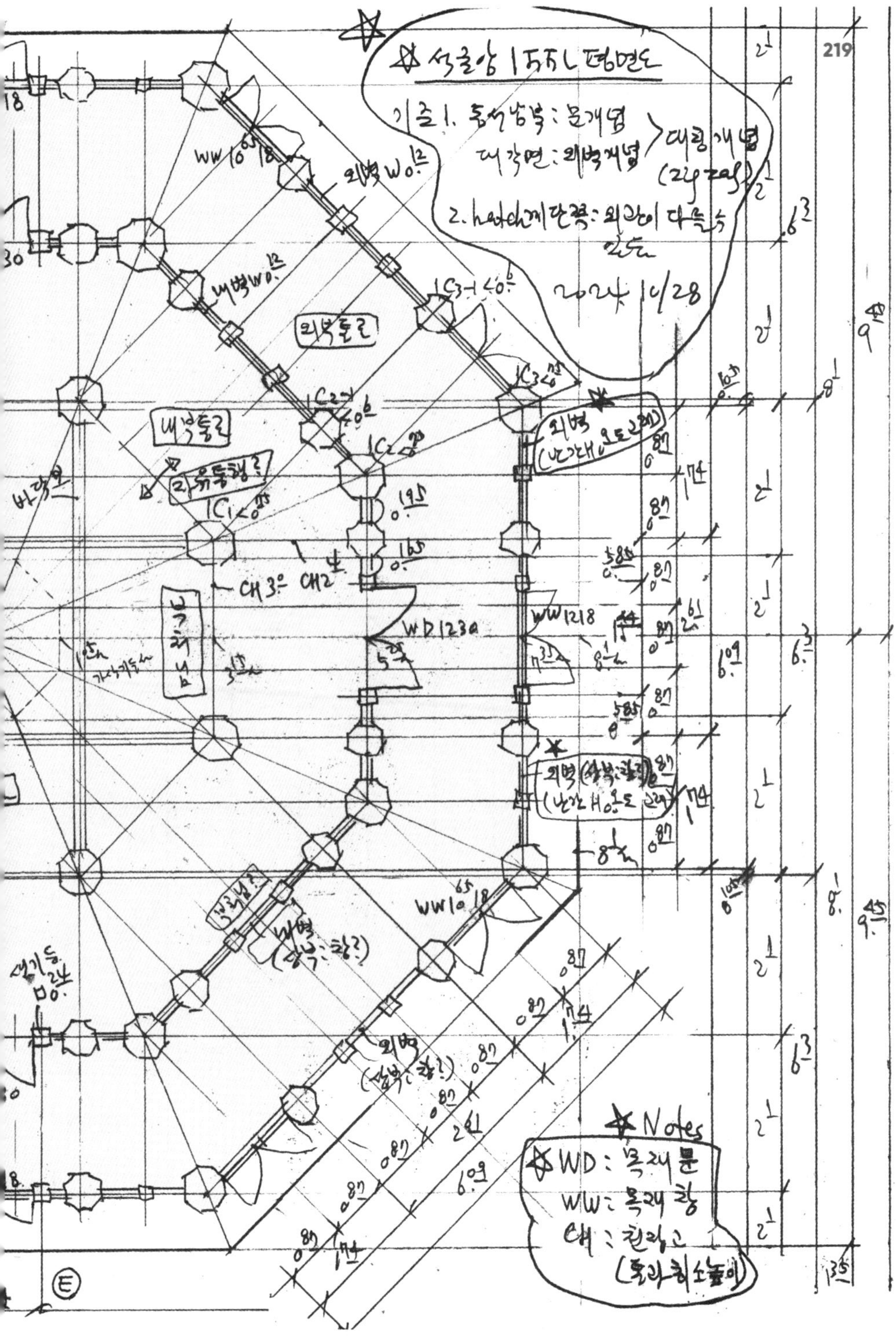
석굴암 1FL 평면도
2024. 10/28
외벽통로
내벽통로
WD1230
WW1218
Notes
WD : 목재문
WW : 목재창

석굴암 hatch 계단평면도

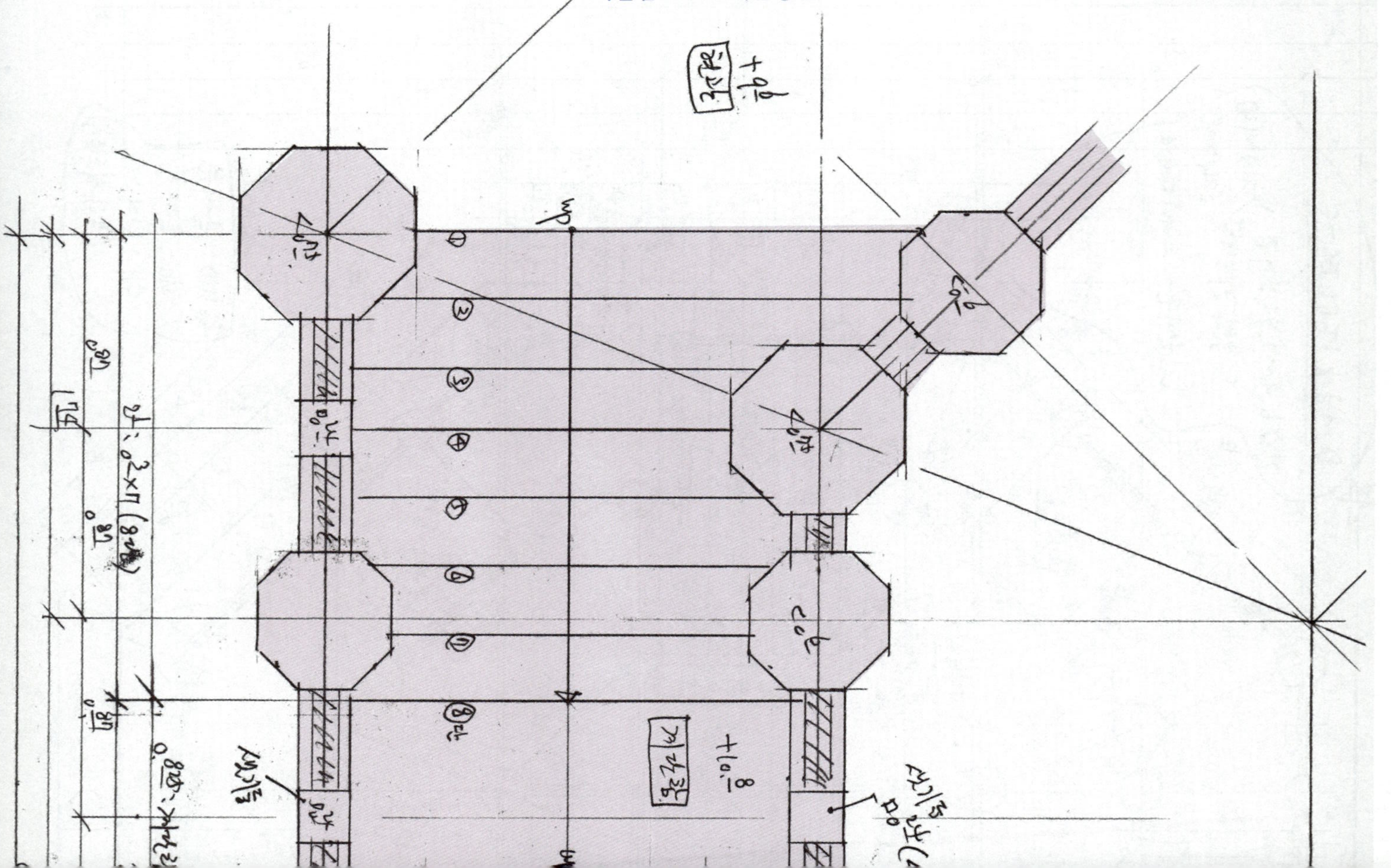

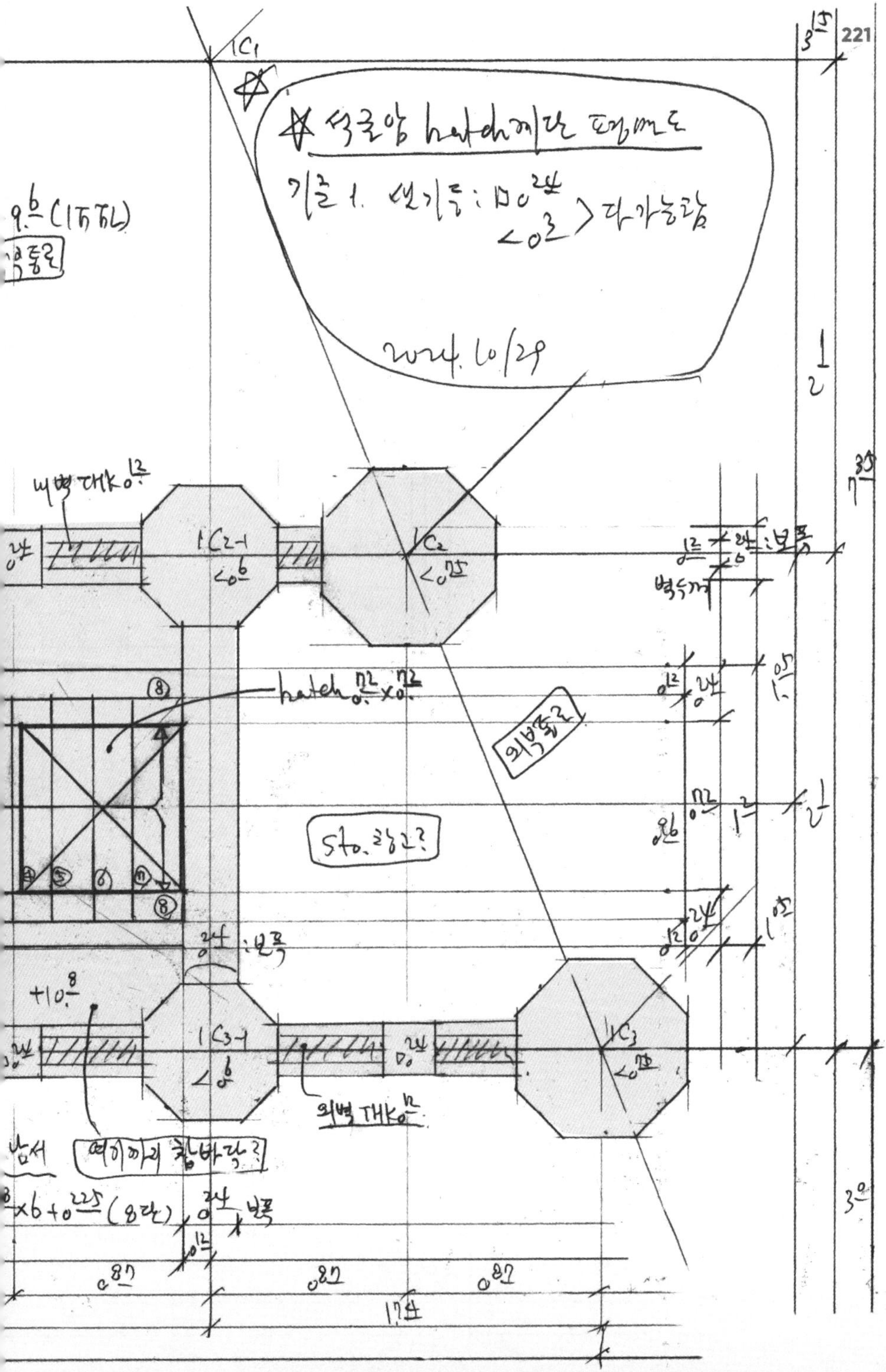
1C1
2024. 10/29
1C2-1
1C2
hatch
1C3-1
1C3
외벽 THK

석굴암 지붕평면도

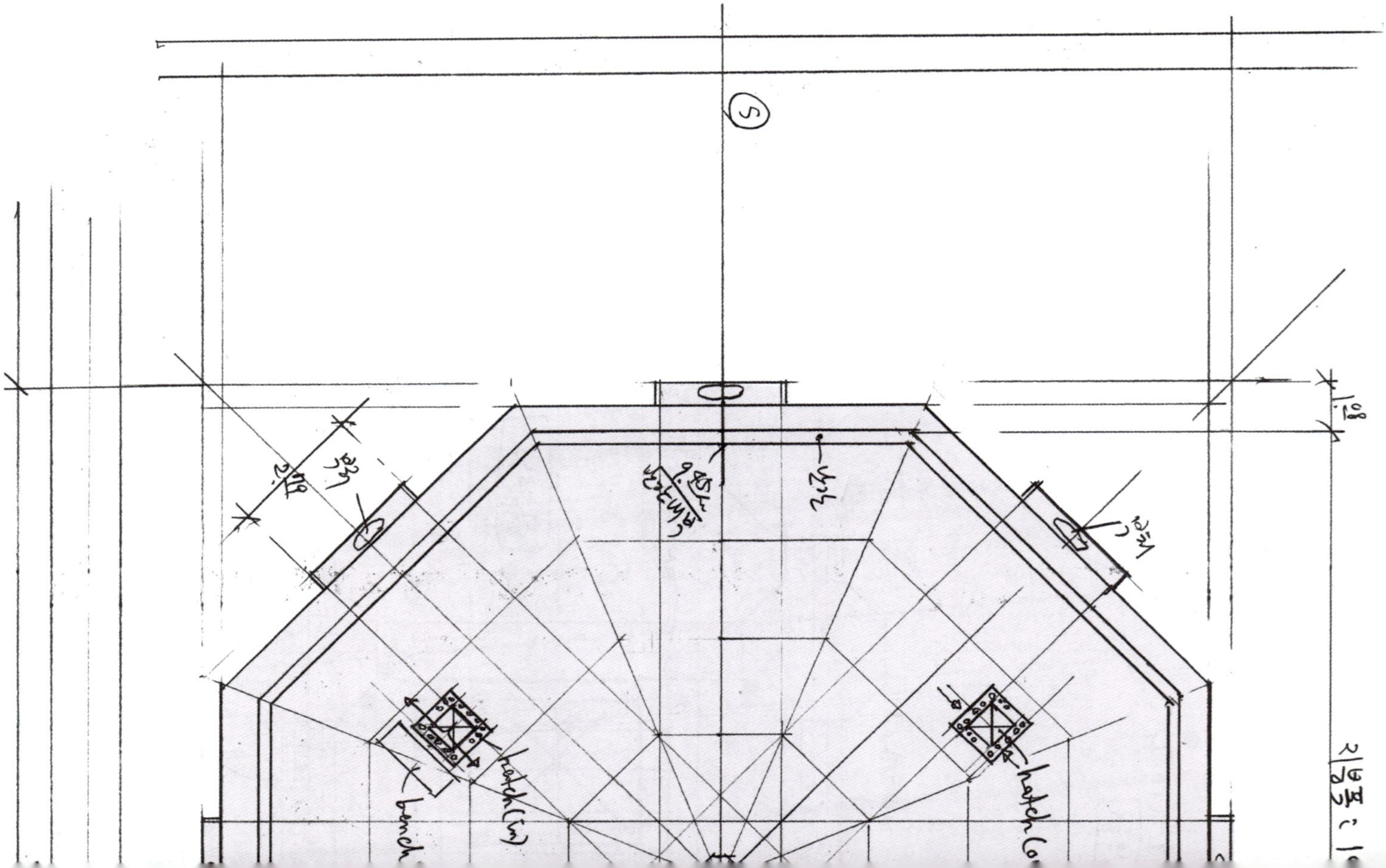

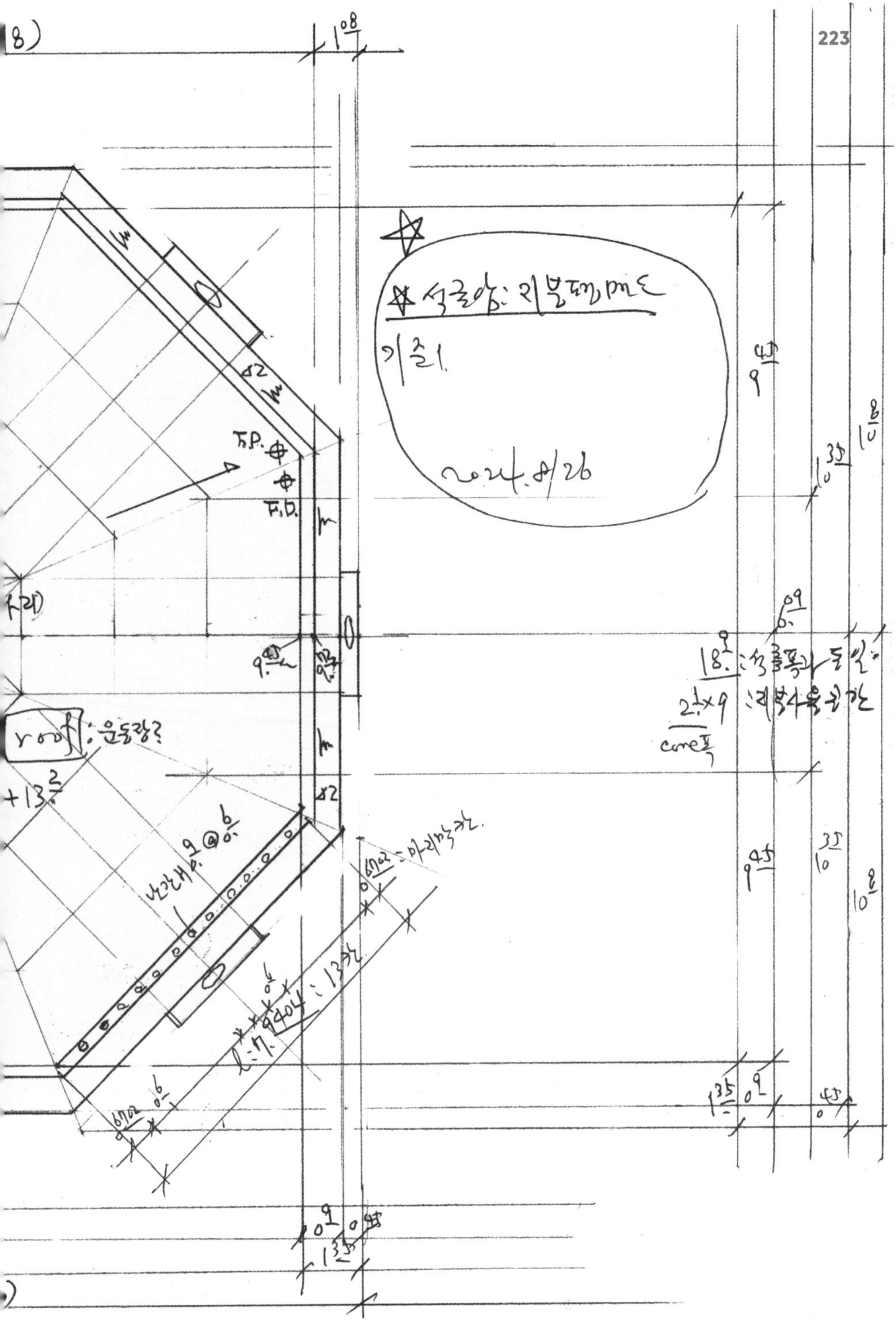
8)
2024.8/26
F.D.
roof
core
+13
l:17.
ø2

석굴암 갓탑 1갓단면도

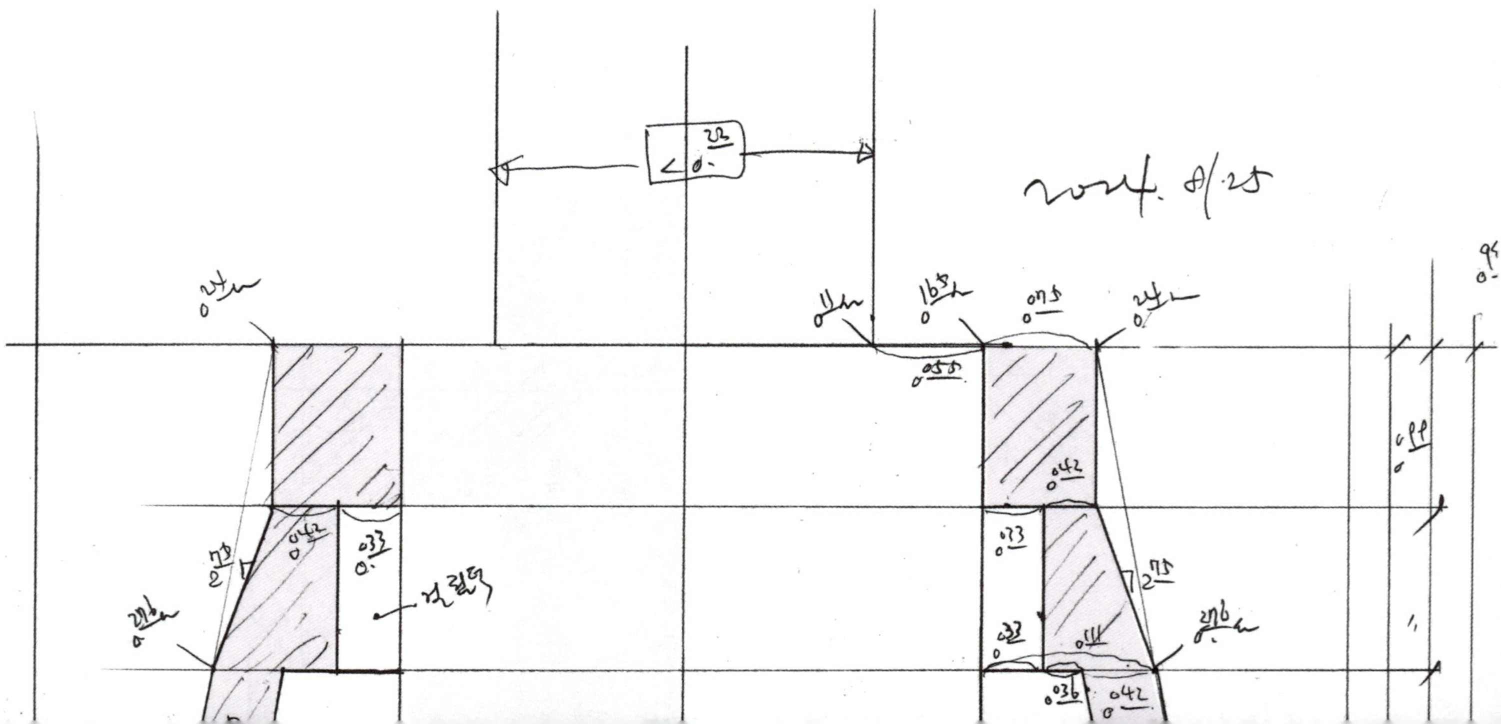

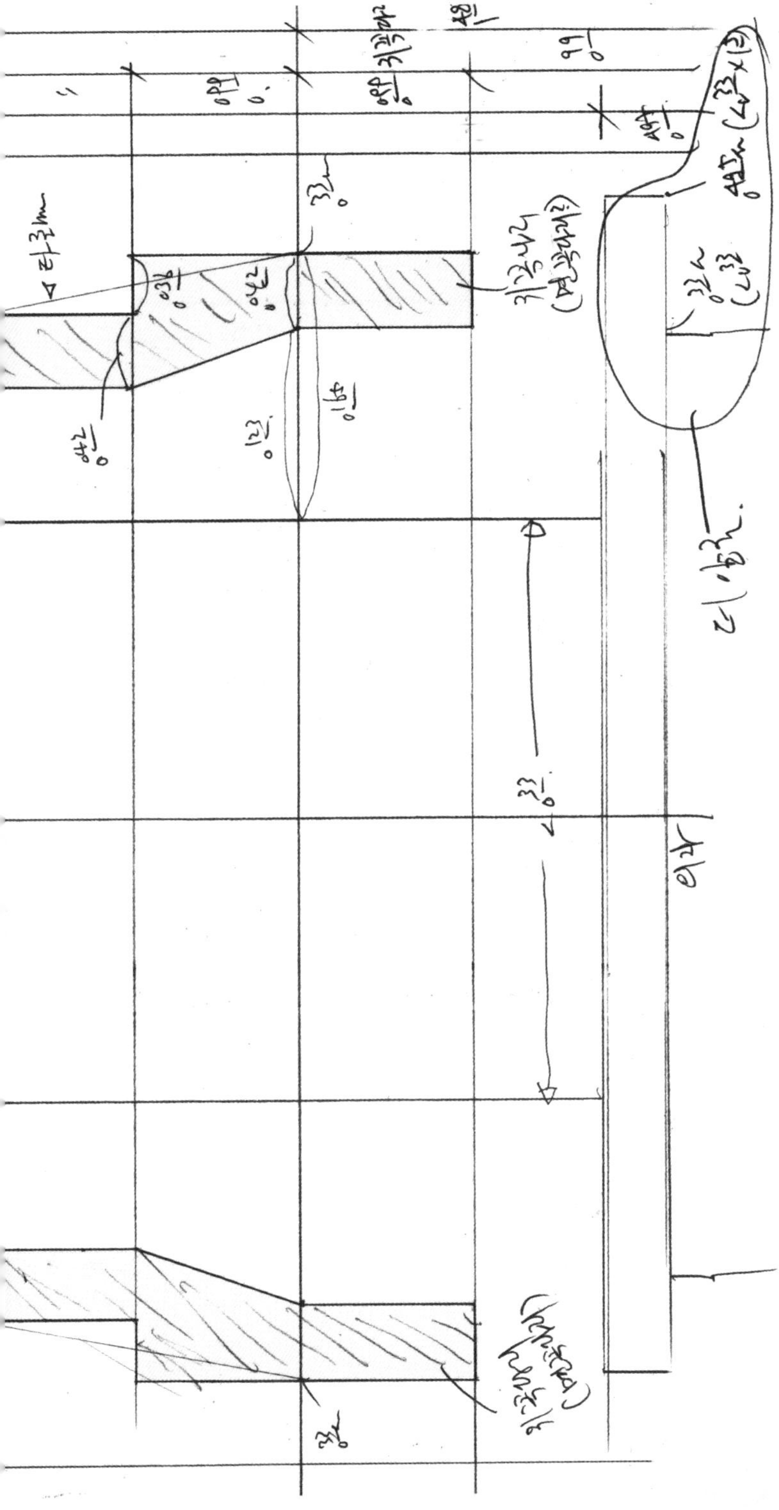

다보탑 개념도

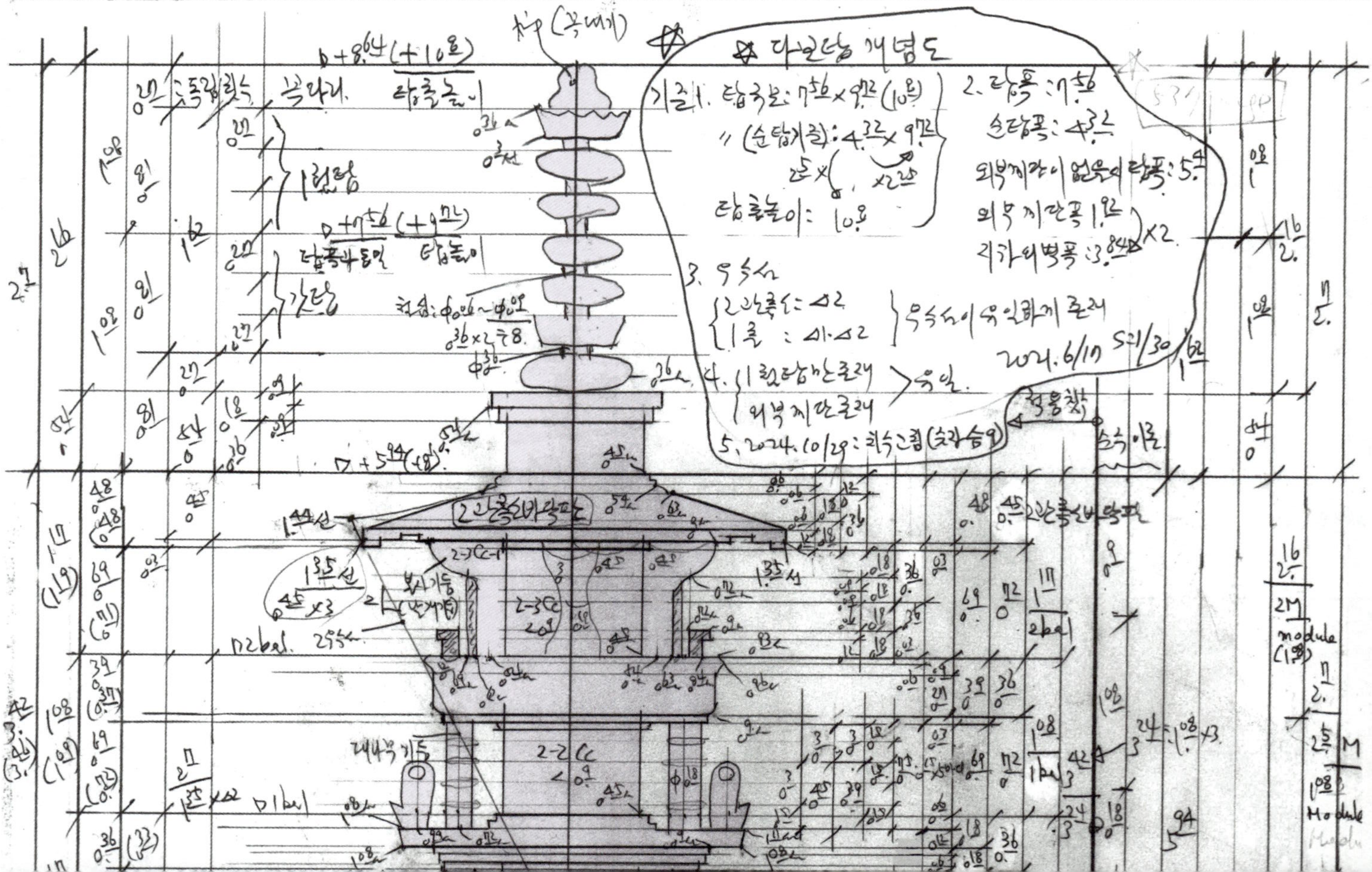

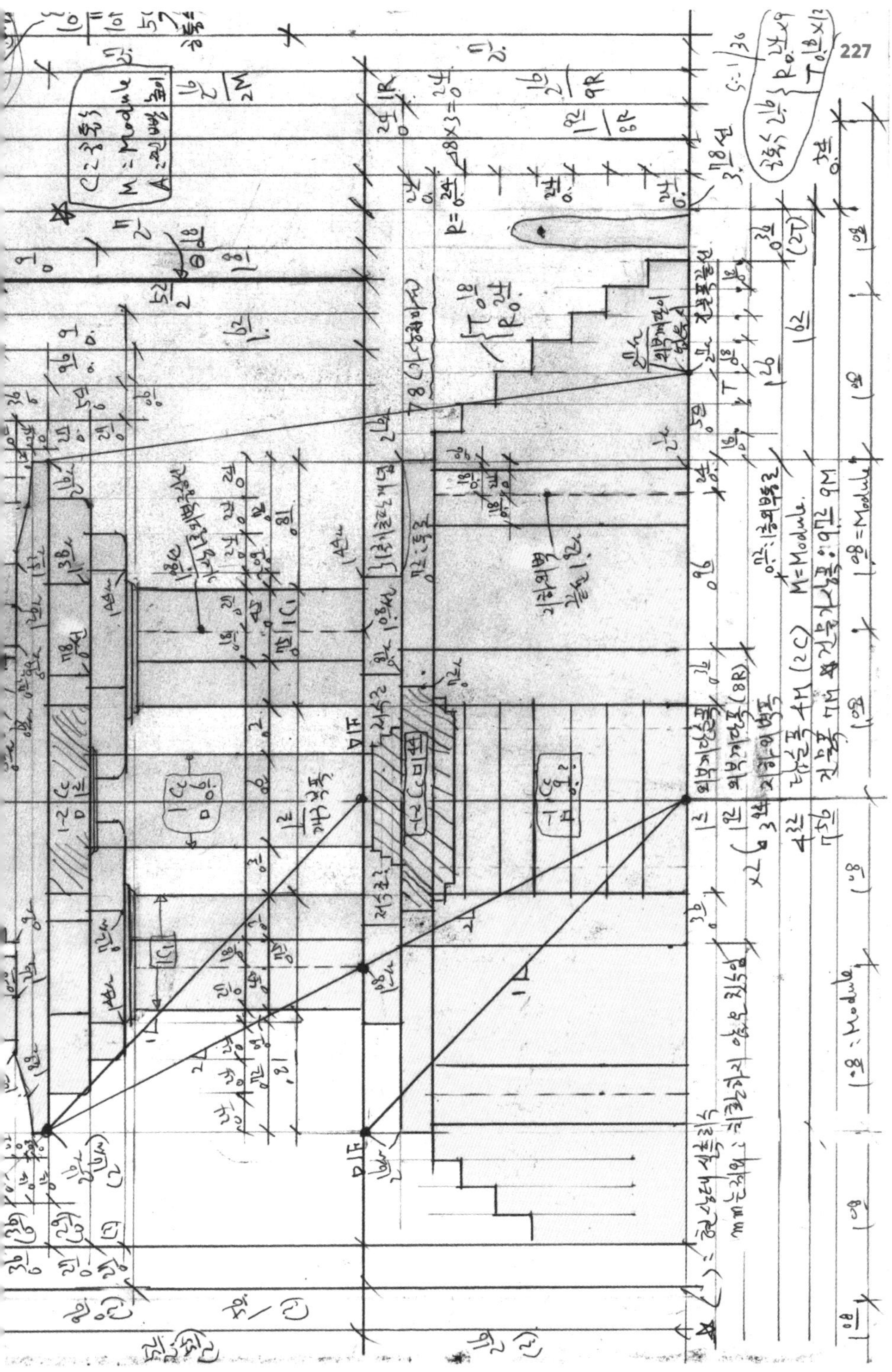

*** 1층평면도**

기준

01 _ 순수 1F면적이 1坪?($1.^{8}$x $1.^{8}$ = 6'X 6'=1 평)
02 _ 외벽중심선(1C_1중심선)이 $1.^{08}$선
03 _ 1F폭 : $0.^{3}$($0.^{15}$) 배수기준

[Notes]

* $-0.^{24}$: 1층바닥에서 24cm밑을 의미함

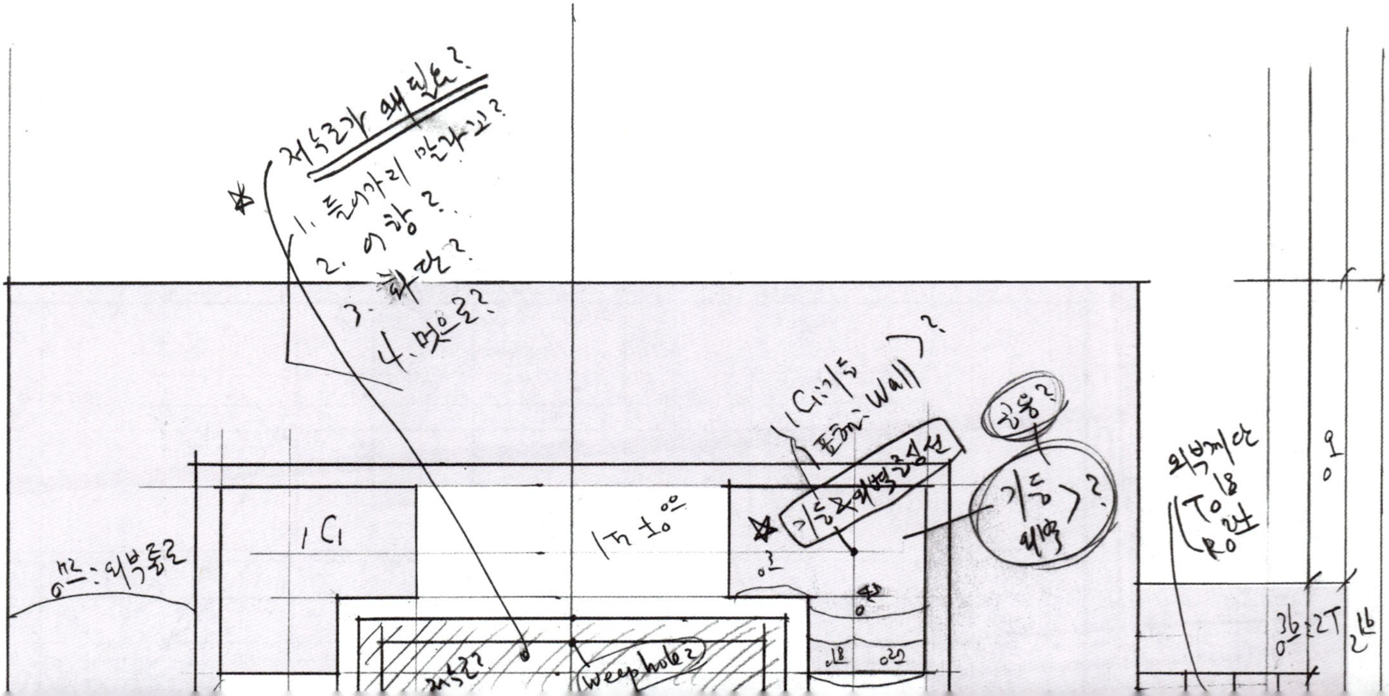

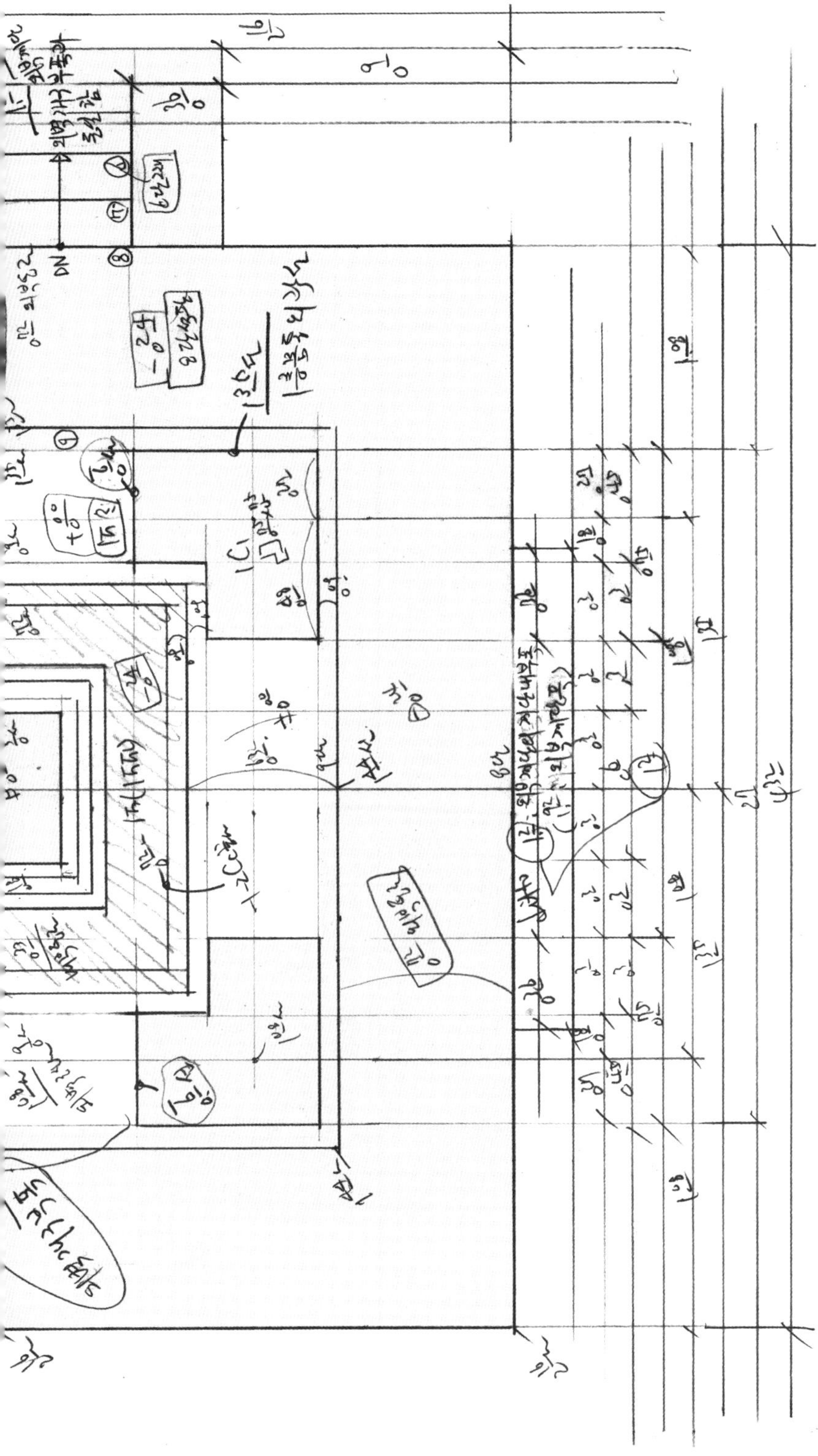

석가탑 개념도

기준

01 _ 탑규모 : 4.$\underline{32}$ x 8.$\underline{64}$ (x 2)

탑총높이 : 10.$\underline{8}$

02 _ 1·2층 지붕판상부 : flat도 고려

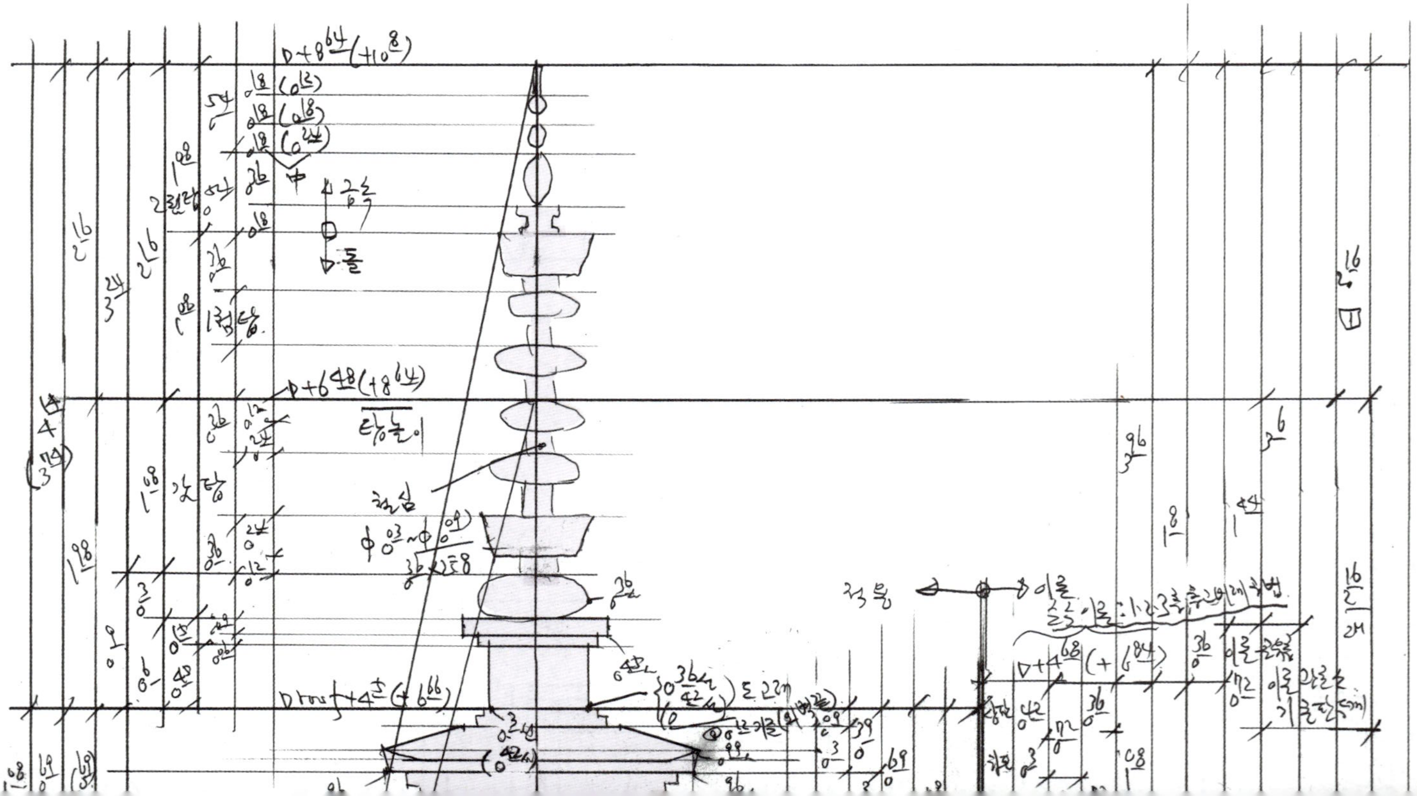

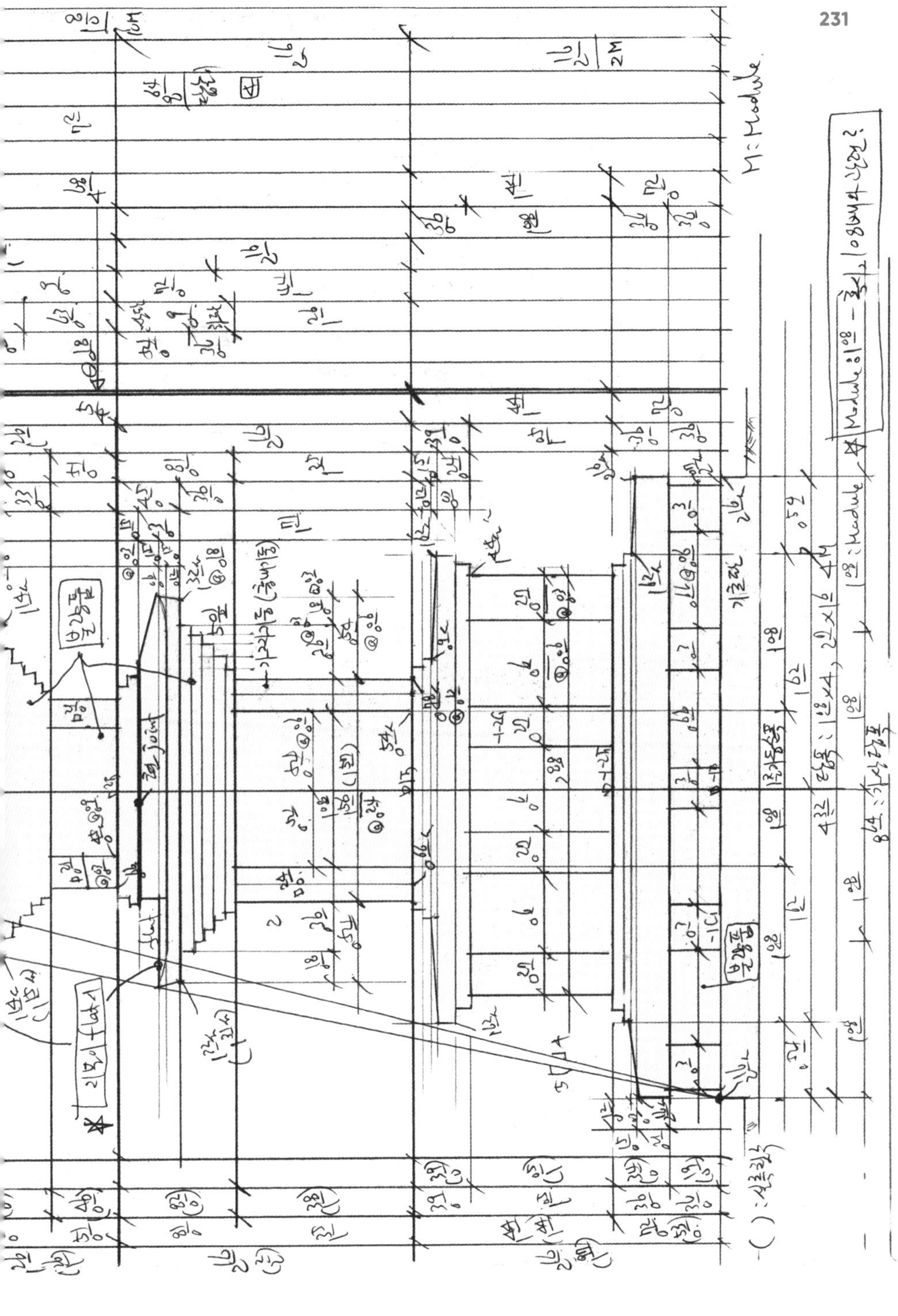
M: Module

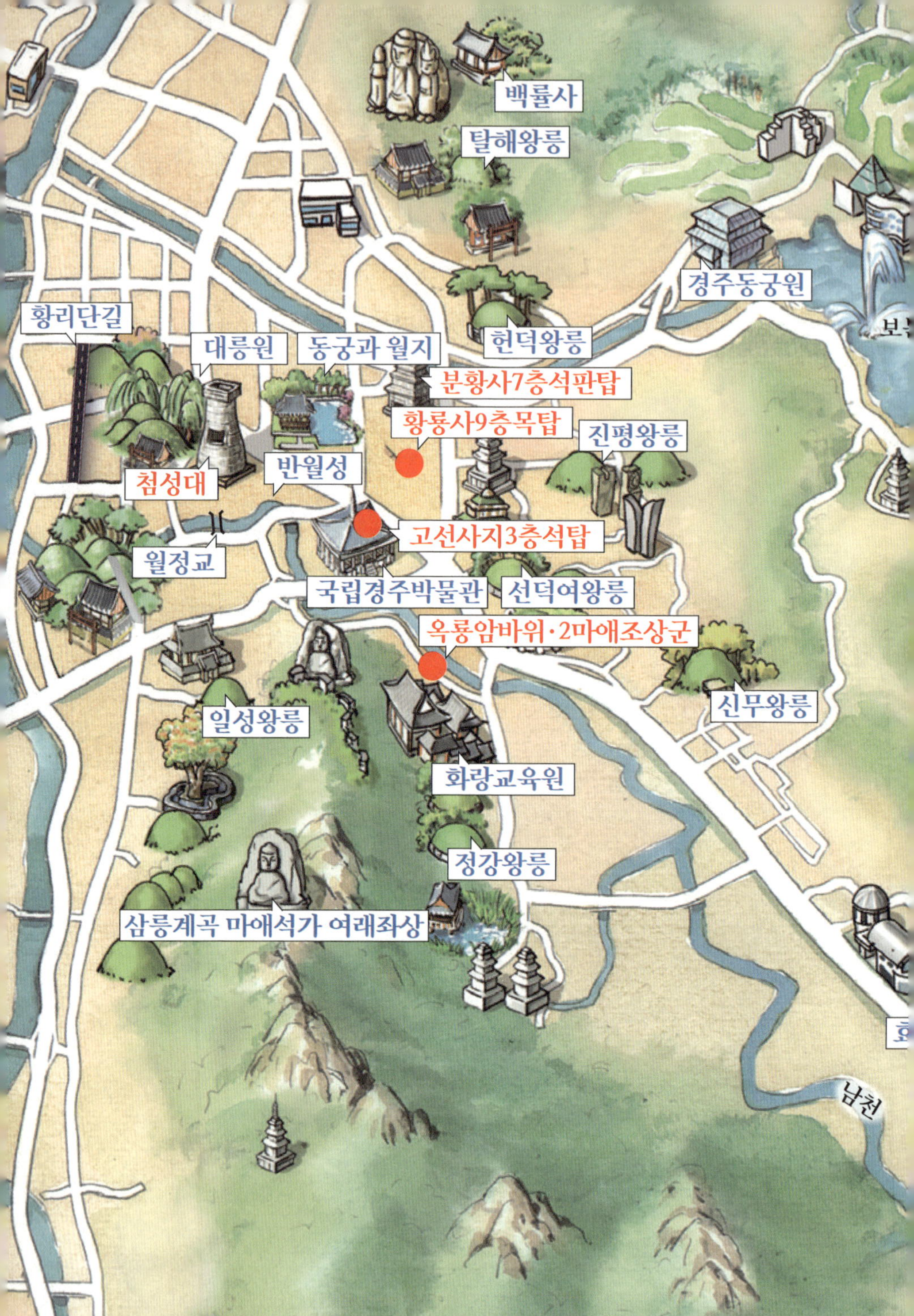

본 경주시 관광안내도 이미지는 경주시청의 승인하에 사용되었습니다.

감은사지 동서석탑
이견대
동해
토함산
대덕산
불국사
추억의 달동네
석굴암
다보1층석탑·석가3층석탑
성덕왕릉
동리목월문학관
영지석불
감산사지 삼층석탑
원성왕릉

石窟庵

석굴암의 비밀

2025년 9월 25일 1쇄 발행

지은이 정상현
발행인 김기현
발행처 시공문화사 Spacetime Pub.
편집 / 도면그래픽 : 아키스토리
jade-comm@hanmail.net

등록 1993년 3월 12일
주소 서울시 서대문구 독립문공원길 13 극동프라자 5층

전화 02) 3147-1212
팩스 02) 3147-2626

http//www.spacetime.co.kr
spacetime@korea.com

ISBN 978-89-5592-498-5
정가 15,000원